卓越系列·21世纪高等职业教育创新型精品规划教材

机械制造技术

主　编　闫文平　于　涛　李文韬

副主编　田春德　富恩强　宋佳妮

参　编　房　莹　李　楠

主　审　刘占斌

内容简介

本书是为了适应高等职业教育机电一体化、数控技术、模具设计与制造等专业的教学需要，以培养学生的技术应用能力、提高其综合素质为目标而编写的一本专业技术基础课教材。书中简洁而全面地介绍了机械制造过程中的相关制造技术。全书共8个单元：金属切削加工基本原理；专业夹具基本知识；典型机械加工工艺系统；典型表面的机械加工方法；机械加工工艺规程的制定；零件机械加工精度和表面质量；典型零件的加工；机械装配工艺基础等。

本书重视实际应用，突出机械加工基础技术的应用，内容简明精练。适用于三年制、五年制高职、中专等相关工科类专业使用，也可作为社会从事机械加工制造业人士的从业参考及培训用书。

图书在版编目(CIP)数据

机械制造技术/闫文平，于涛，李文韬主编. —天津：天津大学出版社，2010.9（2017.9重印）
（卓越系列）
21世纪高等职业教育创新型精品规划教材
ISBN 978-7-5618-3680-4

Ⅰ.①机… Ⅱ.①闫…②于…③李… Ⅲ.①机械制造工艺-高等学校：技术学校-教材 Ⅳ.①TH16

中国版本图书馆CIP数据核字(2010)第166367号

出版发行 天津大学出版社
地　　址 天津市卫津路92号天津大学内（邮编：300072）
电　　话 发行部：022-27403647　邮购部：022-27402742
网　　址 publish.tju.edu.cn
印　　刷 廊坊市海涛印刷有限公司
经　　销 全国各地新华书店
开　　本 169mm×239mm
印　　张 14.5
字　　数 300千
版　　次 2010年9月第1版
印　　次 2017年9月第3次
印　　数 4501-6000
定　　价 48.00元

前　言

本教材依据高等职业教育“机械制造技术教学基本要求”，从岗位工作分析入手，构建了以工作任务为学习中心，展开机械制造低端加工基本知识和技能的学习。本着学以致用的教学原则，将机械原理、刀具、机床夹具、机械制造工艺等整合一体，以学习任务的形式明确本教材的教学目标，突出基本知识和基本训练内容，力求做到内容充实适用，结构合理、文字精练。

编写本书的指导思想：

1. 主要目的是通过本课程的学习，使学生掌握机械制造基础知识、基本理论和基本方法。考虑到机电一体化机械制造方向、模具设计与制造、数控技术专业的后续专业课包括先进制造技术、数控技术等相关课程，所以这些内容在本教材就没有体现。

2. 机械制造技术具有极强的实践性特点，为使学生便于掌握课程的基本内容，本书力求理论联系实际，尽可能多地引用典型实例进行分析，以加深对所述内容的理解。本教材配套课件及音像辅助教学资料，以弥补实践教学环节之需。

3. 本教材以“够用”为原则，力求以较少的篇幅完成对所需内容的讲解。

4. 根据以能力为本位的思想，削减一些繁琐的理论推导及复杂计算，而注重实际应用知识的学习。教材的课后思考与训练中内容丰富，并设有拓展项目，力求开阔学生的专业知识视野。

5. 本教材机械图样的技术要求采用的是最新《技术制图》标准。

6. 本教材计划学时为90学时左右，不包括专业实习教学环节。

本书编写分工情况如下：

本书由吉林电子信息职业技术学院闫文平、李文韬和东北电力学院于涛担任主编。单元四 、七由闫文平编写；单元六、八由于涛编写；绪论及单元一、二 、三 、五由吉林电子信息职业技术学院的李文韬、田春德、富恩强、宋佳妮编写。全书由闫文平统稿。

在本书编写过程中，得到了吉林电子信息职业技术学院机械系主任于钧的大力支持，在此表示衷心的感谢。吉林市计量测试技术研究院房莹、李楠参与了本书相关资料、文稿的录入及绘图工作，在此一并致以谢意。

本书由吉林电子信息职业技术学院刘占斌主审，参加审稿的还有杨继宏副主任，并提出许多宝贵意见，在此表示感谢。

由于编者水平有限，加之编写时间仓促，本书难免有缺漏及不当之处，恳请各位读者批评指正。

编　者

2013 年 1 月

目　录

绪 论

一、机械制造技术的研究对象

机械制造技术是研究机械制造过程中的基本规律、基本理论及其应用的一门学科。机械制造可以分为热加工和冷加工两部分:热加工是指铸造、塑性加工、焊接、表面处理等;冷加工一般是指零件的机械加工和装配过程,还包括特种加工技术等。这两部分都是机械工程的分支学科。一般来说,机械制造技术是研究各种机械制造冷加工的过程和方法,主要内容包括:

①金属切削原理、金属切削过程及在此过程中的各种物理化学现象、影响因素等;

②典型加工工艺系统及其能实现的典型加工工艺结构及特点;

③装配工艺基础知识及产品的机械加工质量经济分析与控制的基本方法。

机械产品种类繁多,制造过程中各个环节之间彼此可以关联或不关联,很难用数学、逻辑等方式加以描述,这个过程的实施常常积累了个人的经验和技艺,因此机械制造技术的发展已经从一种经验、技艺和方法逐步成长为一门系统工程科学。

虽然机械产品种类繁多,加工制造方法千差万别,但是也可以根据产品的结构特点将其划分归类。例如对于机械零件,根据其结构特点,可以将其分为四大类:轴套类、轮盘类、叉架类和箱体类。那么,在具体的选择加工制造方法时就可以根据零件的结构特点寻找一些共同的基本规律,然后对这些共同的规律进行抽象概括,使其上升为理论。这些基本理论确切地揭示了客观事物的本质和它门的内在联系。学习掌握了这些基本理论,再用它们来指导生产实践,就会使产品的加工制造过程取得综合、最佳的效果,最终推动生产的进一步发展。

二、机械制造技术课程的主要内容、特点及学习方法

1. 主要学习内容

①金属切削加工基本原理:论述了金属切削加工过程的基本规律和提高金属切削效率的基本途径。

②机械加工工艺系统:主要分述机械加工工艺系统的四要素,包括金属切削机床的结构、工作原理;如何根据工件的结构特点选择机械加工工艺系统;刀具的基本结构及如何选用、机床夹具的结构及应用等。

③专用夹具基本知识:六点定位原理、专用夹具的组成及常见夹紧装置的应用。

④典型表面的加工方法:内外圆柱表面、平面、成形表面(齿轮齿廓)的粗、精加

工方法。

⑤机械加工工艺规程的设计:论述了零件机械加工工艺过程的指导思想、内容、方法和步骤及如何制定工艺规程的实例分析。

⑥机械加工的加工质量分析:包括机械加工精度和机械加工表面质量两部分。分析了影响加工精度的因素、加工误差的分析方法及提高加工精度的途径;分析影响表面质量的因素及其改善措施等。

⑦机械装配工艺基础:论述了常见装配工艺方法和装配工艺尺寸链计算等内容。

2. 机械制造技术课程的特点和学习方法

①对于数控技术专业、模具设计与制造专业和机电专业来讲,它是一门专业技术基础课,因此学好这门课将为后续的专业课奠定坚实的基础。

②课程实践性很强,这门课与生产实践联系十分紧密,有了实践知识和实践经验才能够理解得更深刻,因此要注重实践环节的学习。

③该课程工程实践性很强,在学习过程中会涉及很多制造方法方面的内容,需要从工程的角度出发去理解和掌握,对于理论上和工程上的不同要具备综合运用能力。

④要结合课后习题、课程综合实训、实习等教学环节掌握整门课程的内容。

单元一　金属切削加工基本原理

教学目标

①掌握金属切削过程的实质。

②学会通过掌控切削运动、选择切削用量、刀具材料和角度来判断切屑类型等，最终得到符合要求的加工表面质量。

工作任务

图1.1所示为车外圆曲面，工件做旋转运动，刀具首先沿垂直轴线方向做一个进给运动，具有合理的切削深度，然后沿平行轴向方向做连续的进给运动，这些运动是为了从工件表面切除一层金属，刀具和工件之间必须要有相对运动，从而形成了工件的外圆柱表面。因此，切削运动包括主运动和进给运动。

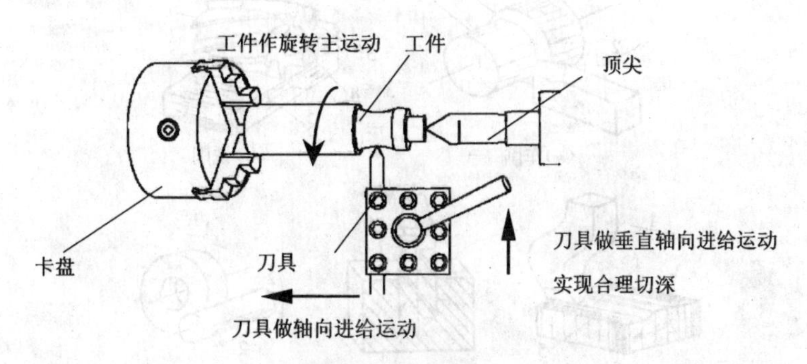

图1.1　切削运动

学习任务一　切削运动、切削用量和切削时间

金属切削过程是工件和刀具相互作用的过程。刀具要从工件上切去一部分金属，并在保证提高生产效率和最低成本的前提下，使加工符合图样上的要求（形状、尺寸和技术要求）。为实现这一过程，必须具备以下三个条件：工件和刀具之间具有相对运动（切削运动）；刀具材料应具备一定的性能；刀具应具有合理的结构形状。

一、切削运动

1. 主运动

切削运动中速度最高、消耗功率最大的运动称为主运动,并且只有一个。主运动是切下金属所必需的基本运动。

2. 进给运动

使新的金属层不断地投入切削,以便切除工件表面上全部多余金属的运动称为进给运动,一般有一个或多个。

在切削运动过程中,工件上的表面包括:已加工表面、加工(过渡)表面和待加工表面。

已加工表面即切削后形成的新表面。

加工表面(过渡面)即切削刃正在切削的表面。

待加工表面即将被切除多余金属的表面。

图 1.2 所示分别为车削、铣削、刨削、钻削、磨削的主运动、进给运动,已加工表面、加工表面和待加工表面。

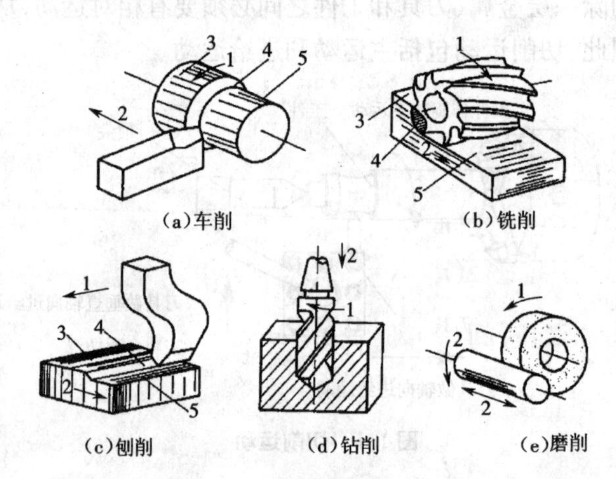

图 1.2 各种表面及各种运动

1—主运动;2—进给运动;3—待加工表面;4—加工(过渡)表面;5—已加工表面

3. 主运动和进给运动的合成运动

在金属切削加工过程中,主运动和进给运动是同时进行的。以车削加工为例,如图 1.3 所示车刀上切削刃某一点相对工件的合成运动可以用合成速度向量 $\boldsymbol{v}_e$ 表示,它等于主运动速度 $\boldsymbol{v}_c$ 和轴向进给运动速度 $\boldsymbol{v}_f$ 的向量和,即 $\boldsymbol{v}_e = \boldsymbol{v}_c + \boldsymbol{v}_f$。由图可以看出,沿着切削刃上各点的合成速度向量并不相等。

二、切削用量

切削用量是切削加工过程中切削速度、进给量和背吃刀量(吃刀深度)的总称。它表示主运动、进给运动的量,是调整机床、计算切削能力和时间定额所必需的参量。

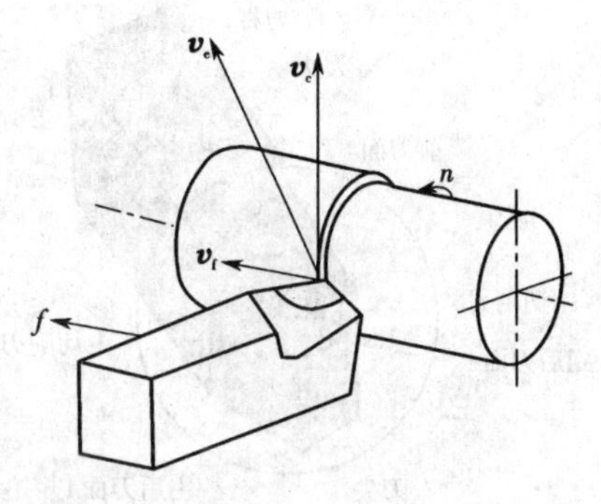

图 1.3　主运动和进给运动的合成

1. **切削速度** v_c

即主运动的线速度,单位为 m/s 或 m/min。车削时的切削速度为

$$v_c = \pi dn/1\ 000$$

式中:d——工件或刀具的直径(mm);

n——工件或刀具转速(r/s 或 r/min)。

2. **进给量** f

即进给运动的单位量。车削时进给量 f 是取工件每旋转一周的时间内,工件与刀具沿轴线方向的相对位移量,单位为 mm/r。所以车削时进给运动速度 v_f 为:$v_f = nf$, 单位为 mm/s(mm/min、m/min)。

3. **背吃刀量(吃刀深度)** a_p

即垂直于进给运动方向测量的切削层横截面最大尺寸,车外圆时:

$$a_p = (d_w - d_m)/2$$

式中:d_w——待加工表面的直径(mm);

d_m——已加工表面的直径(mm)。

三、切削时间(机动时间 t_m)

切削时间是切削时直接改变工件尺寸、形状等工艺过程所需要的时间,它是反映切削效率高低的一个指标。车削外圆时 t_m 的计算公式为

$$t_m = lA/v_f a_p = \pi dlA/1\ 000\ a_p\ v_c f$$

式中:l——刀具行程长度(mm);

A——半径方向加工余量(mm)。

由公式可知,提高切削用量中任一要素均可提高生产率。

学习任务二　刀具的角度及切削层要素

为了使金属切削加工顺利进行,除工件和刀具之间具有相对运动外,刀具还应具有合理的结构形状。下面以车刀为例,重点介绍车刀的几何形状、几何角度及其对切削加工的影响。

一、刀具切削部分的组成

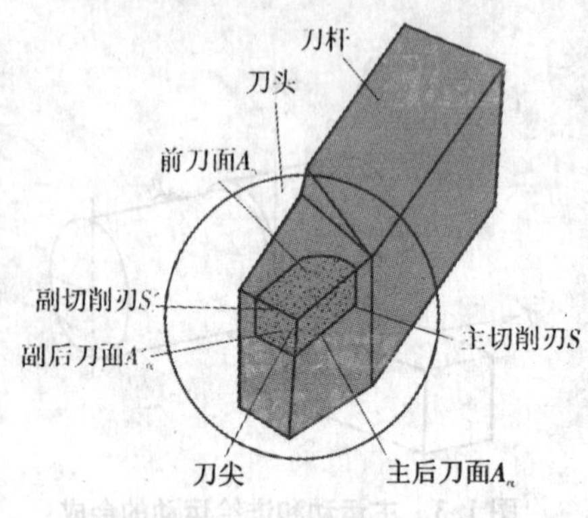

图 1.4 车刀结构

车刀由刀头和刀杆两部分组成。刀头的结构可以概括为:三面、两刃、一刀尖,如图 1.4所示。

1)刀面

前刀面(前面)A_γ为刀具上切屑流过的表面。

主后刀面(后面)A_α为与加工表面相对的表面。

副后刀面(副后面)A'_α为与已加工表面相对的表面。

2)切削刃

主切削刃 S 为前、后刀面汇交的边缘。

副切削刃 S'为切削刃上除主切削刃以外的刀刃。

3)刀尖

主、副切削刃汇交的一小段切削刃称为刀尖。在实际应用中,为增强刀尖的强度与耐磨性,多数刀具都在刀尖处磨出直线或圆弧过渡刃。刃口的锋利程度用切削刃钝圆半径 r_ε表示,一般高速钢刀具的 r_ε为 0.01 ~0.02 mm,硬质合金刀具的 r_ε为 0.02 ~0.04 mm。为了改善刀尖的切削性能,常将刀尖做成修圆刀尖或倒角刀尖,如图1.5 所示。

为了提高刃口强度以满足不同的加工要求,在前、后刀面上均可磨出倒棱面 $A_{\gamma1}$、$A_{\alpha1}$,如图 1.5 所示。$b_{\gamma1}$是 $A_{\gamma1}$的倒棱宽度,$b_{\alpha1}$是 $A_{\alpha1}$的倒棱宽度。

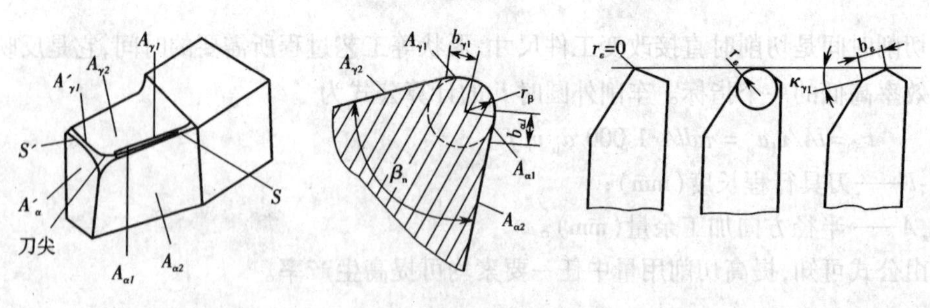

图 1.5 刀尖结构

二、刀具的几何角度定义及标注

刀具的角度是依附于基准坐标平面来定义的，用于定义和规定刀具角度的各基准坐标平面称为刀具角度参考系。根据不同状态将其分为静止参考系和工作参考系。静止参考系是用于刀具设计、制造、刃磨和测量时定义刀具几何参数的；工作参考系是用于刀具进行切削加工工作时定义刀具几何参数的。

1. 刀具角度参考系

根据刀具结构不同，常用的坐标平面参考系有三种。

①正交平面参考系，如图 1.6 所示。正交平面参考系是由以下三个基准平面构成：

基面 p_r——通过切削刃上选定点，垂直或平行于刀具上的安装面（轴线）的平面，车刀的基面可以理解为平行于刀具底面的平面；

切削平面 p_s——通过切削刃上的选定点，与该切削刃相切并垂直于基面的平面；

正交平面 p_o——通过切削刃上选定点并同时垂直于基面和切削平面的平面。

②法平面参考系，如图 1.7 所示。法平面参考系由 p_r、p_s、p_n三个平面组成。其中，法平面 p_n是通过切削刃上选定点并垂直于切削刃的平面。

③假定工作平面参考系，如图 1.8 所示。假定工作平面参考系由 p_r、p_f、p_p三个平面组成。其中，假定工作平面 p_f是通过切削刃上选定点平行于假定进给运动方向并垂直于基面的平面。背平面 p_p是通过切削刃选定点既垂直于该点基面，又垂直于假定工作平面的平面。

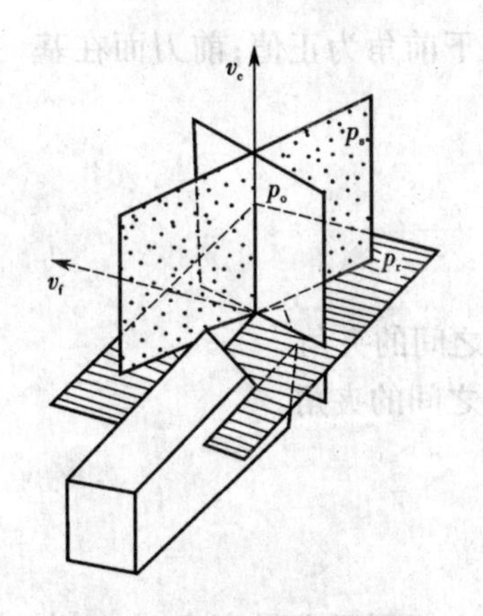

图 1.6　正交平面参考系

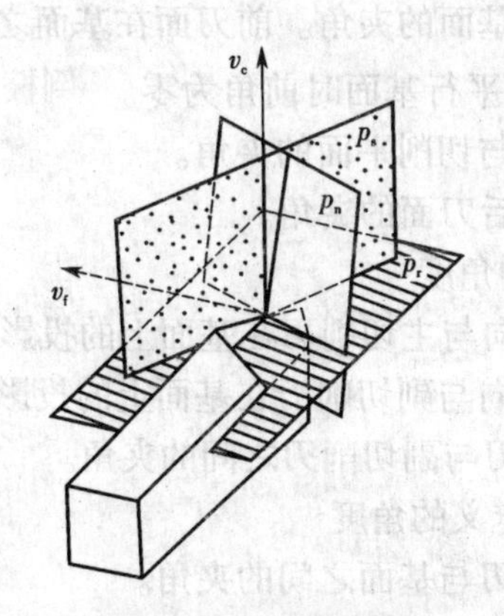

图 1.7　法平面参考系

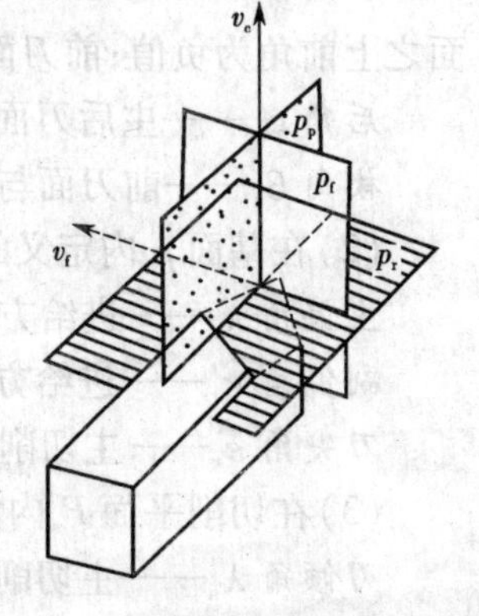

图 1.8　假定工作平面参考系

2. 刀具角度的标注

为便于刀具设计者在设计刀具时的标注，一般先合理地规定一些条件。以车刀为例，这些条件是：

①被加工工件是圆柱表面；

②工艺系统无进给运动；

③刀具刀尖恰在工件的中心线上；

④刀杆中心线垂直于工件轴线。

图 1.9 所示为普通外圆车刀，在以上条件下，在主切削刃上任选一点 M，通过该点作出三个基准平面，形成一个正交平面参考系。有了这个坐标平面后就可以确定刀具上的标注角度了。

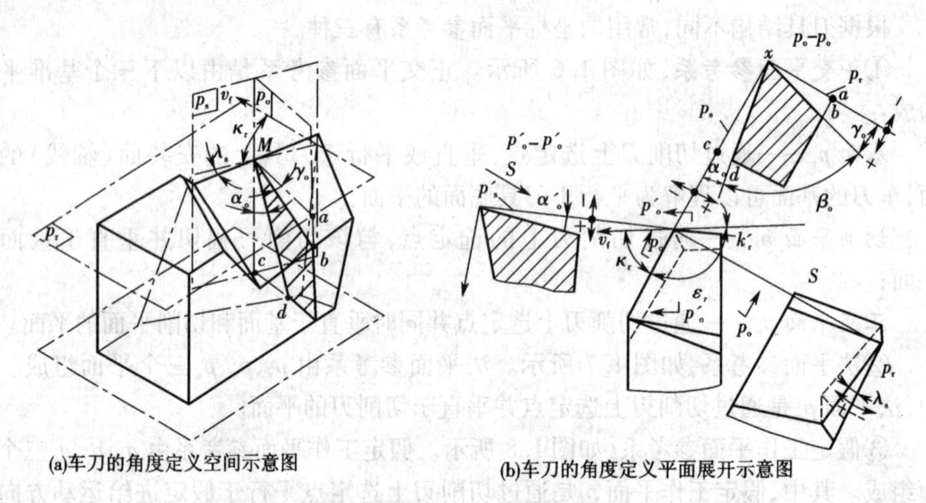

(a)车刀的角度定义空间示意图　　(b)车刀的角度定义平面展开示意图

图 1.9　在正交平面参考系内设计车刀的角度定义

(1)在正交平面 P_o 内定义的角度

前角 γ_o——前刀面与基面的夹角。前刀面在基面之下前角为正值；前刀面在基面之上前角为负值；前刀面平行基面时前角为零。

后角 α_o——主后刀面与切削平面的夹角。

楔角 β_o——前刀面与后刀面的夹角。

(2)在基面 p_r 内定义的角度

主偏角 κ_r——进给方向与主切削刃在基面上的投影之间的夹角。

副偏角 κ_r'——进给方向与副切削刃在基面上的投影之间的夹角。

刀尖角 ε_r——主切削刃与副切削刃之间的夹角。

(3)在切削平面 P_s 内定义的角度

刃倾角 λ_s——主切削刃与基面之间的夹角。

当刀尖是主切削刃上最低点时，λ_s 为负值；当刀尖是主切削刃上最高点时，λ_s 为正值。当主切削刃平行于基面时，λ_s 为零。

3. 刀具的实际切削角度

刀具的标注角度是在忽略了进给运动条件及刀具安装误差等因素影响的情况下给出的。实际上刀具在使用中，应该考虑合成运动和安装情况。按照刀具的实际情况所确定的刀具角度参考系称为刀具工作角度参考系，在这个参考系中标注的角度称为刀具的工作角度。

通常情况下，进给运动在合成运动中所起的作用很小，在一般安装条件下可用标注角度代替工作角度。只有在进给运动或刀具安装对工作角度产生较大影响时才需要计算工作角度。刀具的工作角度表示符号为在相应标注角度右下角标处加英文小写字母 e。

1）进给运动对刀具工作角度的影响（横车）

在切断刀切断工件的情况下，进给运动对刀具工作角度的影响（横车）如图 1.10（a）所示。切削刃上一点 A 的运动轨迹是一条阿基米德螺旋线，实际切削平面 P_{se} 为过 A 的且切于螺旋线的平面，实际基面 P_{re} 是过 A 的与 P_{se} 垂直的平面，在实际测量平面内的前后角分别为工作前后角（γ_{oe}、α_{oe}）。其大小为

$$\gamma_{oe} = \gamma_o + \eta$$
$$\alpha_{oe} = \alpha_o - \eta$$
$$\eta = \arctan(f/\pi d_w)$$

式中：η——合成切削速度角，是主运动和合成切削速度之间的夹角；

f——刀具相对工件的横向进给量（mm/r）；

d_w——切削刃上选定点 A 处的工件直径。

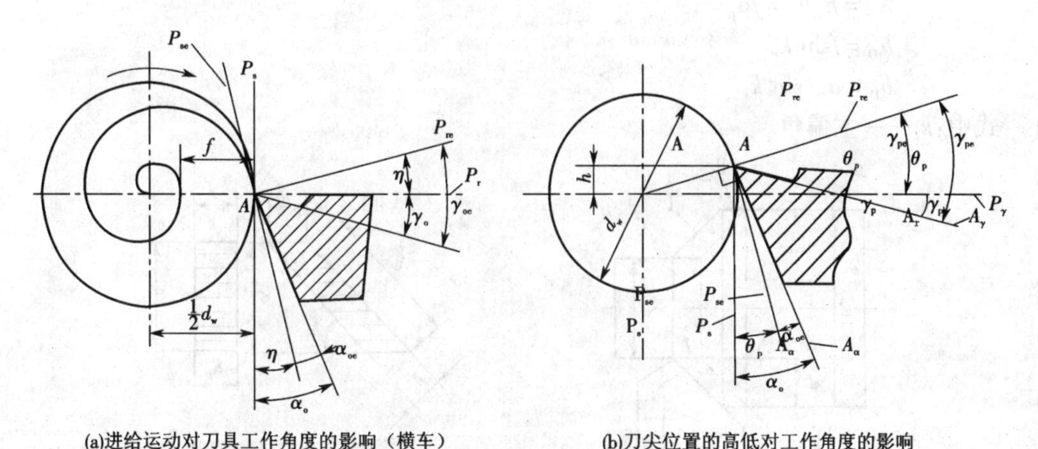

(a)进给运动对刀具工作角度的影响（横车）　　(b)刀尖位置的高低对工作角度的影响

图 1.10　刀具的实际切削角度

从以上可以看出，切削刃越接近工件中心处，d_w 值越小，η 越大，γ_{oe} 越大，而 α_{oe} 越小，甚至变为零或负值，从而对刀具的工作越不利。

2）刀尖位置的高低对工作角度的影响

安装时，刀尖的高度不一定正好在机床中心高度上，刀尖高于主轴中心高度时对工作角度的影响，如图 1.10（b）所示。此时选定点 A 的基面和切削平面已经变为过 A 点的径向平面 P_{re} 和与之垂直的切削平面 P_{se}，其工作前角比标注前角增大了，工作

后角比标注后角减小了。其关系为

$$\gamma_{oe} = \gamma_o + \theta$$

$$\alpha_{oe} = \alpha_o - \theta$$

$$\theta = \arcsin(2h/d_w)$$

式中：θ——刀尖位置变化引起前、后角的变化值(弧度)；

h——刀尖高于主轴中心线的数值(mm)；

d_w——切削刃上选定点 A 处的工件直径。

三、切削层

切削时，刀具在一次进给中从工件待加工表面上切除的材料层即为切削层。如图 1.11 所示，工件转一周，刀具从Ⅰ位置到Ⅱ位置，切下工件材料层，切削层横截面形状和尺寸直接影响刀具承受负荷大小。切削层的参数包括：

切削层公称横截面积 A_D，简称切削层横截面积，它是在切削层尺寸平面内度量的横截面积，单位为 mm^2。

切削层公称厚度 h_D，垂直于加工表面度量的切削层尺寸，单位为 mm。

切削层公称宽度 b_D，平行加工表面度量的切削层尺寸，单位为 mm。

三者之间以及它们与切削用量之间的关系为

$$A_D = h_D b_D = f a_p$$

$$h_D = f \sin k_r$$

$$b_D = a_p / \sin k_r$$

式中：k_r——主偏角。

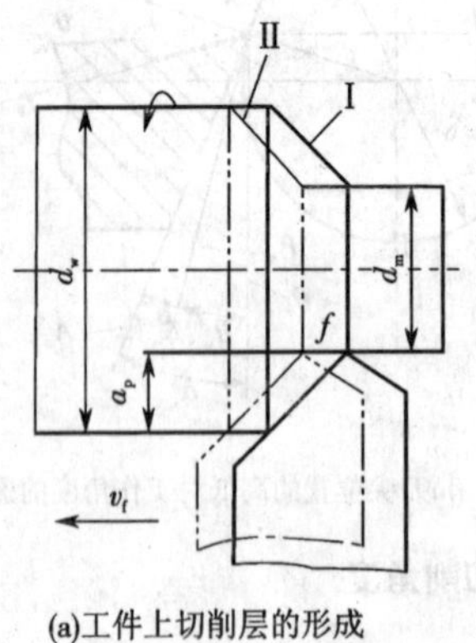

(a)工件上切削层的形成

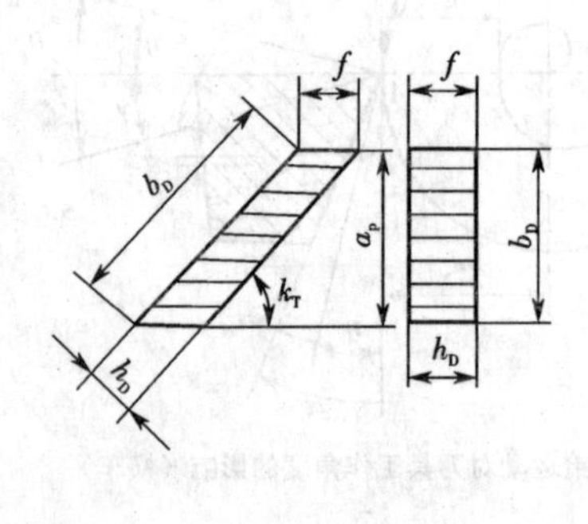

(b)切削层断面放大图

图 1.11 切削层参数

学习任务三 金属切削过程的现象及实质

金属切削过程是指从工件表面切除多余金属形成已加工表面的过程。在切削过程中，工件受到刀具的推挤，切削层在前刀面的推挤产生弹性和塑性变形，最终形成切屑。伴随着切屑的形成，将产生切削力、切削热、刀具的磨损、积屑瘤和加工硬化现象。这些现象将影响到工件的加工质量和生产效率。

一、切削变形

1. 切屑的形成过程

金属切削过程的实质是工件材料产生剪切滑移的塑性变形过程。

图1.12所示为切屑形成过程模型，图中未变形的切削层 *AGHD* 可以看成是由多个平行四边形组成的，如 *ABCD*、*BEFC*、*EGHF* 等。当这些平行四边形扁块受到前刀面的推挤时，便沿着 *BC* 方向向斜上方滑移，形成另一些扁块，即 *ABCD*→*AB′C′D*、*BEFC*→*B′E′F′C′*、*EGHF*→*E′G′H′F′*。由此可以看出，切削层不是由刀具切削刃削下来或劈开来的，而是靠前刀面的推挤、滑移而形成的。

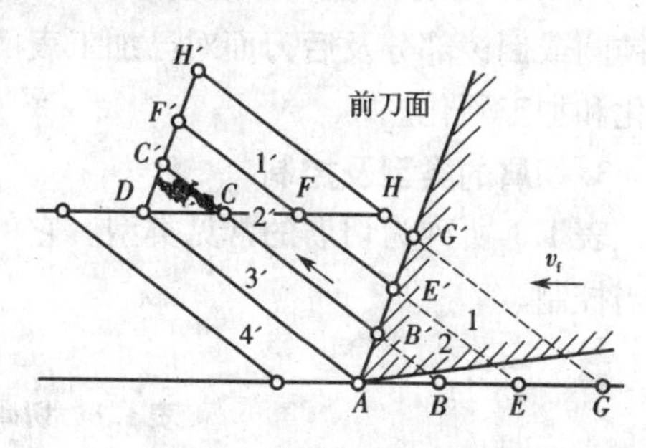

图1.12　切屑的形成过程

2. 切削过程变形区的划分

切削过程的实际情况非常复杂，这是因为切削层金属受到刀具前刀面的推挤产生剪切滑移变形后，还要继续沿着前刀面流出变成切屑。在这个过程中，切削层金属要产生一系列变形。实际切削情况还要复杂些，这是因为切削层在受到刀具前刀面挤压而产生剪切（称第一变形区）后的切屑沿着前刀面流出，其底面将受到前刀面的挤压和摩擦，继续变形（称第二变形区）。又因刀具的刀尖带有圆角或倒棱结构，在整个切削层的厚度中，将有很小一部分被圆角或倒棱挤压下去，经变形形成已加工表面（称第三变形区），如图1.13所示。

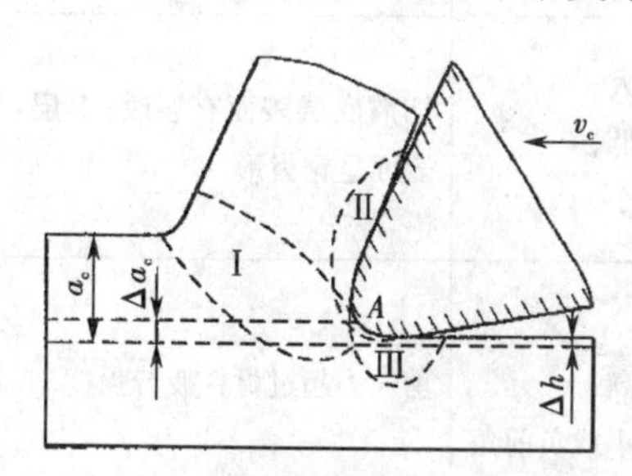

图1.13　切削过程变形区的划分

图1.13中Ⅰ区域表示第一变形区。在这个区域内，当刀具和工件开始接触时，材料内部产生应力和弹性变形。随着切削刃和前刀面对工件材料的挤压作用加强，工件材料内部的应力和变形逐渐增大，当剪切应力达到材料的屈服强度时，材料将沿着与走刀方向成45°的剪切面滑移，即产生塑性变形。切应力随着滑移量的增大而增大，当切应力超过材料的强度极限时，切削层金属便与材料基本分离，从而形成沿前刀面流出的切屑。由此可以看出，第一变形区的主要特征是沿滑移面的剪切变形，以及随之产生的加工硬化。

实验证明，在一般切削速度下，第一变形区的宽度在0.02～0.2 mm范围内，切削速度越高,其宽度越小,故可以看成一个平面,称为剪切面。剪切面和切削速度之间的夹角称为剪切角。

图1.13中Ⅱ所指为第二变形区。切屑底层(与前刀面接触层)在沿前刀面流动的过程中受到前刀面的进一步挤压与摩擦,使靠近前刀面处金属纤维化,即产生了第二次变形,变形方向基本与前刀面平行。

图1.13中Ⅲ所指为第三变形区。此变形区位于后刀面与已加工表面之间,切削刃钝圆或倒棱部分及后刀面对已加工表面进行挤压,使已加工表面产生变形,造成纤维化和加工硬化。

3. 切屑的类型及控制

表1.1所列为切屑的常见类型。它的形状直接影响到工件的加工质量,因此要适当控制。

表1.1 切屑的类型及控制

切屑的类型	示意图	被加工材料	形成条件	说 明
带状切屑		塑性材料	切削厚度较小; 切削速度较高; 刀具前角较大	切屑底层表面光滑;上层表面毛茸,加工过程平稳;表面粗糙度值小
节状切屑		塑性材料	切削厚度较大; 切削速度较低; 刀具前角较小	切屑底层表面有裂纹;上层表面呈锯齿形
粒状切屑		塑性材料	进给量较大; 切削速度较高; 刀具前角较小或负前角	剪应力超过材料疲劳强度
崩碎状切屑		脆性材料	材料脆性越大,切削厚度越大	铸铁脆性材料碎块不规则

实践表明,带状切屑是最常见的一种类型,形成带状切屑时产生的切削力较小、较稳定,加工表面的粗糙度较小;形成节状切屑、粒状切屑的切削力变化较大,加工表面的粗糙度较大;在崩碎切屑产生时的切削力虽然较小,但具有较大的冲击振动,切屑在加工表面上不规则崩落,加工表面较粗糙。

4. 积屑瘤现象

如图1.14所示,在切削加工过程中,切屑从工件上分离流出时与前刀面接触产生摩擦，在前刀面近切削刃处由于摩擦与挤压的作用产生高温和高压，使切屑底面与前刀面的接触面之间形成黏结，亦称冷焊现象。该区内的摩擦属于内摩擦，是前面摩擦的主要区域。在内摩擦以外区域的摩擦为外摩擦。

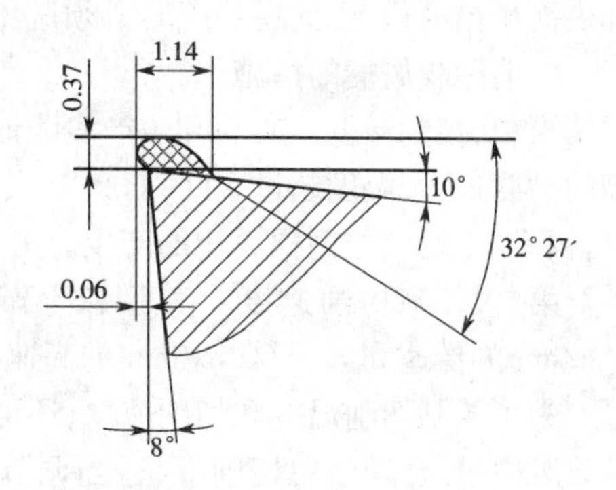

图 1.14　积屑瘤外形及尺寸

内摩擦力使黏结材料较软的一方产生剪切滑移，从而使得切屑底层很薄的一层金属晶粒出现拉长现象。由于摩擦对切削变形、刀具寿命和加工表面质量都有很大影响，因此常用减小切削力、缩短刀屑接触长度、降低加工材料屈服强度、选用摩擦系数小的刀具材料、提高刀具刃磨质量和浇注切削液的方法来减小摩擦。

由于摩擦的存在，在用中速或较低速切削塑性金属材料时，切屑很容易在前刀面近切削刃处形成一个硬度很高的楔块，这个楔块被称为积屑瘤。实验证明，积屑瘤的硬度很高，可达到工件材料硬度的 2 ~ 2. 5 倍，可以代替刀具进行切削。

通常认为积屑瘤是由于切屑底层金属在高温、高压作用下在刀具前面上黏结并不断层积的结果。当积屑瘤层积到足够大时，受到摩擦力的作用会产生脱落，因此积屑瘤的产生与大小是周期性变化的。积屑瘤周期性的变化对工件的尺寸精度和表面质量影响较大，所以在精加工时应避免积屑瘤的产生。

5. 积屑瘤对切削过程的影响

1）增大了刀具的前角

如图 1. 14 所示，积屑瘤使刀具的前角变大，使刀具变得锋利，因而减小了切削变形，降低切削力，提高切削效率。

2）增大了切削厚度

如图 1. 14 所示，由于积屑瘤的前端伸出切削刃之外，使切削厚度增大，影响了工件的尺寸精度。

3）增大了已加工表面粗糙度值

积屑瘤的形状、尺寸不规则，它代替刀具进行切削时会使切出的工件表面不平整。由于积屑瘤总是生长、脱落、再生长、再脱落，也就是很不稳定，这就会导致切削力大小发生变化和产生振动，这都将使工件的表面粗糙度值增大。

4）影响刀具的耐用度

积屑瘤的存在一方面保护了刀具，代替刀具进行切削；另一方面积屑瘤的脱落将会使刀具材料剥落，加剧刀具的磨损。

由于积屑瘤硬度高可以代替刀具进行切削，增大了切削厚度，提高了切削效率，而粗加工阶段的主要目的是去除工件的加工余量，对于尺寸精度要求不高，因此粗加工阶段不必抑制积屑瘤的产生。而精加工时，积屑瘤的存在会影响工件的尺寸精度和表面粗糙度值,因此精加工时必须避免和抑制积屑瘤的产生。

6. 消除积屑瘤的措施

第一,控制温度。实验和生产实践证明,切削中碳钢温度在 300 ~ 380 ℃时积屑瘤的高度最大,温度超过 500 ~ 600 ℃积屑瘤消失。因此在生产过程中,要根据工件材料和加工要求控制积屑瘤的产生。

第二,控制切削速度。实验和生产实践证明,切削 45 钢时切削速度在小于 3 m/min的低速和大于 60 m/min 的高速范围内,摩擦系数小,不易生成积屑瘤。

为了控制切削温度和切削速度,还可以通过减小进给量、增大刀具前角、提高刀具刃磨质量、合理使用切削液、适当调节切削用量各参数之间的关系防止积屑瘤的产生。

影响切削变形的因素很多,但归纳起来主要有以下几方面。

①工件材料:工件材料硬度和强度越大,则摩擦系数越小,变形越小。

②刀具前角:刀具前角越大,切削刃越锋利,前刀面对切削层的挤压作用越小,则切削变形越小。

③切削速度:切削速度对切削变形的影响很复杂,在切削塑性材料时,有积屑瘤生成的切削速度范围内,切削速度通过积屑瘤来影响切削变形。由于积屑瘤的存在,刀具的前角增大,切削变形小;当切削速度在抑制积屑瘤生成的范围内时,切削变形相对会增大。在切削脆性金属材料时,切削速度对切削变形影响很小。

④进给量:进给量增大会引起切削厚度增大,同时切削变形减小。

二、切削力和切削功率

切削力是指被加工材料抵抗刀具切入所产生的阻力。它是影响工艺系统强度、刚度和加工工件质量的重要因素,是设计机床、刀具和夹具等的主要依据。

1. 切削力的来源、合力及分解

切削力的来源有两个方面:三个变形区产生的弹性变形和塑性变形抗力;切屑、工件与刀具之间的摩擦力。这些力的总和形成作用在刀具上的合力 F(如图 1.15 所示),切削合力 F 作用在接近切削刃上的任意一点,在空间的某一个方向上,由于大小与方向都不易确定,因此为便于测量、计算和反映实际作用的需要,常常将合力 F 分解为 3 个互相垂直的分力。

切削力(主切削力)F_c——在主运动方向上的分力,用于计算刀具强度、设计机床零件、确定机床功率。

背向力(切深抗力)F_p——在垂直于工作平面上的分力,用于确定与加工有关的工件变形、设计机床零件、刀具强度和刚度。该力使工件在切削过程中产生振动。

进给力(进给抗力)F_f——在进给运动方向上的分力,用于设计进给机构、计算刀具进给功率。

实验证明当 $k_r = 45°$、$\lambda_s = 0°$、$\gamma_o = 15°$时,3 个垂直分力之间有如下近似比例

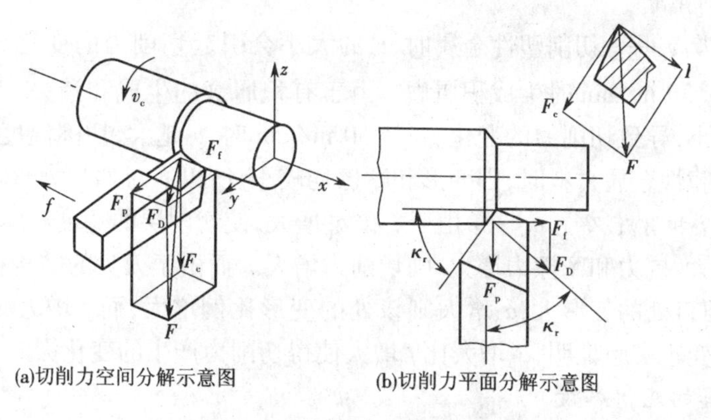

(a)切削力空间分解示意图　(b)切削力平面分解示意图

图 1.15　切削力合成及分解

关系：

$$F_p(F_y) = (0.4 \sim 0.5)\ F$$

$$F_f(F_x) = (0.3 \sim 0.4)\ F$$

$$F_c(F_z) = (1.12 \sim 1.18)\ F$$

随着刀具几何参数、切削用量、工件材料和刀具磨损等情况的不同，三者的比例关系也不同。

2. 切削功率计算

1）由切削力计算

消耗在切削过程中的功率称为切削功率，记为 P_c，单位为 kW。它是 F_c、F_p、F_f 在切削过程中单位时间内所消耗功率的总和。而一般情况下 F_p、F_f 所消耗功率很小，可以省略不计。所以 $P_c = F_c v_c \times 10^{-3}$，式中 v_c 是主运动速度，单位为 m/s；F_c 是切削力，单位为 N。

计算切削功率 P_c 是为了核算加工成本和计算能量消耗，并在设计机床时根据它来选择机床电机功率。机床电机功率 P_E（单位为 kW）可以按下式计算：$P_E \geqslant P_c / \eta_c$。式中 η_c 是机床传动效率，一般取 $\eta_c = 0.75 \sim 0.85$。

2）影响切削力的因素

（1）工件材料

工件材料是通过材料的剪切屈服强度、塑性变形以及切屑与前刀面之间的摩擦系数等条件影响切削力。

工件材料强度、硬度越高，材料的剪切屈服强度越高，切削力越大。材料的制造和热处理状态不同，得到的硬度也不同，切削力随着硬度的提高而增大。

工件材料的塑性或韧性越高，切屑不易折断，使切屑与前刀面之间的摩擦增大，故切削力增大。在切削脆性材料时，由于塑性变形很小，崩碎切屑与前刀面摩擦小，故切削力小。

(2)切削用量

切削速度 v_c——切削塑性金属时，v_c的大小会引起切削力的变化。实验证明切削45钢，$v_c<30$ m/min时生成积屑瘤。由于有积屑瘤的生成和消失，刀具的实际前角增大或减小，导致切削力的变化。$v_c>30$ m/min时，v_c越大，切削温度越高，切削力变小。切削脆性金属材料时，因变形和摩擦均较小，所以v_c对切削力影响不大。

进给量f和背吃刀量a_p——由于f和a_p增大，使切削层的宽度和厚度均增大，切削面积就增大，抗力和摩擦力增大，则切削力增大。而由于刀尖的结构存在刀尖圆弧半径，所以刃口处的变形大，a_p增大则该处的变形比例增大，而f增大时该处的变形比例基本不变。实验证明，a_p增大比f增大使得切削力产生的变化大。

(3)刀具的几何参数

在刀具的几何参数中，刀具的前角和主偏角对切削力的影响较为明显。前角加大，刀具变锋利，被切金属等变形减小，切削力明显下降。一般情况下，加工塑性大的材料时，前角对切削力的影响比加工塑性较小的金属材料更显著。

主偏角从30°增大到60°时，切削厚度增加，切削变形减小，使主切削力减小；但随着主偏角再增大，在60°~90°时，刀尖圆弧半径也增大，挤压摩擦加剧，使主切削力又增大。一般主偏角在60°~75°范围内时，主切削力最小。对于车削细长轴类零件时，往往采用大于60°的主偏角以减小吃刀抗力。对于切断刀或切槽刀来说，主偏角要大于90°，以减小切屑的挤压以及后刀面与工件的摩擦，减小切削力。

刃倾角的绝对值增大时，使主切削刃参加工作的长度增加，摩擦加剧；但在法剖面中刃口圆弧半径减小，刀刃锋利，切削变形小；而综合以上因素，主切削力变化较小。

刀尖圆弧半径增大对F_p和F_f的影响较大。

三、切削热与切削温度

切削热与切削温度是切削过程中产生的另一个物理现象。它对刀具的寿命、工件的加工精度和表面质量影响较大。

在切削加工中，切削变形与摩擦所消耗的能量几乎全部转化为热能，即切削热。切削热通过切屑、刀具、工件和周围介质(空气、切削液)向外传散，同时使切削区域的温度升高，切削区的平均温度称为切削温度。

影响热量传散的因素有：工件、刀具材料的导热系数、加工方式和周围介质的状况。

影响切削温度的主要因素有以下几个。

1)工件材料

工件材料的硬度、强度和导热系数影响切削温度。低碳钢材料硬度和强度低，导热系数大，故产生的热量少，切削温度低。高碳钢材料硬度和强度高，导热系数小，故产生的热量多，切削温度高。实验证明合金钢的硬度、强度比45钢高，故切削时产生的切削温度比加工 45 钢高 30%；不锈钢导热系数是 45 钢的 1/3，切削时产生的切削温度比加工 45 钢高 40%；加工脆性金属材料产生的变形和摩擦均较小，故切削温度比加工 45 钢低 25%。

2）切削用量

当切削用量三要素都增加时，由于切削变形和摩擦消耗的功增加，故切削温度升高。其中切削速度影响最大，其次是进给量，影响最小的是背吃刀量。实践证明，切削速度提高一倍，切削温度大约增加 30%；进给量增加一倍，切削温度大约增加 18%；背吃刀量增加一倍，切削温度大约增加 7%。分析可知，切削速度增加，则摩擦生热增多；进给量增加，切削变形增加较小，故切削热增加不多，此外，还使刀具和切屑的接触面积增大，改善了散热条件；增加背吃刀量使切削宽度增加，显著增大了热量的传散面积。

切削用量三要素对切削温度的影响规律在切削加工中具有很重要的实际意义。例如，增加切削用量可以提高切削效率，但为了减少刀具的磨损，提高刀具的寿命，保证工件的加工质量，可以优先增加背吃刀量，其次考虑增加进给量。但是在刀具材料和机床性能允许的情况下，应尽量提高切削速度，以进行高效、优质切削。

3）刀具几何参数

在刀具的几何参数当中，影响切削温度最明显的因素是前角和主偏角，其次是刀具圆弧半径。前角增大，切削变形和摩擦产生的热量均减小，故切削温度下降。但前角过大，散热变差，使切削温度升高，因此在一定条件下，均有一个产生最低切削温度的最佳前角值。

主偏角减小，使切削变形和摩擦增加，切削热增加，但主偏角减小后，因刀头体积增大，切削宽度增大，故散热条件变差，使切削温度升高。

4）切削液

使用切削液对降低切削温度有明显的效果。切削液有两个作用：一是减小切屑与刀具前刀面、工件与后刀面的摩擦；二是可以吸收切削热。二者均可使切削区温度降低。但是切削液对切削温度的影响，与其导热性能、比热、流量、浇注方式以及本身的温度有关。

四、刀具的磨损与寿命

1. 刀具磨损的形式

切削金属时，刀具一方面切下切屑，另一方面刀具本身也要发生损坏。刀具损坏的形式主要有磨损和破损两类。前者是连续的逐渐磨损，属正常磨损；后者包括脆性破损（如崩刃、碎断、剥落、裂纹破损等）和塑性破损两种，属非正常磨损。刀具磨损后，使工件加工精度降低，表面粗糙度增大，并导致切削力加大、切削温度升高，甚至产生振动，不能继续正常切削。因此，刀具磨损直接影响加工效率、质量和成本。

刀具正常磨损（如图 1.16 所示）的形式有以下几种。

1)前刀面磨损(月牙洼)

它的深度为 KT,宽度为 KB。

2)后刀面磨损(VB)

从理论上讲,由于后角的存在,刀具后面不与工件的过渡表面接触,但由于高速切削时工件材料出现的弹、塑性变形和切削刃上钝圆半径的影响,刀具后面与工件过渡表面之间会形成狭小面积接触,产生强烈的摩擦,使刀具后面磨损。典型的主后刀面磨损带如图 1.16(b)所示。从图中可看出,刀具的后刀面磨损是不均匀的。在刀尖磨损区 C 区,由于强度较低,散热条件较差,故磨损较为严重(其最大值为 VC);在边界磨损区 N 区,切削刃与待加工表面相接处,因高温氧化、表面硬化层作用等造成最大磨损量 VN。在中间磨损区 B 区,在切削刃的中间位置,存在着均匀磨损量 VB,局部出现最大磨损量 VB_{max}。

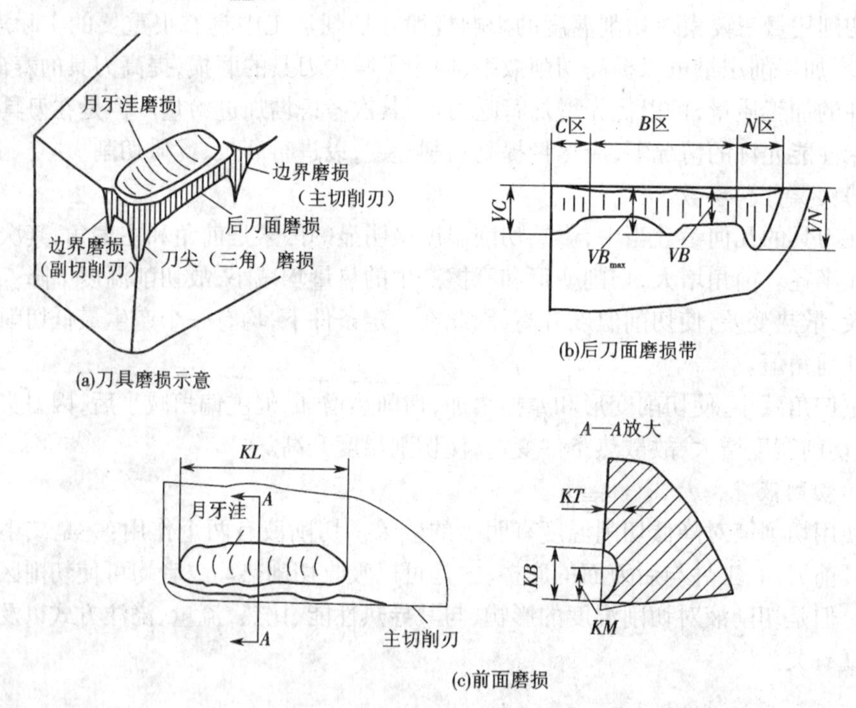

图 1.16 刀具的正常磨损状

3)副后面磨损

在靠近刀尖的副后面上也有磨损,如图 1.16 所示。这是由于在副后面与已加工表面的交界处,其切削厚度已趋近于零,切削刃在该处打滑造成的。以上磨损形式称为刀具的正常磨损。主切削刃和副切削刃皆有边界磨损。

2. 磨损标准

国家标准 GB/T 16461—1996 中规定,高速钢刀具、硬质合金和陶瓷刀具的磨损标准为:

①当后面 B 区磨损带是正常磨损形式时，后面磨损带的平均宽度 $VB = 0.3$ mm。

②当后面 B 区磨损带不是正常磨损形式时，如划伤、崩刃等，后面磨损带的最大宽度 $VB_{max} = 0.6$ mm。

③月牙洼深度 $KT = 0.06 + 0.3f$。

实际中，也常以精加工时刀具磨损量是否影响表面粗糙度和尺寸精度作为刀具磨损的判断依据。

3. 刀具正常磨损的原因

从对温度的依赖程度来看，刀具正常磨损的原因主要是机械磨损和热、化学磨损。机械磨损是由工件材料中硬质点的刻划作用引起的；热、化学磨损则是由黏结（刀具与工件材料接触到原子间距离时产生的结合现象）、扩散（刀具与工件两摩擦面的化学元素互相向对方扩散、腐蚀）等引起的。

①磨粒磨损：在切削过程中，刀具上经常被一些硬质点刻出深浅不一的沟痕。磨粒磨损对高速钢作用较明显。

②黏结磨损：刀具与工件材料接触到原子间距离时产生的结合现象，称黏结。黏结磨损就是由于接触面滑动在黏结处产生剪切破坏造成的。低、中速切削时，黏结磨损是硬质合金刀具的主要磨损原因。

③扩散磨损：切削时在高温作用下，接触面间分子活动能量大，造成了合金元素相互扩散置换，使刀具材料力学性能降低，若再经摩擦作用，刀具容易被磨损。扩散磨损是一种化学性质的磨损。

④相变磨损：当刀具上最高温度超过材料相变温度时，刀具表面金相组织发生变化，如马氏体组织转变为奥氏体，使硬度下降，磨损加剧。因此，工具钢刀具在高温时均有此类磨损。

4. 刀具磨损过程及刀具寿命

1）刀具磨损过程

随着切削时间的延长，刀具磨损增加。根据切削实验，可得如图 1.17 所示的刀具正常磨损过程的典型磨损曲线。该图分别以切削时间和后刀面磨损量 VB（或前刀面月牙洼磨损深度 KT）为横坐标与纵坐标。

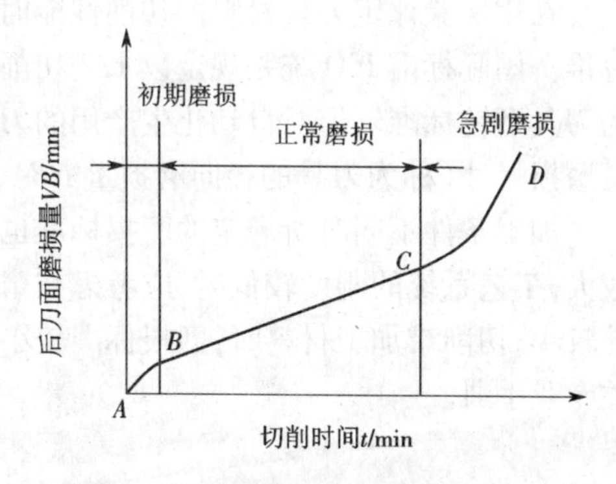

图 1.17　典型的刀具磨损过程曲线

2）刀具寿命

（1）刀具寿命的概念

刀具寿命 T 定义为刀具的磨损达到规定标准前的总切削时间，单位为 min。例如：生产中常采用达到正常磨损 $VB = 0.3$ mm 时的刀具寿命；有时也采用在规定加工条件下，按质量完成额定工作量的可靠性寿命；在自动化生产中保持工件尺寸精度的尺寸寿命；刀具达到规定承受的冲击次数的疲劳寿命等。

(2)影响刀具寿命的因素

①提高切削速度,使切削温度升高,磨损加剧,刀具寿命 T 缩短。

②进给量和背吃刀量增大,均使刀具寿命 T 缩短。但进给量增大,会使切削温度升高较多,故对 T 影响较大;而背吃刀量增大,切削温度升高较少,故对 T 的影响较小。

③合理选择刀具几何参数能延长刀具寿命。增大前角,切削温度降低,刀具寿命延长;但前角太大,刀具强度降低,散热性变差,刀具寿命反而会缩短。因此,刀具前角有一个最佳值,该值可通过切削实验求得。减小主偏角、副偏角和增大刀尖圆弧半径,可提高刀具强度和降低切削温度,从而延长刀具寿命。

④刀具材料是影响刀具寿命的重要因素。合理选用刀具材料、采用涂层刀具材料和使用新型材料,是延长刀具寿命的有效途径。

⑤加工工件材料对刀具寿命的影响:材料强度、硬度、塑性、韧性等指标值越高,导热性越低,加工时的切削温度越高,刀具寿命就越短。

5. 刀具磨损的检测方法

刀具磨损的检测方法可分为两大类:一类是直接测量法,它是在非切削时间内直接测量(或通过工件尺寸的变化来测量)刀具的磨耗量;另一类为间接测量法,它是在切削时测定与刀具有关的物理量(如切削力、振动与噪声、切削温度、已加工表面粗糙度)的变化来判断刀具的磨损。

在实际生产中,不允许经常卸下刀具来测量磨损量,而是根据切削过程中发生的一些现象来判断刀具是否已经磨钝。例如粗加工时,可以观察已加工表面是否出现亮带,切屑颜色和形状是否变化,以及是否出现振动和不正常的声音等。精加工可观察已加工表面粗糙度的变化以及测量加工零件的形状和尺寸精度等。

在用实验评定刀具材料的切削性能时,常以刀面的磨损量作为衡量刀具磨损的标准。国际标准 ISO 统一规定以 1/2 切削深度处后刀面上测定的磨损带宽度 VB 作为刀具磨钝标准。但对自动化生产用的刀具及预调刀具等,则常以沿工件径向的刀具磨损尺寸(称为刀具的径向磨损量 NB)作为衡量刀具的磨损标准。

加工条件不同时所规定的磨损标准也不同,例如精加工的磨损标准较小,粗加工较大;工艺系统的刚度较低时,应考虑在磨损标准内是否会振动,所以规定的磨损标准较小;切削难加工材料时,磨损标准较小。各种刀具磨损标准的具体数值可参考有关专业手册。

学习任务四　金属切削基本规律的应用

一、刀具几何参数的合理选择

刀具几何参数包括角度、刀面形式、切削刃形状等，它对切削变形、切削力、切削温度、刀具的磨损和已加工表面质量等都有明显的影响。

合理的刀具几何参数是指在保证加工质量的前提下，能够满足刀具使用寿命长、生产效率高、加工成本低的几何参数。

确定合理的刀具几何参数的原则如下。

①考虑刀具材料和结构。刀具材料有高速钢、硬质合金等；刀具的结构分整体、焊接、机夹和可转位等。

②考虑工件的实际情况。材料的物理力学性能、毛坯情况（铸、锻等）、形状、材质等。

③了解具体加工条件。如机床、夹具情况，系统刚性，粗、精加工等。

④注意几何参数之间的关系。如选择前角应考虑卷屑槽的形状、倒棱情况、刃倾角的正负等。

⑤处理好刀具锋锐性与强度、耐磨性之间的关系。在保证具有足够强度和耐磨性的前提下，力求刀具锋锐；在提高刀具锋锐的同时，要设法提高刀具的强度和耐磨性，延长刀具的使用寿命。

1. 角度的作用与选择

1）前角的作用与选择

前角（γ_o）的作用如下：

①影响切削变形、切削力、切削温度、功率消耗等；

②影响切削刃强度、散热条件等；

③改变切削刃受力性质，如 $+\gamma_o$ 受弯，$-\gamma_o$ 受压；

④影响切屑的形态和断屑的效果，如 γ_o 减小，则切屑变形大，易折断；

⑤影响已加工表面质量，增大 γ_o，刀具变得锋锐，已加工表面质量提高。

如图 1.18 所示，显然 γ_o 大或小各有利弊。γ_o 增大，切削变形减小，可以降低温度，但刀具散热条件变差，温度会上升；γ_o 减小或为负值，刀具的散热条件变好，使温度下降，但因切削变形增大，热量增多，反而使温度上升。

对于前角选择，应注意以下几个方面。

①考虑刀具的材料。抗弯强度低、韧性差、脆性大且忌冲击、易崩刀的，取小的 γ_o。

②考虑工件的材料。钢料，塑性大，切削变形大，与刀面接触长度长，切屑间压力、摩擦力均大，为减小变形与摩擦，宜取较大的 γ_o；铸铁，脆性大，切屑是崩碎状的，集中于切削刃处，为保证有较好的切削刃强度，γ_o 宜取得比钢料小些。例如：用硬质

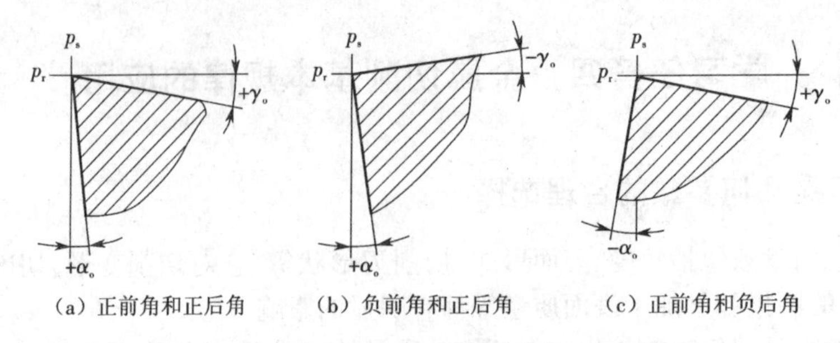

(a) 正前角和正后角　(b) 负前角和正后角　(c) 正前角和负后角

图 1.18　前、后角的正负

合金刀具加工钢料工件,常取 $\gamma_o=10°\sim20°$;加工铸铁工件,常取 $\gamma_o=5°\sim15°$。材料的强度、硬度高时宜取小的 γ_o 甚至负的 γ_o。

③考虑具体加工条件。粗加工,特别是断续切削或有硬皮时,如铸、锻件,γ_o 可以小一些;若使刀尖强度增大些,γ_o 可适当减小;工艺系统刚性差,机床功率不足时,则 γ_o 应大些;成形刀具,如成形车刀、铣刀,为防止刃形畸变,取 $\gamma_o=0°$;数控机床、自动机床或自动线上用的刀具应考虑刀具的耐用度和工作稳定性,常取较小的 γ_o。

2)后角的作用与选择

后角(α_o)的作用是减小切削过程中刀具后面与工件切削表面之间的摩擦。

α_o 增大,β_o 减小,刀具变得锋锐,可以切下很薄的切削层,在相同的磨钝标准 *VB* 下,所磨去的金属体积减小,使刀具寿命延长;但 α_o 太大,β_o 减小,刀具刃口强度降低,散热体积减小,α_o 能使刀具寿命缩短,故 α_o 不宜过大,因此应根据实际情况选择使刀具寿命最长的合理后角。

关于后角的选择,应注意以下几个方面。

①刀具材料对后角的影响与前角相似,一般高速钢刀具可比同类型的硬质合金刀具的后角大 2°~3°。

②工件材料的强度、硬度高时,为加强切削刃强度,应取较小的后角;材质软、塑性大,易产生加工硬化时,为减小后刀面摩擦,宜取较大的后角;脆性材料,应力集中在刀尖处,可取小的后角;特硬材料在前角是负值时,为形成较好的切入条件,应适当加大后角。

③根据具体加工条件进行选择。工艺系统刚性差时,易出现振动,所以应适当减小后角;为减振或消振,还可以在后刀面上磨出 $b_{\alpha1}=0.1\sim0.2$ mm、$\alpha_{o1}=0°$ 的刃带或 $b_{\alpha1}=0.1\sim0.3$ mm、$\alpha_{o1}=-5°\sim10°$ 的消振棱,如图 1.19 所示。

④对于尺寸精度要求较高的刀具,如拉刀、铣刀等,宜取较小的后角,因为当 *NB* 不变时,后角小,允许磨去的金属体积大,刀具可以连续使用的时间较长。

⑤精加工时,因背吃刀量 a_p 及进给量 f 较小,使切削厚度较小,刀具磨损主要发生在后面,宜取较大的后角;粗加工或刀具承受冲击载荷时,为强固刃口,应取较小的后角。

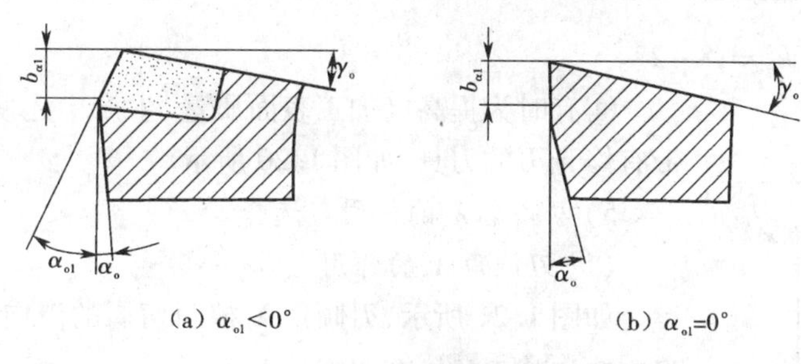

图1.19　消振棱

⑥车刀的切断刀因进给量关系,使中心处工作后角减小,应比外圆车刀大,一般 $\alpha_o=10°\sim12°$;车削大螺距的右旋螺纹时,也因走刀的关系,务必使左切削刃的后角磨得比右切削刃的后角大。

3)主偏角的作用与选择

(1)主偏角的作用

主偏角 k_r 影响残留面积的高度、切屑的形状、单位长度切削刃上的负荷、刀尖角和切削力。$k_r<90°$,则先与工件接触的是切削刃,而非刀尖,这样可以减小因切入冲击而造成的刀尖损坏。

(2)主偏角的选择

主偏角可根据不同的加工条件和要求选择。一般原则是:

①粗加工、半精加工和工艺系统刚性较差时,为减小振动,提高刀具寿命,选择较大的主偏角;

②加工很硬的材料时,为提高刀具寿命,选择较小的主偏角;

③根据工件已加工表面形状选择主偏角,如加工阶梯轴时,选择 $k_r=90°$;需要加工45°倒角时选择 $k_r=45°$等;

④有时考虑一刀多用,常选择通用性较好的车刀,如 $k_r=90°$或 $k_r=45°$等。

4)副偏角的作用与选择

(1)副偏角 k_r' 的作用

副偏角 k_r' 的作用是减小副切削刃和副后刀面与工件已加工表面间的摩擦。车刀副切削刃形成已加工表面,副偏角对刀具的耐用度和已加工表面的粗糙度都有影响。实践证明,副偏角减小,会使残留面积高度减小,已加工表面粗糙度减小;同时副偏角减小,会使副后刀面与已加工表面间的摩擦增加,径向力增加,易出现振动。但是副偏角太大,使刀尖强度下降,散热体积减小,刀具寿命降低。

(2)副偏角 k_r' 的选择

①粗加工时考虑刀尖强度、散热条件,k_r' 不宜太大,$k_r'=10°\sim15°$。

②精加工时,在工艺系统刚性较好、不易产生振动的条件下,考虑到残留面积的高度等,k_r' 尽量小,一般取 $k_r'=5°\sim10°$。

③切断刀、锯片等,因结构、强度的限制,刃磨后刃口宽度变化尽量小,宜选择较

小的 k_r'，一般取 $k_r'=1°\sim2°$。

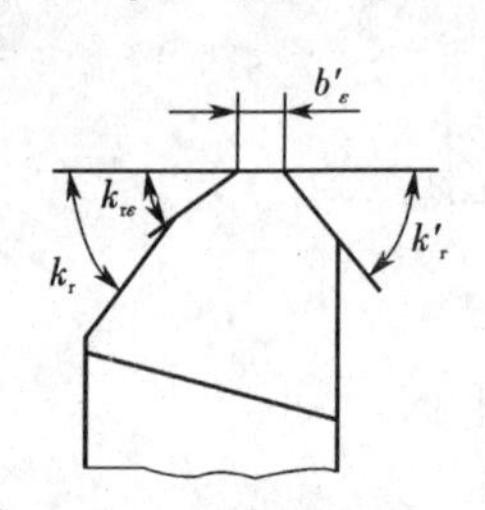

图 1.20 带修光刃的刀具

④有时为提高已加工表面质量，生产中还使用 $k_r'=0°$ 的带有修光刃的刀具，如图 1.20 所示。

5）刃倾角 λ_s 的作用与选择

（1）刃倾角 λ_s 的作用

如图 1.21 所示，刃倾角 λ_s 控制切屑的流向，影响刀头的强度和切削刃的锋利程度。

$\lambda_s>0°$ 时，切屑流向待加工表面，刀尖首先接触工件，易崩刀尖。

$\lambda_s=0°$ 时，切屑垂直于切削刃沿着前刀面流出，切削刃全长与工件同时接触，因而冲击力大。

$\lambda_s<0°$ 时，切屑流向已加工表面，离刀尖较远处的切削刃先接触工件，保护刀尖。

（2）刃倾角 λ_s 的选择

①加工一般钢料、灰铸铁，无冲击的粗车时 $\lambda_s=0°\sim-5°$，精车时 $\lambda_s=0°\sim+5°$；有冲击时 $\lambda_s=-5°\sim-15°$；冲击特大时，$\lambda_s=-30°\sim-45°$；加工淬硬钢、高强度钢、高锰钢 $\lambda_s=-20°\sim-30°$。

②强力刨刀 $\lambda_s=-10°\sim-20°$，微量精车外圆、精刨平面的精刨刀，$\lambda_s=45°\sim75°$。

③金刚石、立方氮化硼刀具，$\lambda_s=-5°$。

④工艺系统刚性差的应取正值。

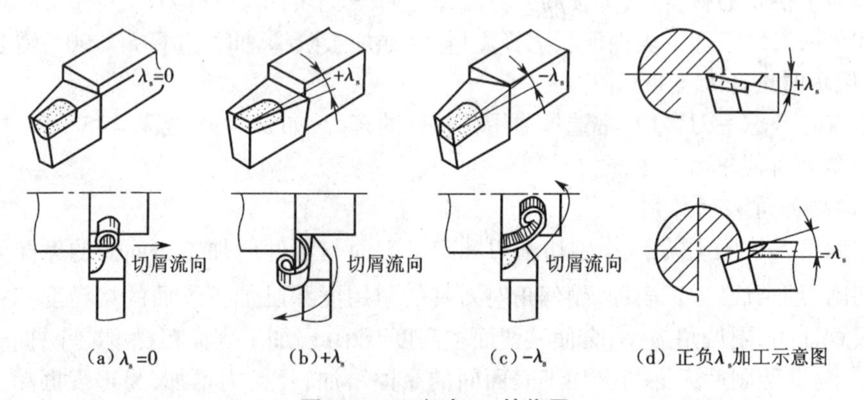

图 1.21 刃倾角 λ_s 的作用

2. 刀面的形式、作用与选择

1）前刀面的卷屑槽

（1）刀面卷屑槽的作用

卷屑槽起到容屑、排屑作用，使切屑卷曲，使之易于排出和清理。卷屑槽的形状有折线形、直线圆弧形、全圆弧形等不同形式，如图 1.22 所示。

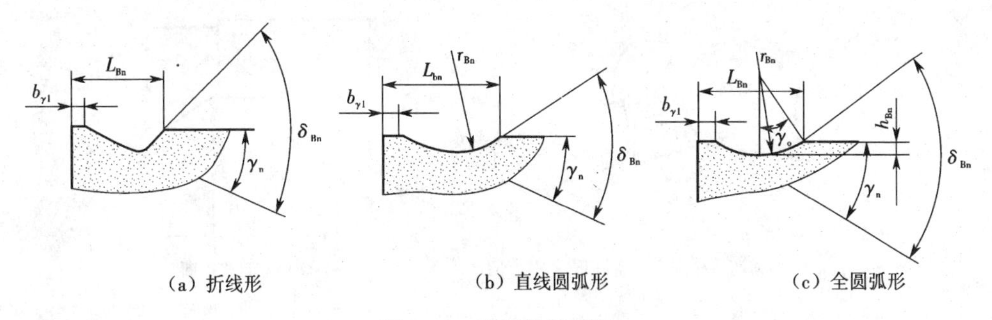

图 1.22　卷屑槽的形状

(2)卷屑槽的形状和尺寸

应根据加工材料的性质选择卷屑槽的形状和尺寸。

①直线圆弧形和折线形适合于加工碳素钢、合金结构钢、工具钢和不锈钢等。常取槽底圆弧半径 $r_{Bn}=(0.4\sim0.7)L_{Bn}$,$L_{Bn}$是切屑槽的宽度;槽底角 δ_{Bn}取 $110°\sim130°$;γ_n一般取 $5°\sim15°$。

②全圆弧形可获得较大的 γ_o,且不致使刃部过于削弱,适合于加工紫铜、不锈钢等高塑性材料,γ_o可增至 $25°\sim30°$。

③L_{Bn}越小,切削卷曲半径越小,切屑越容易折断;但太小则切屑变形大,易产生小块的切屑,容易飞溅。过大的 L_{Bn}也不能保证有效地卷屑或折断,一般根据工件材料和切削用量决定,可通过 $L_{Bn}=(1\sim10)f$ 计算。

(3)切屑的折断

如图 1.23 所示,切屑的折断有 3 种形式。

2)刀面的形式及选择

(1)刀面的形式

图 1.24 所示为常见刀具前刀面的形式,在生产实际中应根据具体加工条件进行选择。

(2)前刀面上的倒棱和切削刃钝圆的作用与选择

①前刀面上的倒棱的作用与选择:在用脆性材料刀具粗加工或断续切削时,刀具易崩刃,在刀具的前刀面上加工出倒棱可以提高刀具强度。倒棱的宽度 b_{r1}不能太大,应保证切屑仍沿着正前角 γ_o的前刀面流出。b_{r1}值与进给量 f 有关,$b_{r1}\approx(0.3\sim0.8)f$ 时,精加工取小值,粗加工取大值。而倒棱前角 γ_{o1}也根据刀具材料确定:对高速钢刀具 $\gamma_{o1}=0°\sim5°$;对硬质合金刀具,$\gamma_{o1}=-5°\sim-10°$。对于进给量很小($f\leqslant0.2$ mm/r)的精加工,切屑很薄,为使切削刃锋锐,不磨倒棱。

②前刀面上切削刃钝圆的作用与选择:采用钝圆也是为了增加刀具强度,减少刀具的磨损。断续切削时,为了增加刀具崩刃前所受冲击的次数,应适当增加钝圆半径;钝圆刃还有一定的挤压及消振作用,可以减小已加工表面粗糙度。一般取 $r_\beta<f/3$。轻型钝圆 $r_\varepsilon=0.02\sim0.03$ mm;中型钝圆 $r_\varepsilon=0.05\sim0.1$ mm;重型钝圆

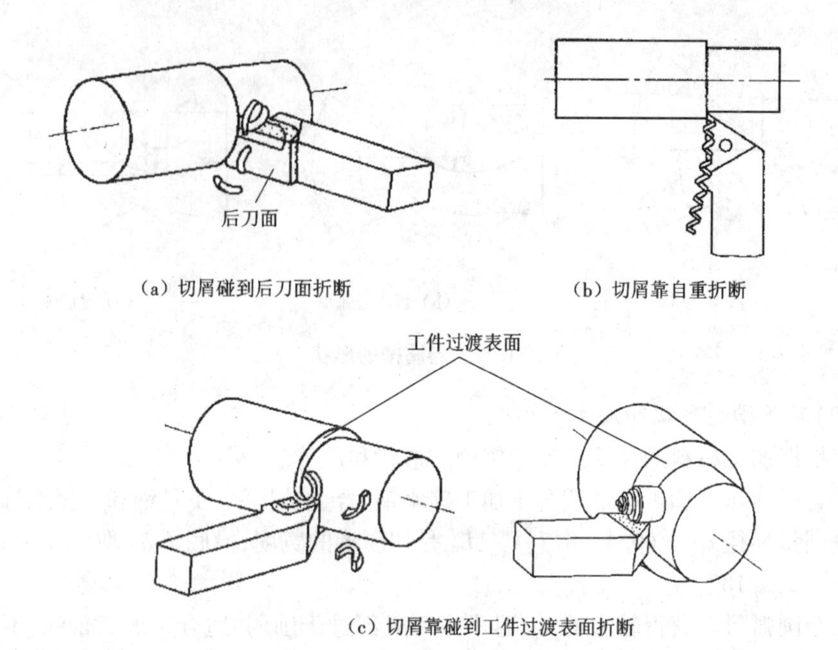

（a）切屑碰到后刀面折断　（b）切屑靠自重折断

（c）切屑靠碰到工件过渡表面折断

图 1.23　切屑的折断形式

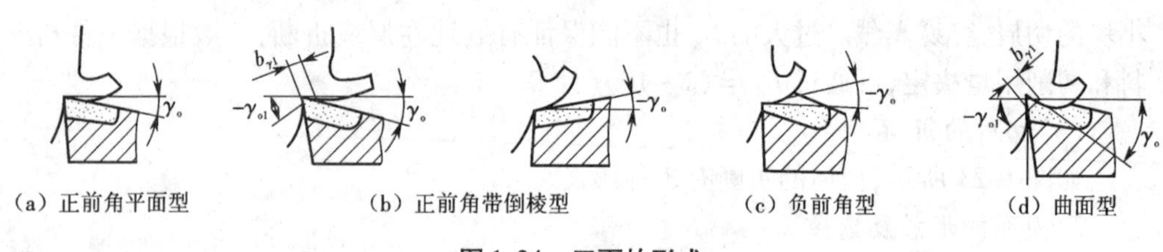

（a）正前角平面型　（b）正前角带倒棱型　（c）负前角型　（d）曲面型

图 1.24　刀面的形式

$r_\varepsilon = 0.15$ mm。

二、刀具材料的合理选择

为了保证得到符合图纸要求的零件，除刀具和零件之间有合理的切削运动、有合理的刀具几何结构外，还应做到合理地选择刀具材料，这样才能更有效地控制零件的成本。

1. 刀具材料应具备的性能

由于刀具在切削过程中受到力、摩擦、热等作用，作为刀具的材料应满足以下要求：

①高硬度和耐磨性，即刀具材料要比工件材料硬度高、抗磨损能力强；

②足够的强度和韧性，即可以承受切削中的压力、冲击和振动的能力；

③较高的耐热性能，即在高温下保持硬度、耐磨性、强度和韧性的能力；

④良好的工艺性和经济性，即材料的可加工性，如锻造、热处理、磨削加工性能

等,以利于刀具的制造,并且价格要低。

2. 常见的刀具材料

目前,生产中常见的刀具材料有四大类:工具钢(包括碳素工具钢、合金工具钢和高速钢)、硬质合金、陶瓷和超硬刀具材料。一般机械加工常用高速钢和硬质合金。由于碳素工具钢和合金工具钢耐热性能差,一般仅用于手工或切削速度较低的刀具。

1)高速钢

高速钢是一种加入较多的钨、钼、铬、钒等合金元素的高合金工具钢。高速钢具有较高的热稳定性,切削温度达500~650 ℃时仍能进行切削;有较高的强度和耐磨性。其制造工艺简单,容易磨成锋利的切削刃,可以锻造,是制造钻头、成形刀具、拉刀、齿轮刀具等形状复杂刀具的主要材料。

高速钢按用途分为通用型高速钢和高性能高速钢;按制造工艺不同分为熔炼高速钢和粉末冶金高速钢。

(1)通用高速钢

W18Cr4V有较好的综合性能,在600 ℃时其高温硬度为HRC48.5。刃磨和热处理工艺控制方便,可以制造各种复杂刀具。

W6Mo5Cr4V2碳化物分布细小、均匀,具有良好的力学性能,抗弯强化比W18Cr4V高10%~15%,韧性高50%~60%。它可用于制作尺寸较大、承受冲击力较大的刀具;热塑性特别好,适用于制造热轧钻头等。

(2)高性能高速钢

高性能高速钢在通用型高速钢的基础上再增加一些碳、钒及添加钴、铝等合金元素。因其耐热性好,故又称高热稳定性高速钢。它在630~650 ℃时仍可以保持HRC60的硬度,具有更好的切削性能,耐用度较通用型高速钢高1.3~3倍。它适用于加工高温合金、钛合金、超高硬度钢等难加工材料。典型牌号有高碳高速钢9W18Cr4V、高钒高速钢W6Mo5Cr4V3、钴高速钢W6MoCr4V2Co8、超硬高速钢W2Mo9Cr4VCo8等。

(3)粉末冶金高速钢

用高压氩气或纯氮气雾化熔融的高速钢钢水,直接得到细小的高速钢粉末,高温下压制成致密的钢坯,之后锻轧成材或刀具形状。这一制造工艺有效解决了一般熔炼高速钢时铸锭产生粗大碳化物共晶偏析的问题,从而得到细小均匀的结晶组织,使之具有良好的力学性能。其强度和韧性分别是熔炼高速钢的2倍和2.5~3倍;磨削加工性好;物理、力学性能高度各向同性,淬火变形小;耐磨性提高20%~30%。它适合于制造切削难加工材料的刀具、大尺寸刀具、精密刀具、磨削加工量大的复杂刀具、高压动载荷下使用的刀具等。

2)硬质合金

由难熔金属碳化物(如WC、TiC)和金属黏结剂(如Co)经粉末冶金法制成。

因含有大量熔点高、硬度高、化学稳定性好、热稳定性好的金属碳化物，硬质合金的硬度、耐磨性、耐热性都很高，硬度可达 HRA89～93，在 800～1 000 ℃还能进行切削，耐用度较高，比高速钢高几十倍。当耐用度相同时，切削速度可提高 4～10 倍。硬质合金是当前主要的刀具材料之一，大多数车刀、端铣刀和部分立铣刀等均已采用硬质合金制造。

硬质合金按其化学成分与使用性能分为四类，即钨钴类 YG(WC + Co)、钨钛钴类 YT(WC + TiC + Co)、添加稀有金属碳化物类 YW(WC + TiC + TaC(NbC) + Co)及碳钛基类 YN(TiC + WC + Ni + Mo)。常用硬质合金牌号的应用范围见表 1.2。

表 1.2 常用硬质合金牌号的选用

牌 号	用 途
YG3	铸铁、有色金属及其合金的精加工、半精加工，要求无冲击
YG6X	铸铁、冷硬铸铁、高温合金的精加工、半精加工
YG6	铸铁、有色金属及其合金的粗加工与半精加工
YG8	铸铁、有色金属及其合金的粗加工，也可以用于断续切削
YT30	碳素钢、合金钢的精加工
YT15、YT14	碳素钢、合金钢连续切削时粗加工、半精加工及精加工，也可以用于断续切削时的精加工
YT5	碳素钢、合金钢的粗加工，可用于断续切削
YA6(YG6A)	冷硬铸铁、有色金属及其合金的半精加工，也可用于合金钢的半精加工
YW1	不锈钢、高强度钢与铸铁半精加工和精加工
YW2	不锈钢、高强度钢与铸铁粗加工和半精加工
YN05	低碳钢、中碳钢、合金钢的高速精车、系统刚性较好的细长轴的精加工
YN10	碳钢、合金钢、工具钢、淬硬钢连续表面的精加工

3)其他刀具材料

(1)涂层刀具

涂层刀具是在韧性较好的硬质合金基体或高速钢刀具基体上涂覆一薄层耐磨性高的难熔金属化合物而制成的。涂层硬质合金一般采用化学气相沉积法，沉积温度在 1 000 ℃左右；涂层高速钢刀具一般采用物理气相沉积法，沉积温度在 500 ℃左右。

常用的涂层材料有 TiC、TiN、Al_2O_3等。涂层厚度：硬质合金为 4～5 μm，表层硬度可达 HV2 500～4 200；高速钢为 2 μm，表层硬度可达 HRC80。

涂层刀具具有较高的抗氧化性能和黏结性能，因而具有高耐磨性和抗月牙洼磨损能力；有低的摩擦系数，可降低切削力及切削温度，提高刀具耐用度(硬质合金刀具可提高 1～3 倍；高速钢刀具可提高 2～10 倍)。但也存在锋利性、韧性、抗剥落性、抗崩刃性差及成本高的不足。

(2)陶瓷刀具

陶瓷有Al_2O_3纯陶瓷、Al_2O_3-TiC混合陶瓷两种,以其微粉在高温下烧结而成。它有很高的硬度(HRA91～95)和耐磨性;有很高的耐热性,在1 200 ℃以上仍能进行切削;切削速度比硬质合金高2～5倍;有很高的化学稳定性,与金属的亲和力小,抗黏结和扩散的能力好。

陶瓷刀具可用于加工钢、铸铁;也可用于车、铣加工。

陶瓷脆性大,抗弯强度低,冲击韧性差,易崩刃,使用范围受到限制。

(3)金刚石刀具

金刚石是目前最硬的物质,是在高温、高压和其他条件配合下由石墨转化而成的。其硬度可达HV10 000,耐磨性好,可用于加工硬质合金、陶瓷、高硅铝合金及耐磨塑料等高硬度、高耐磨的材料,刀具耐用度比硬质合金可提高几倍到几百倍。其切削刃锋利,能切下极薄的切屑,加工冷硬现象少,有较低的摩擦系数,切屑与刀具不易产生黏结,不产生积屑瘤,适合于精密加工。

但其热稳定性差,切削温度不宜超过700～800 ℃;强度低、脆性大,对振动敏感,只适于微量切削;与铁有强的化学亲合力,不适宜加工黑色金属。目前只适用于磨具磨料,对有色金属及非金属材料进行高速精细车削及镗削;加工铝合金、铜合金时,切削速度可达800～3 800 m/min。

(4)立方氮化硼刀具

立方氮化硼是由软的六方氮化硼(白石墨)在高温、高压下加入催化剂转变而成的。它有很高的硬度(HV8 000～9 000)及耐磨性;有比金刚石高得多的热稳定性(达1 400 ℃),可用来加工高温合金;化学惰性很大,到1 200～1 300 ℃时也不易与铁族金属发生化学反应,可用于加工淬硬钢及冷硬铸铁;有良好的导热性、较低的摩擦系数。

目前,立方氮化硼不仅用于磨具,也逐渐用于车、镗、铣、铰等刀具。

三、切削液的合理选择

1. 切削液的作用

1)冷却

切削液可以带走大量的切削热,降低切削温度,提高刀具耐用度,并减小工件与刀具的热膨胀系数,提高加工精度。

2)润滑

切削液渗入到切屑、刀具、工件的接触面间,黏附在金属表面上,形成润滑膜,减小它们之间的摩擦系数、减轻黏结现象、抑制积屑瘤,并改善已加工表面的粗糙度,提高刀具的耐用度。

3)洗涤、排屑、防锈

切削液还有洗涤、排屑、防锈的作用。可冲走切削中产生的细屑、砂轮脱落下来的微粒等,起到清洗作用,防止加工表面、机床导轨面受损;有利于精加工、深孔加工、自动线加工中的排屑;加入防锈添加剂的切削液,还能在金属表面上形成保护膜,使机床、工件、刀具免受周围介质的腐蚀。

此外,切削液还应满足稳定性好、不污染环境、抗霉菌变质能力强、配置容易、经济等要求。

2. 切削液的分类

1)水溶性切削液

(1)水溶液

水溶液是以软水为主加入防锈剂、防霉剂的切削液,有的水溶液还加入添加剂、表面活性剂以增加润滑性。水溶液来源丰富,冷却性能好,但润滑性较差,常用在粗加工和普通磨削加工中。

(2)乳化液

乳化液是用乳化油加水稀释而成的。乳化油是由矿物油、乳化剂及添加剂配置而成的。乳化剂的作用是使水和油均匀混合,添加剂则根据所添加的种类不同起到稳定、防锈、形成润滑膜和增强黏附作用等其中的一种或多种作用。切削时可根据工艺需求进行合理配制。乳化液的浓度大,则润滑性能好;浓度小,则冷却性能好。

(3)合成切削液

合成切削液是国内推广使用的高性能切削液,由水、各种表面活性剂和化学添加剂组成。它具有良好的冷却、润滑、清洗和防锈功能,热稳定性好,使用周期长。合成液中不含油,可节约能源,有利于环保。

2)油性切削液

(1)切削油

最常用的是矿物油,它包括全损耗系统用油、轻柴油、煤油等。切削油的润滑性能好于水溶液和乳化液,而冷却性能差。全损耗系统用油最好,在普通精车、螺纹精加工中广泛使用;煤油的渗透性和清洗功能好,故在精加工铝合金、精刨铸铁和高速铰刀铰孔中,减小表面粗糙度,延长刀具寿命;轻柴油兼具润滑和冷却作用。有时为了取得较好的综合效果,常将两种油料混合使用。

植物油润滑性能好,但易变质、价格高,故很少采用。

(2)极压油

由于矿物质在高温、高压下润滑性能欠佳,所以在切削油中加入极压添加剂,以改善其高温、高压下的润滑性能。

3)固体润滑剂

固体润滑剂中使用最多的是二硫化钼。由其形成的润滑膜有极低的摩擦系数、高的熔点、抗压性能和牢固的附着能力。切削时将二硫化钼涂擦在刀面和工件表面上,也可添加在切削油中。采用二硫化钼可以防止黏结和抑制积屑瘤形成,减小切削力和加工表面粗糙度,延长刀具寿命,在车、钻、铰孔、深孔加工、攻螺纹、拉、铣等加工中均能获得良好的效果。

3. 切削液的选用

选用切削液的依据有以下几点。

①依据刀具材料、加工要求。高速钢刀具耐热性差。粗加工时,切削用量大,切削热量大,刀具磨损加剧,应选用以冷却为主的切削液,如3% ~5% 的乳化液或水溶液;精加工时,主要是获得高质量的表面,可选用润滑性能好的极压切削油或高浓度的极压乳化液。

硬质合金刀具材料耐热性好,一般不用切削液,必要时也可以采用低浓度乳化液或水溶液,但应该从开始进入切削时刻起就连续、充分浇注,以避免高温下刀片冷热不均,产生热应力集中而导致裂纹、损坏。

②依据工件材料。加工钢等塑性材料时,需用切削液;加工铸铁等脆性材料时一般不用切削液。但是在精加工铸铁及铜、铝等有色金属合金时,为获得较小的表面粗糙度,可采用10% ~20% 的乳化液;加工铸铁时还可以用煤油。难加工材料一般采用极压切削油或极压乳化油。

③依据加工结构。对于钻、铰、拉孔和攻螺纹,因刀具工作条件差,一般应选用极压乳化液或极压切削油作为切削液;磨削加工时,磨削区温度很高,所产生的细小磨屑会破坏已磨好表面的表面质量,为此要求切削液具有良好的冷却性能、清洗性能和防锈性能,因此一般采用乳化液。

4. 切削液的提供方法

1)浇注法

浇注法是最常用的切削液供给方法,通过喷嘴自上而下浇注到切削区。

浇注法的特点是压力低、流速慢,切削液难以到达切削区的深层区域(切削温度最高),效果较差,但使用设备简单,操作方便。车、铣和齿轮加工机床均采用浇注法。流量一般为10 ~20 L/min。

2)高压冷却法

高压冷却法的特点是工作压力大(1 ~10 MPa)和流量较大(30 ~200 L/min)。这种方法易使切削液很好地进入切削区,充分发挥切削液的冷却、清洗、润滑和防锈功能,并将断碎切屑冲出或吸出切削区。这种方法主要用于深孔加工。

3)喷雾冷却法

这种方法利用压力为0.1 ~0.4 MPa 的压缩空气,借助于喷雾器将切削液细化为雾状,通过喷雾器高速喷至切削区。由于雾状液滴的汽化和渗透作用,吸收了大量的热,因而这种冷却方法可以取得良好的冷却润滑效果,刀具的耐用度可以提高数倍。

课后思考与训练

一、填空题

1. 前角 γ_o 是在______________内测量的前刀面与基面之间的夹角。

2. 在基面上测量角度包括______________。

3. 车细长轴时，为减小其弯曲变形宜用__________角。

4. 加工细长轴时，由于__________的存在，它会使轴弯曲变形和振动。

5. 在生产中批量越大，准备与终结时间摊到每个工件上的时间就越______。

6. 粗加工时，为了增加刀刃强度，刃倾角常取__________；精加工时，为了不使切屑划伤已加工表面，刃倾角常取____________。

7. 切削铸铁和青铜等脆性材料时产生的切屑形态为_______________。

8. 高速钢、钨钴类硬质合金、钨钛钴类硬质合金和陶瓷等刀具材料中硬度最高的是____________。

9. 刀具常用材料包括________、________、陶瓷材料和超硬材料四类。

10 增大__________角可用来减小车刀与工件已加工表面之间的摩擦。

11. 影响刀具耐用度的因素很多，主要有工件材料、刀具角度、切削用量等，而切削用量中以__________影响为最大。

12. 刀具寿命是指______________________________。

13. 切削塑性金属时，要得到带状切屑，应采取__________措施。

14. 在切下切削面积相同的金属时__________，则切削力愈小。

15. 实验证明，在中低速切削__________材料时易产生积屑瘤。

二、简答题

1. 试述前角的功用及选择原则。

2. 试述后角的功用及选择原则。

3. 简述车刀的基本结构。

4. 刀具切削部分的材料必须具备哪些基本性能？

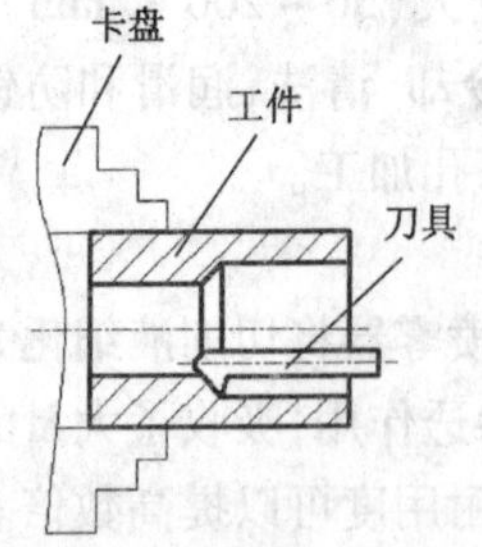

图 1.25　车刀加工孔

5. 确定外圆车刀切削部分几何形状最少需要几个基本角度？

6. 什么是切削用量三要素？在外圆车削中，它们与切削层参数有什么关系？

7. 图 1.25 所示为用车刀加工孔，试标出：(1)已加工表面；(2)加工表面；(3)待加工表面；(4)主运动；(5)进给运动。

8. 积屑瘤对粗、精加工有哪些影响？车削塑性大的材料工件时，切削速度在什么范围内易产生积屑瘤？

9. 简述影响切削温度的主要因素有哪些。

10. 什么叫刀具合理的几何参数？它包括哪些内容？

11. 简述切削液的种类及作用。在使用硬质合金刀具时使用切削液应注意的事项有什么？

三、计算题

1. 已知车削加工中，主轴的转速 $n=100$ r/min，工件的直径 $d=30$ mm，求切削速度 v_c(m/min)是多少？

2. 车削直径 80 mm、长 200 mm 棒料外圆，若选用 $a_p=4$ mm，$f=0.5$ mm/r，$n=140$ r/min，求切削速度 v_c 等于多少(m/min)？切削时间 t_m 为多少？若使刀具主偏角 $k_r=75°$，求其切削厚度、切削宽度、切削面积为多少？

四、知识拓展

查阅资料掌握表面粗糙度的形成机理，及在实际切削加工过程中影响表面粗糙度的因素。

单元二　专用夹具基本知识

教学目标

①掌握专用夹具设计的基本知识。

②能根据定位基准面的具体情况，合理选择定位元件，合理确定夹紧力的方向和作用点的位置。

工作任务

图 2.1 所示为钢套钻孔工序简图，根据零件结构特点，大孔 $\phi20H7$ 已加工完毕，试为加工 $\phi5$ 孔选择合适的定位方案，说明所选的定位元件的类型与结构特点。

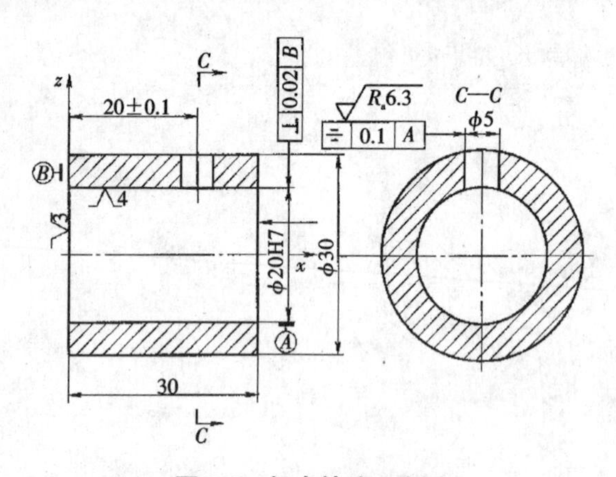

图 2.1　钢套钻孔工序图

学习任务一　工件的定位

在切削加工中为了保证工件的尺寸精度、形状及位置精度符合技术要求，必须使工件在工艺系统中处于正确的加工位置。使工件在机床或夹具中处于正确的位置的过程，就是工件的定位。工件的定位可以通过找正实现，也可以由工件上的定位表面与夹具的定位元件接触来实现。

一、六点定位原理

物体在空间的任何运动都可以分解为相互垂直的空间坐标系中的 6 种运动。即

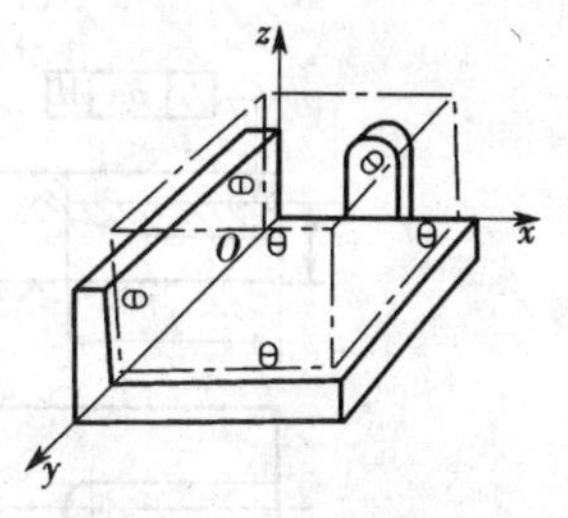

图 2.2　六点定位原理

3 个沿着坐标轴的平行移动和 3 个绕着坐标轴的旋转运动，如图 2.2 所示。这 6 种运动称为物体的 6 个自由度。

在夹具体中适当地分布 6 个支撑，使工件的表面与这 6 个支撑接触，就能够限制工件的 6 个自由度，使工件的位置完全确定，称为“六点定位”。在图 2.2 中，xOy 坐标平面上的 3 个支撑共同限制了$\vec{x}$、$\vec{y}$、$\overrightarrow{z}$这 3 个自由度；yOz 坐标平面的 2 个支撑点共同限制$\overrightarrow{x}$、$\vec{z}$ 这 2 个自由度；xOz 坐标平面上的 1 个支撑点限制了$\overrightarrow{y}$这 1 个自由度。

二、六点定位原理的应用

1. 完全定位、不完全定位、欠定位和过定位

1）完全定位

工件在夹具中定位时，如果夹具中的 6 个支撑点恰好限制了 6 个自由度，使工件在夹具中占有完全确定的位置，这种定位称为完全定位，如图 2.2 所示。

2）不完全定位

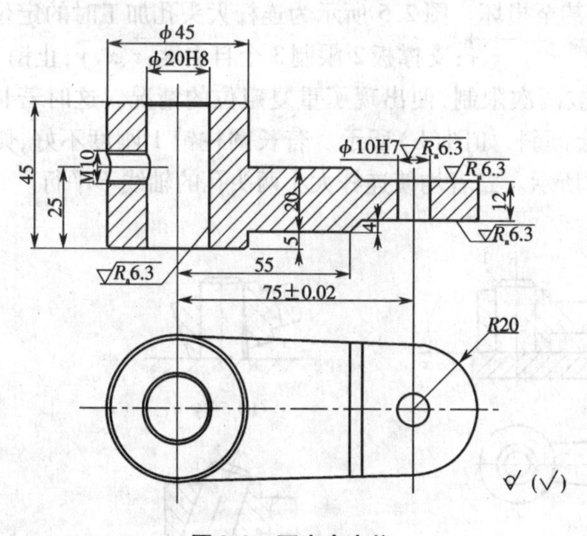

图 2.3　不完全定位

在实际生产中，并不是所有的工件都需要完全定位，而是需要根据各工序的加工要求，确定必须要消除的自由度的个数。可以只是 3 个、4 个或 5 个自由度，没有消除全部自由度的定位称为不完全定位。例如，在加工如图 2.3 所示工件的 φ20H8 孔的第一道工序时为钻—扩—铰，只需要保证孔与毛坯外圆的同轴度，而孔沿轴线的移动和自由转动都不需要限制，只需要限制 4 个自由度。以上说明为了满足工艺要求，限制的自由度的数目少于 6 个也是合理的，属于不完全定位。这样也可以简化夹具结构。

3）欠定位

工件定位时，定位元件所能限制的自由度数少于按加工要求所需要限制的自由度，称为欠定位。欠定位不能够保证加工精度的要求，因此是不允许在欠定位时加工工件的。图 2.4 所示为在铣床上铣削不通槽。如果端面上没有定位点 C，则铣削不通槽时，其槽的长度尺寸就不能确定，因此不能满足加工要求，是欠定位。

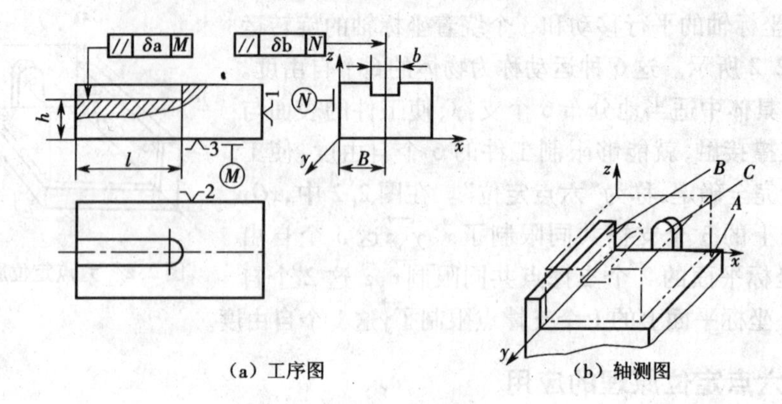

(a) 工序图　　(b) 轴测图

图 2.4　欠定位

4) 重复定位

工件定位时,定位元件支撑点多于所能限制的自由度数,即工件上有某一自由度被两个或两个以上支撑点重复限制的定位,称为重复定位。由于工件与定位元件都存在误差,无法使工件的定位表面同时与两个进行重复定位的元件接触,如果强行夹紧,工件与定位元件将产生变形,甚至损坏。图 2.5 所示为连杆大头孔加工时的定位情况,长圆柱销 1 限制 4 个自由度:$\vec{x}$、$\vec{y}$、$\overrightarrow{x}$、$\overrightarrow{y}$;支撑板 2 限制 3 个自由度:$\overrightarrow{z}$、$\overrightarrow{x}$、$\vec{y}$;止销 3 限制 1 个自由度$\vec{z}$,其中$\vec{x}$、$\vec{y}$转动被两次限制,便出现了重复定位的情况。这时若长圆柱销 1 刚度好,则定位后工件会倾斜,如图(b)所示。若长圆柱销 1 刚度不好,则定位后工件会产生变形,如图(c)所示。二者均使连杆大小两头孔的轴线不平行。

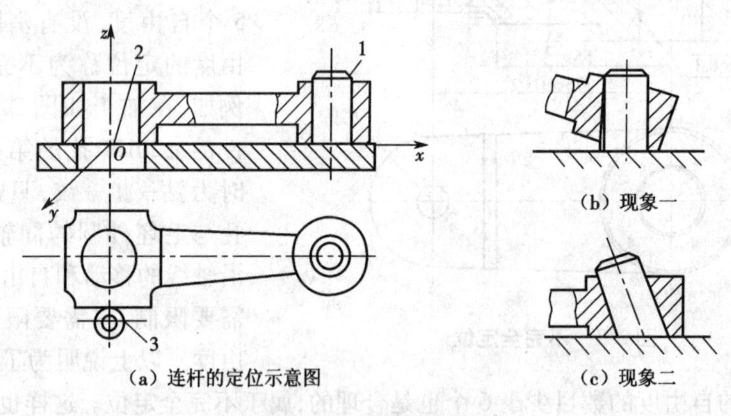

(a) 连杆的定位示意图　　(b) 现象一　　(c) 现象二

图 2.5　连杆重复定位

1—圆柱销;2—支撑板;3—止销

消除过定位的途径有两种。一是改变定位元件结构,消除对自由度的重复限制,如图 2.5 所示,如果将长圆柱销 1 改为短圆柱销就可以消除过定位。二是提高工件定位基面与夹具定位元件工作表面之间的位置精度,便可减少或消除定位引起的干涉,并且可以增加定位的稳定性。

2. 常见的定位方式所能限制的自由度

表 2.1 所列为常见定位方式所能限制的自由度。

表 2.1 常见的定位方式所能限制的自由度

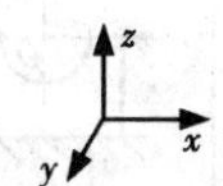

定位基面	定位元件	定位简图	限制自由度
圆柱孔	短定位销（短心轴）		短销与圆孔配合，限制 2 个自由度：$\vec{x}$、$\vec{y}$
	长定位销（长心轴）	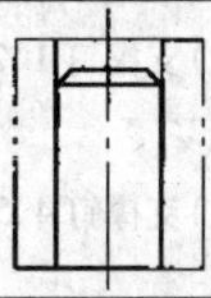	长销与圆孔配合，限制 4 个自由度：$\vec{x}$、$\vec{y}$、$\vec{x}$、$\vec{y}$
	锥销（顶尖）	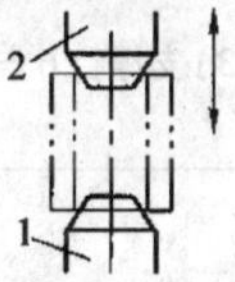	1 个固定锥销和 1 个活动锥销相当于 2 个顶尖限制 5 个自由度： 固定销 1：$\vec{x}$、$\vec{y}$、$\vec{x}$ 活动销 2：$\vec{x}$、$\vec{y}$
外圆柱面	窄 V 形块	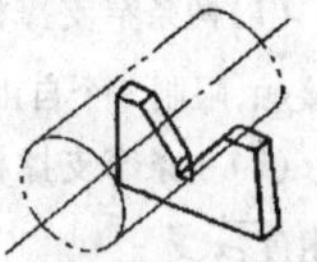	窄 V 形块与外圆柱面配合限制 2 个自由度：$\vec{x}$、$\vec{z}$
	宽 V 形块	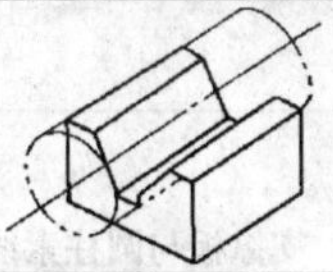	宽 V 形块与外圆柱面配合限制 4 个自由度：$\vec{x}$、$\vec{z}$、$\vec{y}$、$\vec{z}$
	短定位套	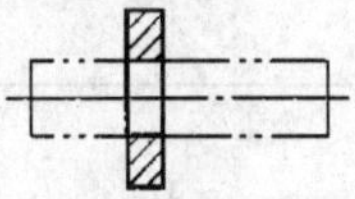	短定位套与外圆柱面配合限制 2 个自由度：$\vec{y}$、$\vec{z}$
	长定位套	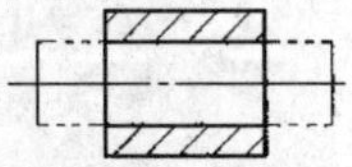	长定位套与外圆柱面配合限制 4 个自由度：$\vec{y}$、$\vec{z}$、$\vec{y}$、$\vec{z}$
外圆柱面	锥套	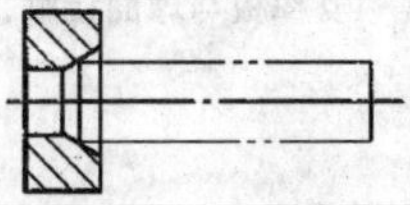	一个固定锥套限制 3 个自由度：$\vec{x}$、$\vec{y}$、$\vec{z}$
		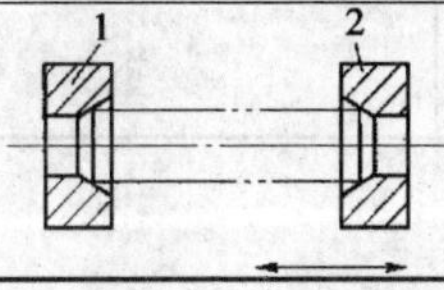 1　2	固定与活动锥套组合限制 5 个自由度： 固定套 1：$\vec{x}$、$\vec{y}$、$\vec{z}$ 活动套 2：$\vec{y}$、$\vec{z}$

续表

定位基面	定位元件	定位简图	限制自由度
外圆柱面	半圆孔	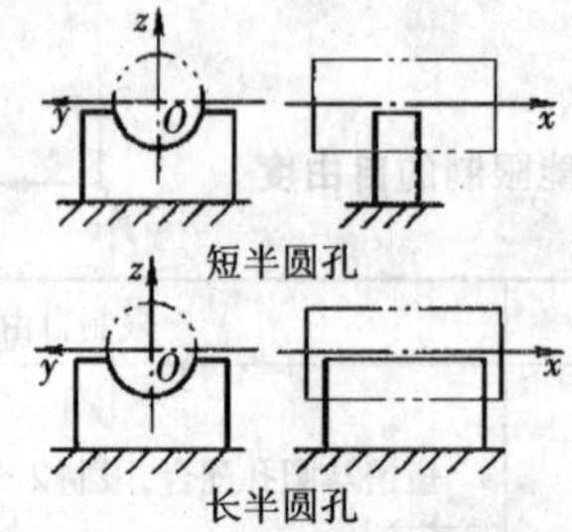 短半圆孔 长半圆孔	短半圆孔限制 2 个自由度：$\vec{x}$、$\vec{z}$ 长半圆孔限制 4 个自由度：$\vec{x}$、$\vec{z}$、$\vec{x}$、$\vec{z}$
平面	支撑钉	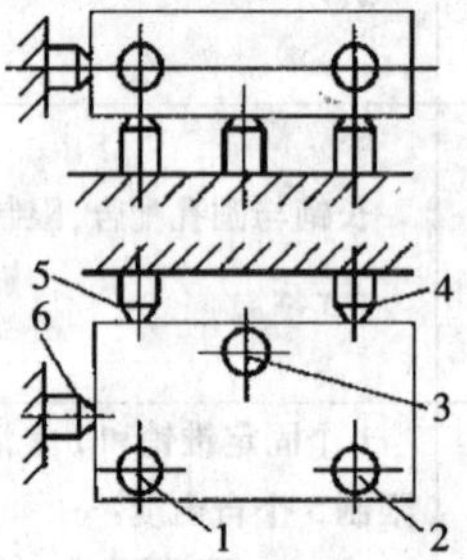	每个支撑钉限制 1 个自由度，其中： (1) 支撑钉 1、2、3 与底面接触，限制 3 个自由度：$\vec{z}$、$\vec{x}$、$\vec{y}$ (2) 支撑钉 4、5 与侧面接触，限制 2 个自由度：$\vec{x}$、$\vec{y}$ (3) 支撑钉 6 与端面接触，限制 1 个自由度：$\vec{y}$
	支撑板	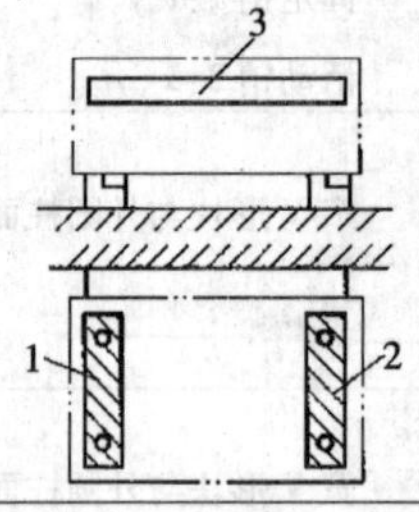	(1) 两条窄支撑板 1、2 组成同一个平面，与底接触，限制 3 个自由度：$\vec{z}$、$\vec{x}$、$\vec{y}$ (2) 一条窄支撑板 3 与侧底接触；限制 2 个自由度：$\vec{x}$、$\vec{z}$
		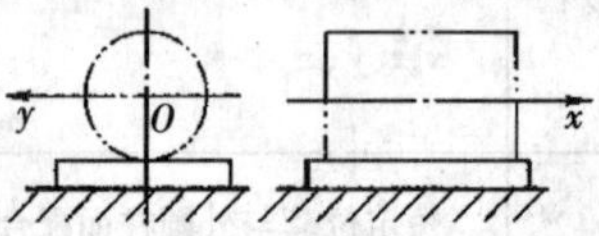	支撑板与圆柱素线接触，限制 2 个自由度：$\vec{z}$、$\vec{x}$
		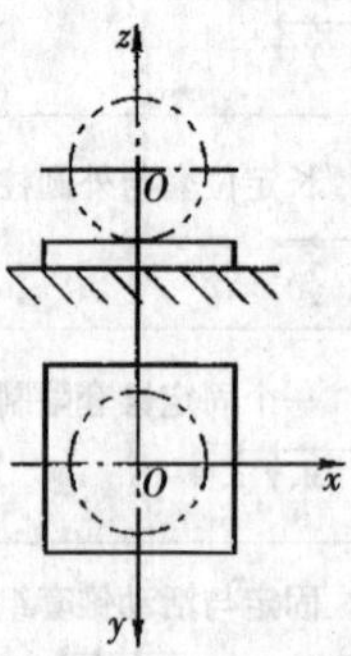	支撑板与球面接触，限制 1 个自由度：$\vec{z}$

学习任务二 专用夹具概述

一、专用夹具的作用和分类

在机械加工过程中,用来固定加工工件,使其占据正确位置,以便接受加工、检验的装置统称为夹具。机床夹具为机床的附加装置,能使装夹后的工件与刀具获得所要求的相对尺寸和位置关系。

根据工件结构特点和生产的批量,夹具又可以分为通用夹具和专用夹具。例如车床用三爪卡盘、四爪卡盘,铣床、刨床用的虎钳等都属于通用夹具。如图 2.6所示,为了在小钢套上加工 $\phi5$ 的小孔,所用夹具为专用夹具。

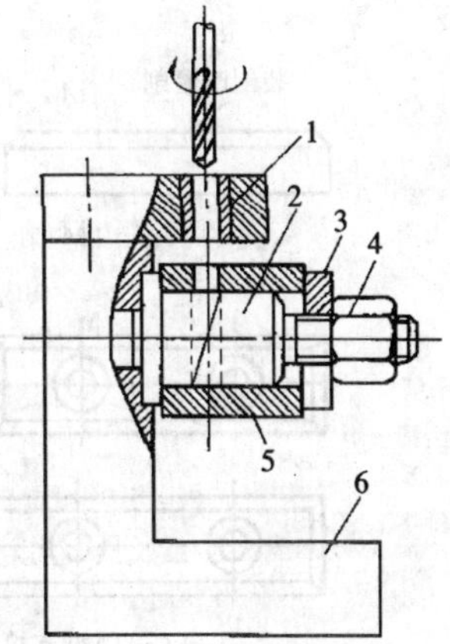

图 2.6 钻床专用夹具

1—钻套;2—销轴;3—开口销;4—螺母;5—工件;6—夹具体

二、专用夹具的组成

虽然专用夹具结构繁多,但都由以下几部分组成:定位元件、夹紧元件、导向及对刀装置、夹具体等。

1. 定位元件

夹具上用来确定工件正确位置的元件称为定位元件。

定位元件的结构、形状、尺寸及布置形式等,主要取决于工件的加工要求、工件定位基准和外力的作用情况等因素。

1)工件以平面在支撑上定位

常见的如箱体、机架、支架、圆盘等零件是以平面在支撑上定位。根据支撑的定位特点将支撑分为主要支撑和辅助支撑。

(1)主要支撑

主要支撑用来限制自由度,起到定位作用。这种支撑包括固定支撑、可调支撑和浮动支撑三种形式。

①固定支撑。经常用到的定位元件有支撑钉和支撑板,其结构和尺寸已标准化,如图 2.7、图 2.8 所示,其中:

平头支撑钉——适用于工件已加工过的平面定位;

球头支撑钉——适用于工件的粗糙不平的毛坯面定位;

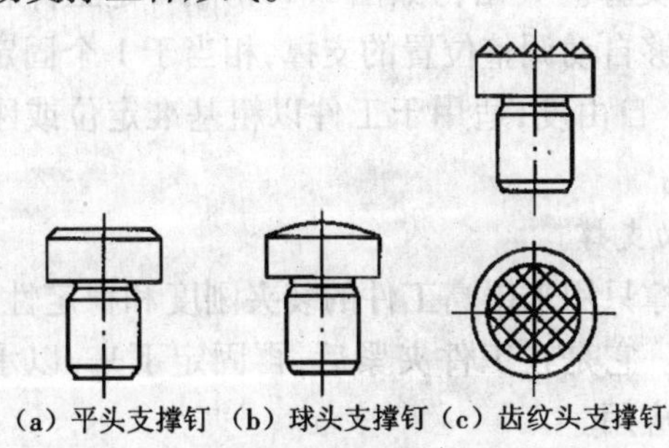

(a) 平头支撑钉 (b) 球头支撑钉 (c) 齿纹头支撑钉

图 2.7 支撑钉

定位,能增大摩擦系数,防止工件滑动。

图 2.8(a)所示 A 型支撑板适用于工件侧面或顶面定位,原因是连接沉孔处易存入切屑,不易清理;图 2.8(b)所示 B 型支撑板适用于工件底面定位,原因是便于清理切屑。

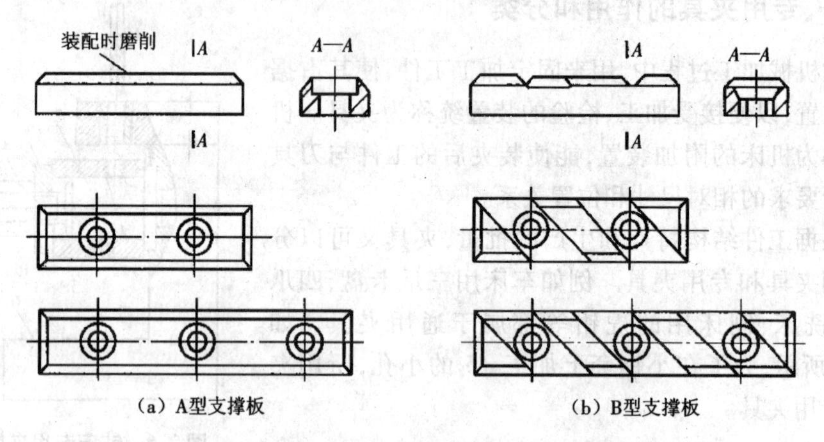

图 2.8 支撑板

②可调支撑。其结构如图 2.9 所示,用于在工件定位过程中需要调整的场合,如毛坯分批制造,其形状及尺寸变化较大而定位表面是粗基准。定位元件相当于带有螺纹可调结构的支撑钉。

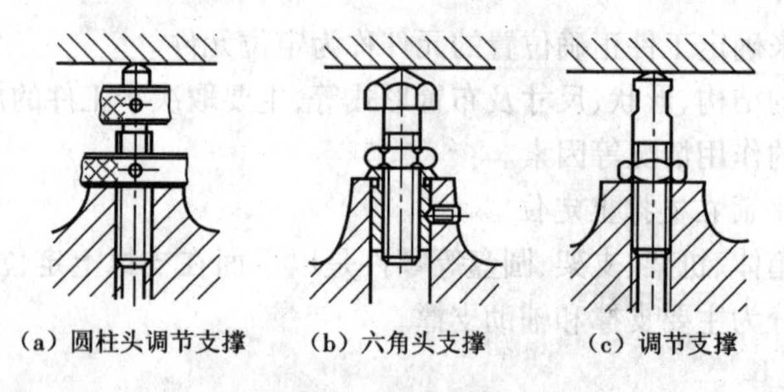

图 2.9 可调支撑

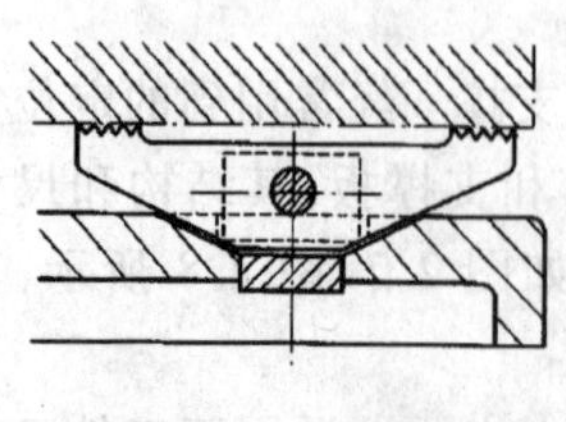

图 2.10 浮动支撑

③浮动支撑。其结构如图 2.10 所示,是工件在定位过程中能够自动调整位置的支撑,相当于 1 个固定支撑,限制 1 个自由度,适用于工件以粗基准定位或刚性不足的场合。

(2)辅助支撑

辅助支撑只用来提高工件的装夹刚度和稳定性,不起定位作用。它是在工件夹紧后,再固定下来,以承受切削力作用。图 2.11 所示为辅助支撑的应用。

2)工件以圆孔在支撑上定位

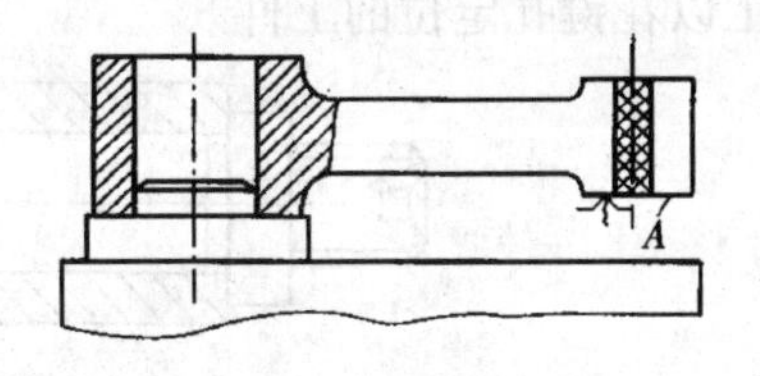

图 2.11　辅助支撑

在生产中以圆柱孔定位的工件很多,如连杆、套、盘以及一些中小型壳体类零件等。常用的定位元件有定位销和定位心轴。

(1)定位销

定位销常用的有圆柱销和圆锥销。图 2.12 所示为圆柱销结构,限制两个自由度:图(a)、(b)、(c)为固定式;大批量生产时,为便于更换定位销,可采用如图(d)所示衬套式结构的形式。定位销已经标准化。图 2.13 所示为用圆锥销的定位形式,它限制了 3 个自由度。图 2.14 所示为圆锥销组合定位的应用。

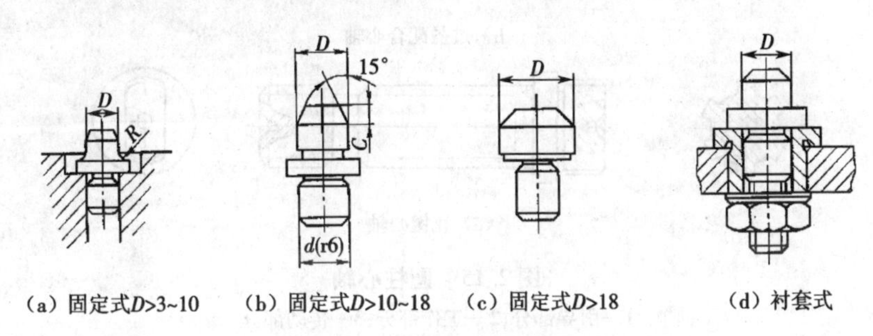

(a) 固定式D>3~10　(b) 固定式D>10~18　(c) 固定式D>18　(d) 衬套式

图 2.12　圆柱销定位

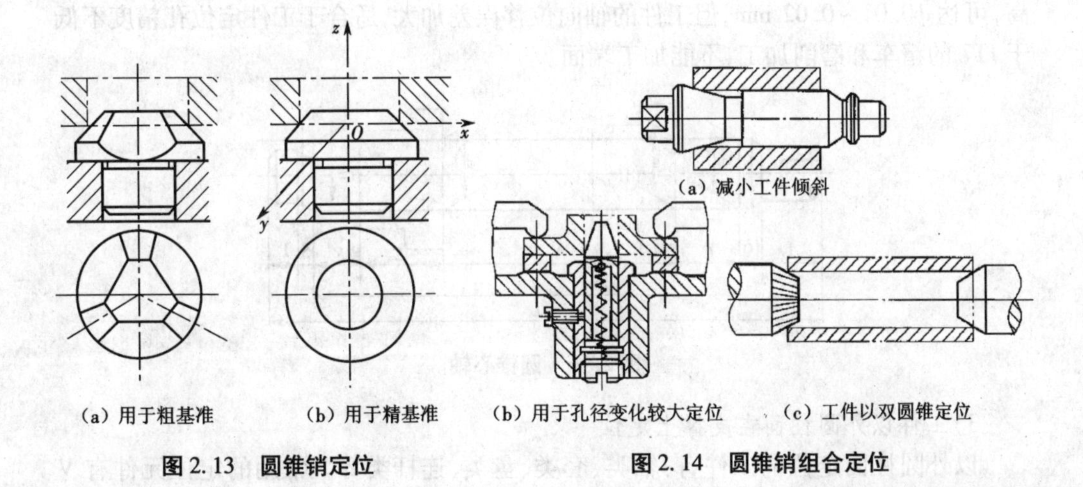

(a) 用于粗基准　(b) 用于精基准

图 2.13　圆锥销定位

(a) 减小工件倾斜　(b) 用于孔径变化较大定位　(c) 工件以双圆锥定位

图 2.14　圆锥销组合定位

(2)定位心轴

常用的有圆柱心轴和圆锥心轴。图 2.15 所示为常用的圆柱心轴结构形式。它主要用于在车、铣、磨、齿轮加工等机床上加工套、盘类零件。其中:图(a)所示为间隙配合心轴,装卸方便,定心精度不高;图(b)所示为过盈配合心轴,这种心轴制造简单,定位准确,不用另加设夹紧装置,但拆卸不方便;图(c)所示为花键心轴,用于加工以花键孔定位的工件。

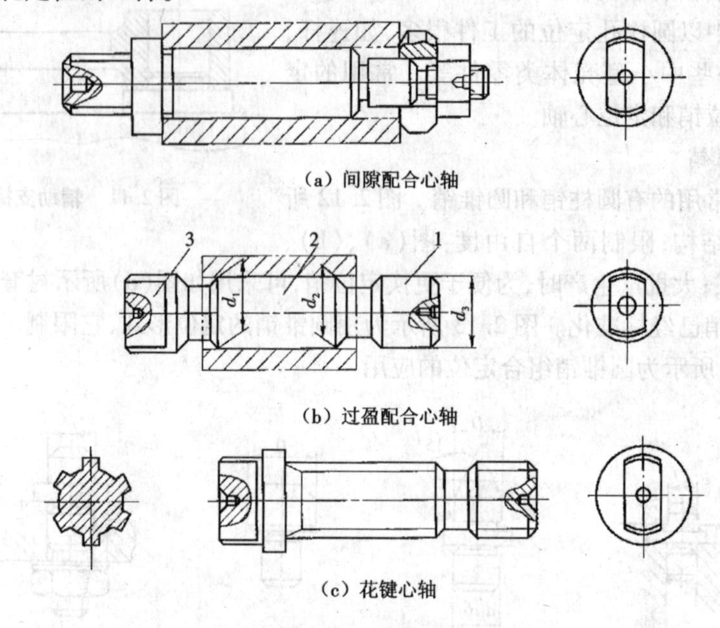

（a）间隙配合心轴

（b）过盈配合心轴

（c）花键心轴

图 2.15　圆柱心轴

1—引导部分;2—工作部分;3—传动部分

图 2.16 所示为常用的圆锥心轴结构形式。圆锥心轴(小锥度心轴)定心精度高,可达 ϕ0.01 ~0.02 mm,但工件的轴向位移误差加大,适合于工件定位孔精度不低于 IT7 的精车和磨削加工,不能加工端面。

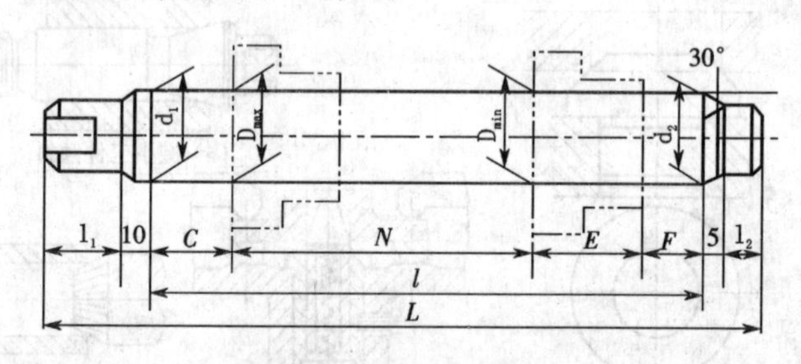

图 2.16　圆锥心轴

3)工件以外圆柱面在支撑上定位

以外圆柱面定位的工件有:轴类、套类、盘类、连杆类等。常用的定位元件有 V 形块、定位套和半圆套。

(1)V 形块

图 2.17 所示为常用 V 形块的结构。V 形块的两斜面间的夹角一般选用 60°、90°和 120°,其中 90°V 形块应用最广,其典型结构和尺寸均已标准化。

V 形块最大的优点是对中性好,它可以使一批工件的定位基准轴线对中在 V 形块两斜面的对称面上,而不受定位基准直径误差的影响。V 形块的另一个特点是无

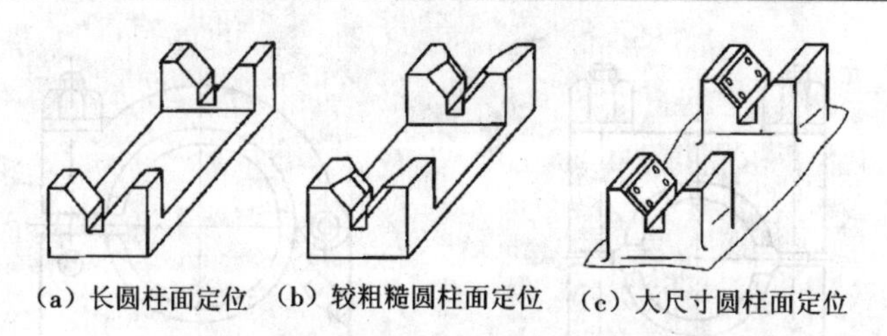
（a）长圆柱面定位　（b）较粗糙圆柱面定位　（c）大尺寸圆柱面定位

图 2.17　V 形块

论定位基准是否经过加工，是完整的圆柱面还是局部圆弧面，都可以采用 V 形块定位。在生产实际中，常常用到活动 V 形块定位形式，如图 2.18 所示。

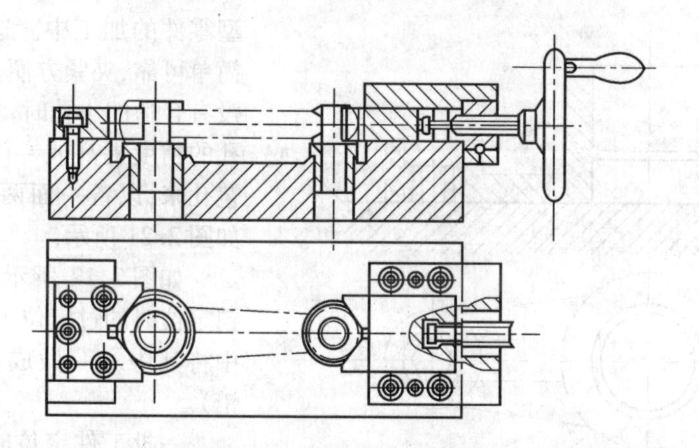

图 2.18　活动 V 形块的应用

（2）定位套

图 2.19 所示的两种定位套，其内孔为限位基面，为了限制工件沿轴向的自由度，常与端面组合定位。其中图（a）为长定位套，图（b）为短定位套。定位套结构简单，容易制造，但定心精度不高，只适合于工件以精基准定位。

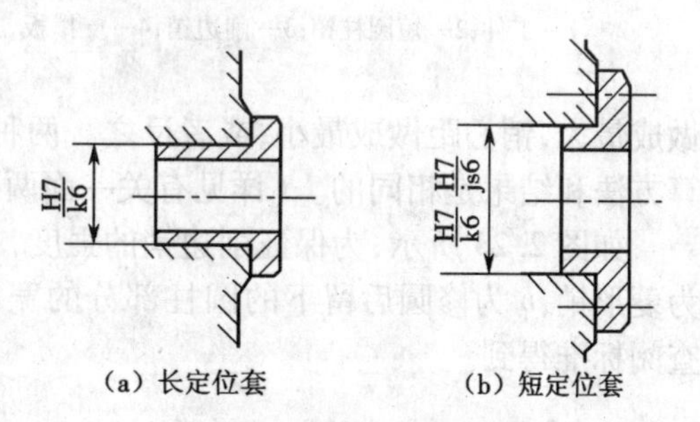

（a）长定位套　（b）短定位套

图 2.19　常见定位套

（3）半圆套

图 2.20 所示为外圆柱面用半圆孔定位的结构。下半圆孔固定在夹具体上做定位用，其最小直径应取工件外圆的最大直径。上半圆是可动的，起到夹紧的作用。半圆孔定位的优点是夹紧力均匀，装卸工件方便，故常用于曲轴等不适于以整圆定位的大型轴类零件的定位。

4）一面两销组合定位

上面所述均为工件以单一基准面定位时采用的定位元件，在实际生产中为了实现工件的完全定位，常常要以两个或两个以上的表面为组合定位基准，此时亦需要有两个以上的定位元件组合使用。如常见的一面两销定位方式即被广泛应用于中、大

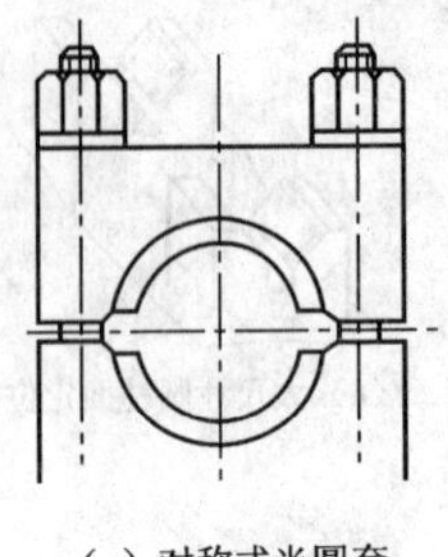
(a) 对称式半圆套

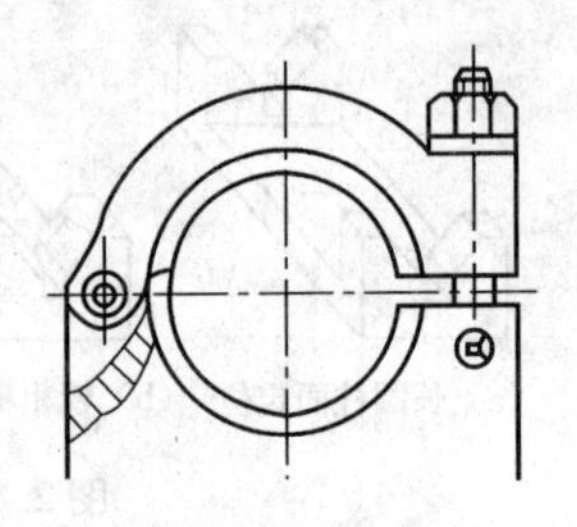
(b) 非对称式半圆套

图 2.20　半圆套

型零件的加工中。这种定位方式简单可靠,夹紧方便。有时工件上没有合适的小孔时,常把紧固螺钉孔的精度提高或专门做出两个工艺孔来,以备一面两销定位之用,如图 2.21 所示。

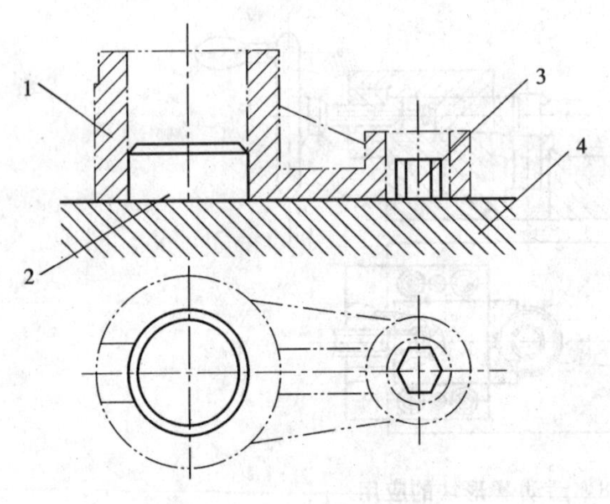

图 2.21　一面两销定位

1—工件;2—短圆柱销;3—削边销;4—支撑板

如图 2.22 所示,为了避免两销定位时的过定位干涉,实际应用中将其中之一做成菱形销(削边销)。

一批工件定位时可能出现定位干涉的最坏情况为:工件两孔直径为最小($D_{1\min}$、$D_{2\min}$),两定位销直径为最大($d_{1\max}$、$d_{2\max}$),孔心距做成最大,销心距做成最小;或者反之。两种情况下的干涉均应当消除,但它们的计算方法和结果是相同的。(详见有关一面两孔定位、削边销设计的资料)

如图 2.23 所示,为保证削边销的强度,小直径的削边销常做成菱形结构,故又称为菱形销,b 为修圆后留下的圆柱部分的宽度,B 为菱形销的宽度,一般可根据直径查阅标准得到。

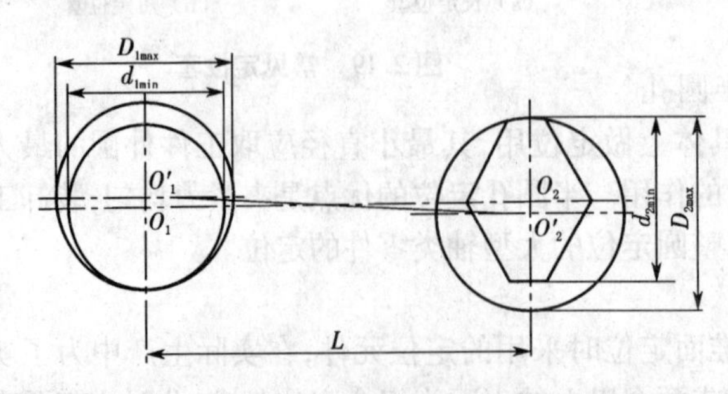

图 2.22　圆柱销与削边销之间的定位干涉关系

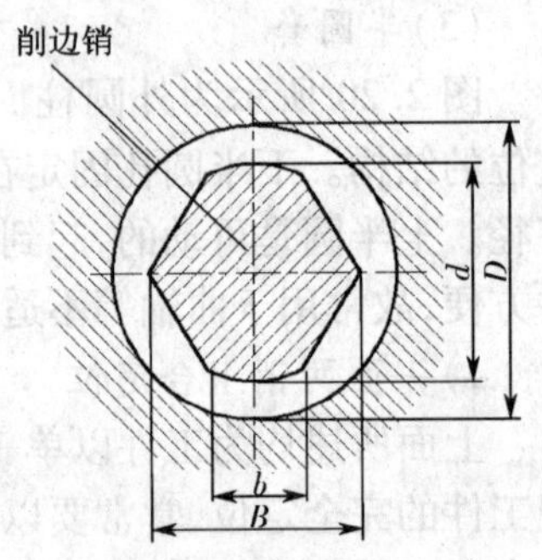

图 2.23　削边销的尺寸

2. 夹紧元件

1）夹紧装置的组成及基本要求

机械加工过程中，工件会受到切削力、离心力、重力、惯性力等的作用。在这些外力作用下，为了使工件仍能在夹具中保持已由定位元件所确定的正确加工位置，而不致发生振动或位移，保证加工质量和生产安全，一般夹具结构中都必须设置夹紧装置将工件可靠夹牢。

（1）夹紧装置的组成

图2.24为夹紧装置组成示意图，它主要由以下三部分组成。

力源装置——产生夹紧作用力的装置。所产生的力称为原始力，如气动、液动、电动等。图2.24中的力源装置是汽缸1。对于手动夹紧来说，力源即为人力。

中间传力机构——介于力源和夹紧元件之间传递力的机构，即图2.24中的连杆2。在传递力的过程中，它能够改变作用力的方向和大小，起到增力的作用；还能使夹紧实现自锁，保证力源提供的原始力消失后，仍能可靠地夹紧工件，这对手动夹紧尤为重要。

夹紧元件——夹紧装置的最终执行件，与工件直接接触完成夹紧作用，即图2.24中的压板3。

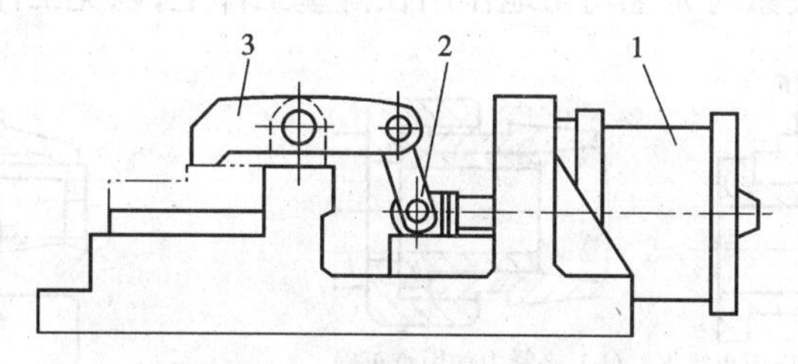

图2.24　夹紧装置组成示意图

1—气缸；2—连杆；3—压板

（2）对夹具装置的要求

必须指出夹紧装置的具体组成并非一成不变，须根据工件的加工要求、安装方法和生产规模等条件来确定。但无论其组成如何，都必须满足以下基本要求：

①夹紧时应保持工件定位后所占据的正确位置。

②夹紧力大小要适当。夹紧机构既要保证工件在加工过程中不产生松动或振动，同时又不得产生过大的夹紧变形和表面损伤。

③夹紧机构的自动化程度和复杂程度应和工件的生产规模相适应，并有良好的结构工艺性，尽可能采用标准化元件。

④夹紧动作要迅速、可靠，且操作要方便、省力、安全。

（3）对夹具力的要求

力有三个要素，确定夹紧力就要确定夹紧力作用点、大小和方向。夹紧力作用点分布合理、大小适当、方向正确可获良好效果。

①应注意夹紧力作用点选择。夹紧力作用点是指夹紧元件与工件接触的位置。夹紧力作用点的选择,应包括确定作用点数目和位置。选择夹紧力作用点时要注意下列三个问题。

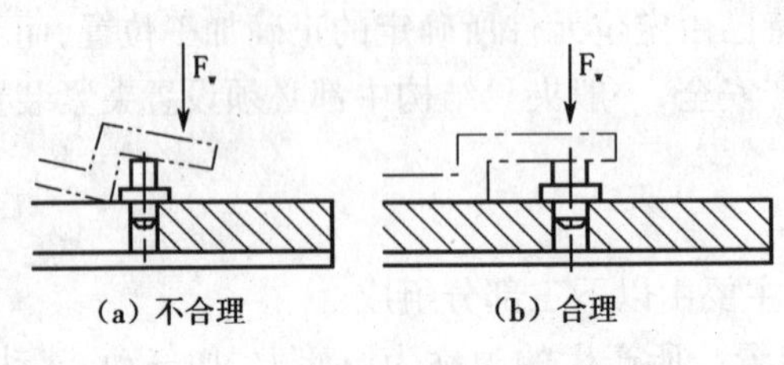

(a) 不合理　(b) 合理

图 2.25　夹紧力作用点应在支撑面内

a. 应能够保持工作定位稳定可靠,加工过程中不会引起工件产生位移或偏转。夹紧力作用点必须处于定位元件垂直上方,或处于定位元件构成稳定受力区内,并指向主要定位基面,图 2.25(a)所示为作用点不正确,夹紧时力矩将会使工件产生转动;图 2.25(b)所示为正确夹紧时工件稳定可靠。

b. 应尽量避免或减少工件夹紧变形。作用点应作用在工件刚性最好的部位上。这一点对薄壁工件尤为重要。图 2.26(a)、(c)所示的夹紧力作用点不正确,夹紧工件时将会使工件产生较大变形;图 2.26(b)、(d)所示正确,夹紧变形就很小。为避免夹紧力过分集中,可设计特殊形状夹紧元件,增加夹紧面积,避免夹紧变形,如图 2.26(e)所示。使夹紧力完全均匀地作用在薄壁工件上,以免工件被局部压扁。

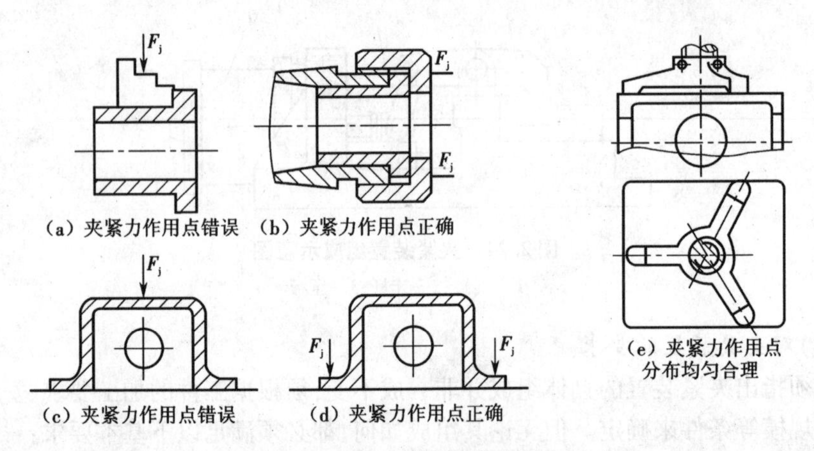

(a) 夹紧力作用点错误　(b) 夹紧力作用点正确

(c) 夹紧力作用点错误　(d) 夹紧力作用点正确

(e) 夹紧力作用点分布均匀合理

图 2.26　避免或减少工件夹紧变形

c. 夹紧力的作用点应尽量靠近加工表面。这样做的目的是防止工件产生振动和变形,提高定位的稳定性和可靠性。图 2.27 所示工件的加工部位为孔,图(a)夹紧点离加工部位较远,易引起振动,增大表面粗糙度; 图(b)夹紧点会引起较大的夹紧变形,造成加工误差;图(c)是一种比较好的夹紧力作用点的选择。

②应注意夹紧力作用方向选择。

a. 夹紧力应垂直于主要定位基准面。如图 2.28 所示,工件孔与左端面有一定垂直度要求。镗孔时,工件以左端面与定位元件 A 面接触,限制 3 个自由度;以底面与

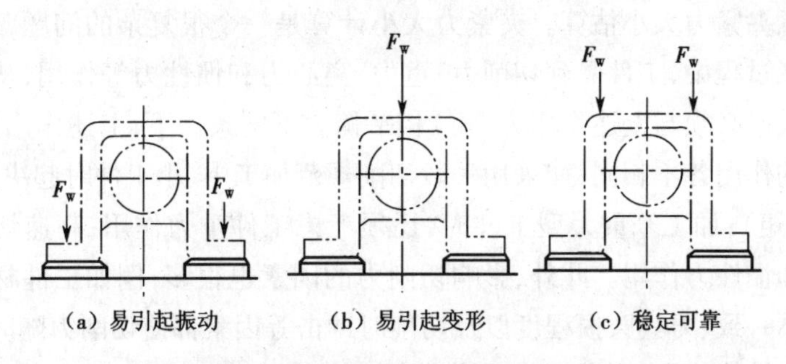

图 2.27 夹紧力作用点应该靠近加工表面

B 面接触,限制 2 个自由度。夹紧力 F_w 垂直于 A 面,这样工件左端面与底面有多大垂直度误差,都能保证镗出的孔的轴线与端面垂直。若夹紧力方向垂直于 B 面,则工件左端面与底面的垂直度误差会影响被加工孔轴线与左端面垂直度。

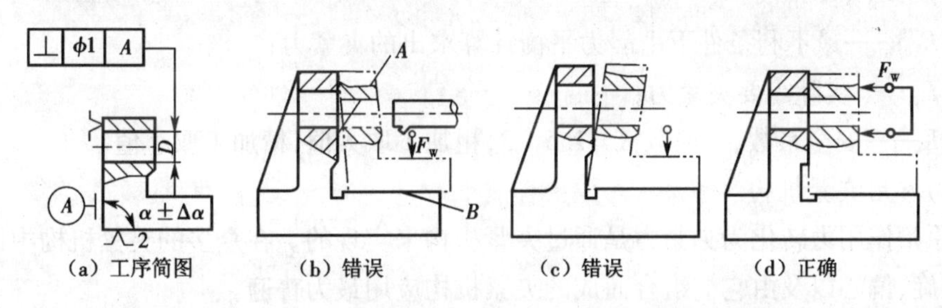

图 2.28 夹紧力应该指向主要定位基面

b. 夹紧力方向应有利于减小夹紧力,以减小工件的变形,降低劳动强度。为此,夹紧力 F_w的方向最好与切削力 F、工件的重力 G 方向重合。如图 2.29 所示为工件在夹具中加工时常见的几种受力情况。

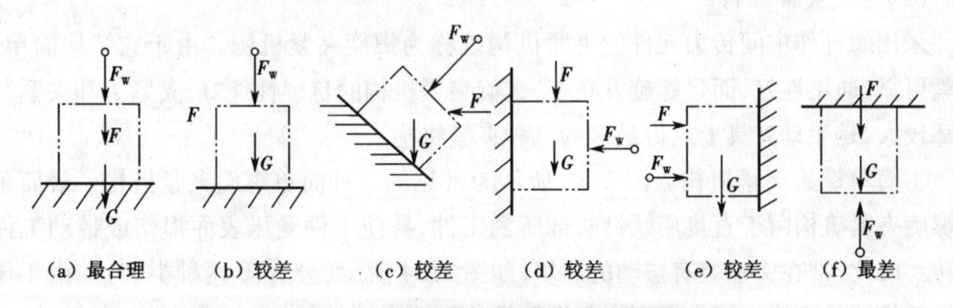

图 2.29 夹紧力方向与夹紧力大小的关系

c. 夹紧力的方向应是刚性较好的方向。由于工件在不同方向上的刚度是不同的,不同的受力表面也因其接触面积大小而变形各异,尤其在夹压薄壁零件时,更需要注意使夹紧力的方向指向工件刚性最好的方向。

③应注意夹紧力大小估算。夹紧力大小计算是一个很复杂的问题，一般只能粗略估算。加工过程中，工件受到切削力、重力、离心力和惯性力等作用，从理论上讲，夹紧力作用效果必须与上述作用力(矩)相平衡。不同条件下，上述作用力平衡系中对工件所起的作用各不相同，如采用一般切削规范加工中、小工件时起决定作用的因素是切削力(矩)；加工笨重大型工件时，还须考虑工件重力作用；高速切削时，不能忽视离心力和惯性力作用。此外，影响切削力的因素也很多，例如工件材质不匀、加工余量大小不一致、刀具磨损程度以及切削时冲击等因素都使切削力随时发生变化。为简化夹紧力计算，通常假定工艺系统是刚性体，切削过程是稳定的，在这些条件下利用切削原理公式或切削力计算图表求出切削力，然后找出加工过程中最不利的瞬时状态，按静力学原理求出夹紧力大小。为保证夹紧可靠，尚须再乘以安全系数，即为实际需要夹紧力，即

$$F_J = KF_{计}$$

式中：$F_{计}$——最不利条件下由静力平衡计算求出的夹紧力；

F_J——实际需要夹紧力；

K——安全系数，一般取 $K=1.5\sim3$，粗加工取大值，精加工取小值。

2)常用夹紧机构

原始作用力转化为夹紧力是通过夹紧机构来实现的。在众多的夹紧机构中以斜楔、螺旋、偏心以及由它们组合而成的夹紧机构应用最为普遍。

(1)斜楔夹紧机构

采用斜楔作为传力元件或夹紧元件的夹紧机构称为斜楔夹紧机构。斜楔夹紧具有结构简单、增力比大、自锁性能好等特点，因此获得广泛应用。图 2.30 所示为三种常见的斜楔夹紧机构。

(2)螺旋夹紧机构

采用螺杆作中间传力元件的夹紧机构统称为螺旋夹紧机构。由于它结构简单、夹紧可靠、通用性好，而且螺旋升角小，螺旋夹紧机构的自锁性能好，夹紧力和夹紧行程都较大，是手动夹具上用得最多的一种夹紧机构。

①简单螺旋夹紧机构。图 2.31 所示为常见的三种简单螺旋夹紧机构。最简单的螺旋夹紧机构由于直接用螺钉头部压紧工件，易使工件受压表面损伤或带动工件旋转。因此，常在头部装有摆动的压块，如图 2.34 所示(分 A、B 两种类型)。由于压块与工件间的摩擦力矩大于压块与螺钉间的摩擦力矩，压块不会随螺钉一起转动。

夹紧动作慢、工件装卸费时是单个螺旋夹紧机构的另一个缺点。为克服这一缺点，可采用快速夹紧机构。

②快速螺旋夹紧机构。快速螺旋夹紧机构可以克服单个螺旋夹紧机构装卸工件费时费力的缺点。图 2.32 所示为常见的几种快速螺旋夹紧机构。

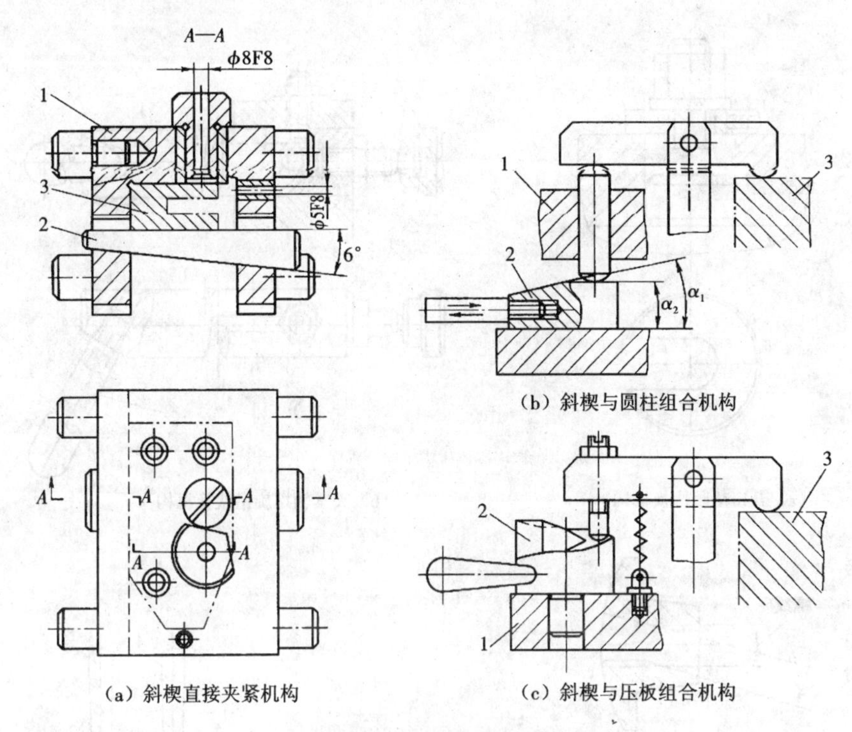

(a) 斜楔直接夹紧机构 (b) 斜楔与圆柱组合机构 (c) 斜楔与压板组合机构

图 2.30 斜楔夹紧机构

1—夹具体;2—斜楔;3—工件

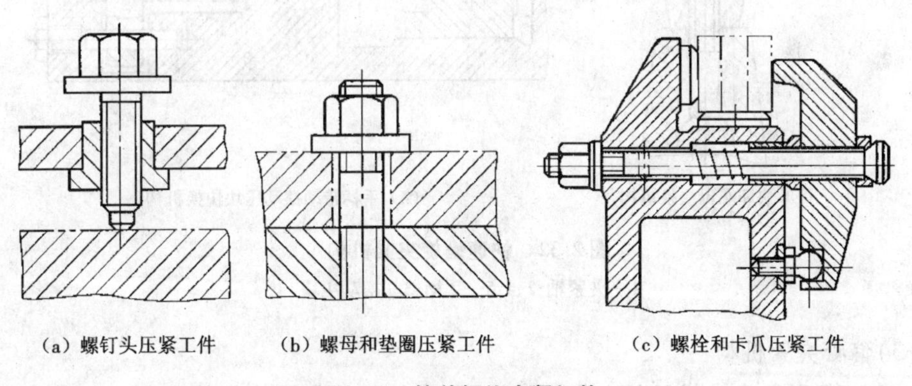

(a) 螺钉头压紧工件 (b) 螺母和垫圈压紧工件 (c) 螺栓和卡爪压紧工件

图 2.31 简单螺旋夹紧机构

③螺旋压板夹紧机构。在夹紧机构中,螺旋压板的使用非常普遍。常见的螺旋压板典型结构其结构尺寸均已标准化,设计者可参考有关国家标准和夹具设计手册进行设计。图 2.33 所示为常见的螺旋压板夹紧机构。

此外,还有螺旋式定心夹紧机构、杠杆式定心夹紧机构、楔式定心夹紧机构、弹簧筒夹式定心夹紧机构等。

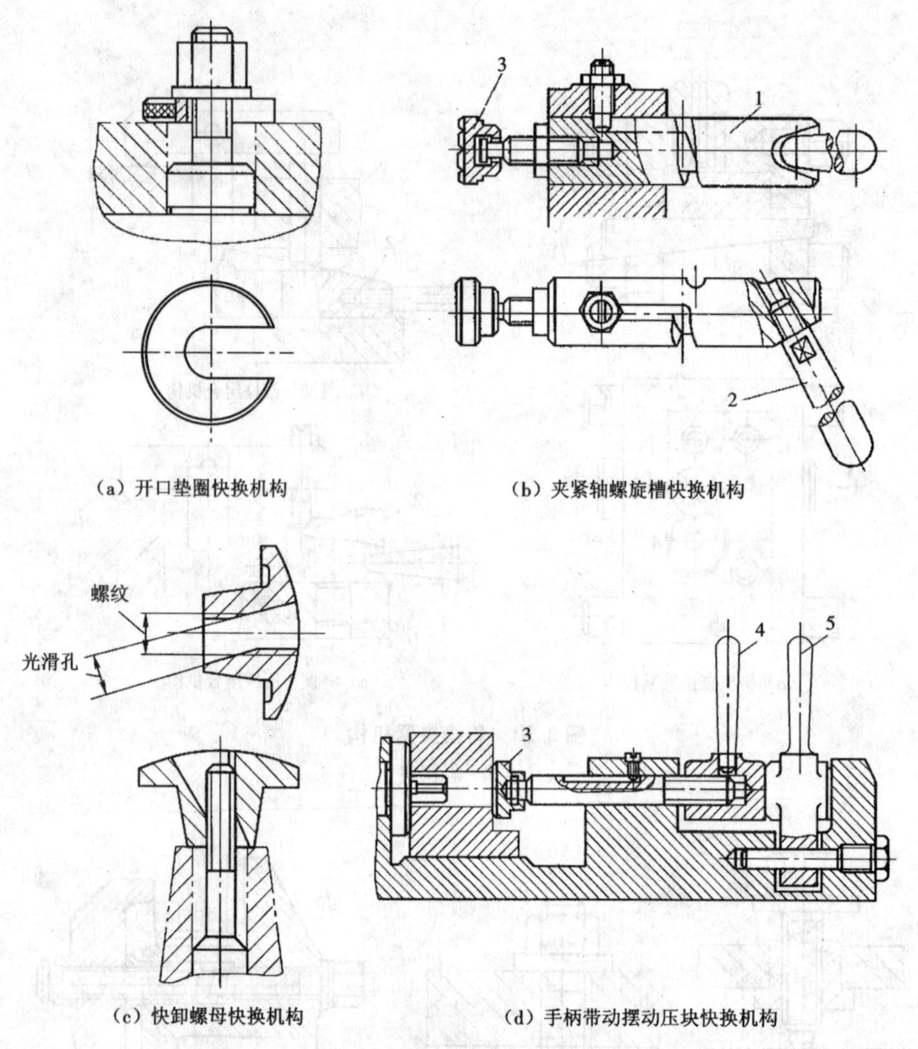

（a）开口垫圈快换机构

（b）夹紧轴螺旋槽快换机构

（c）快卸螺母快换机构

（d）手柄带动摆动压块快换机构

图 2.32　快速螺旋夹紧机构

1—夹紧轴;2、4、5—手柄;3—摆动压块

3）偏心夹紧机构

图 2.35 所示为常见的偏心夹紧机构,即用偏心件直接或间接夹紧工件的机构,称为偏心夹紧机构。偏心件有两种形式,即圆偏心和曲线偏心,其中圆偏心机构因结构简单、制造容易而得到广泛应用。

偏心夹紧加工操作方便、夹紧迅速,缺点是夹紧力和夹紧行程都小。一般用于切削力不大、振动小、没有离心力影响的加工中。

3. 导向及对刀装置

主要用于确定(引导)切削工具与工件的相对位置,图 2.36 所示为钻套和铣床

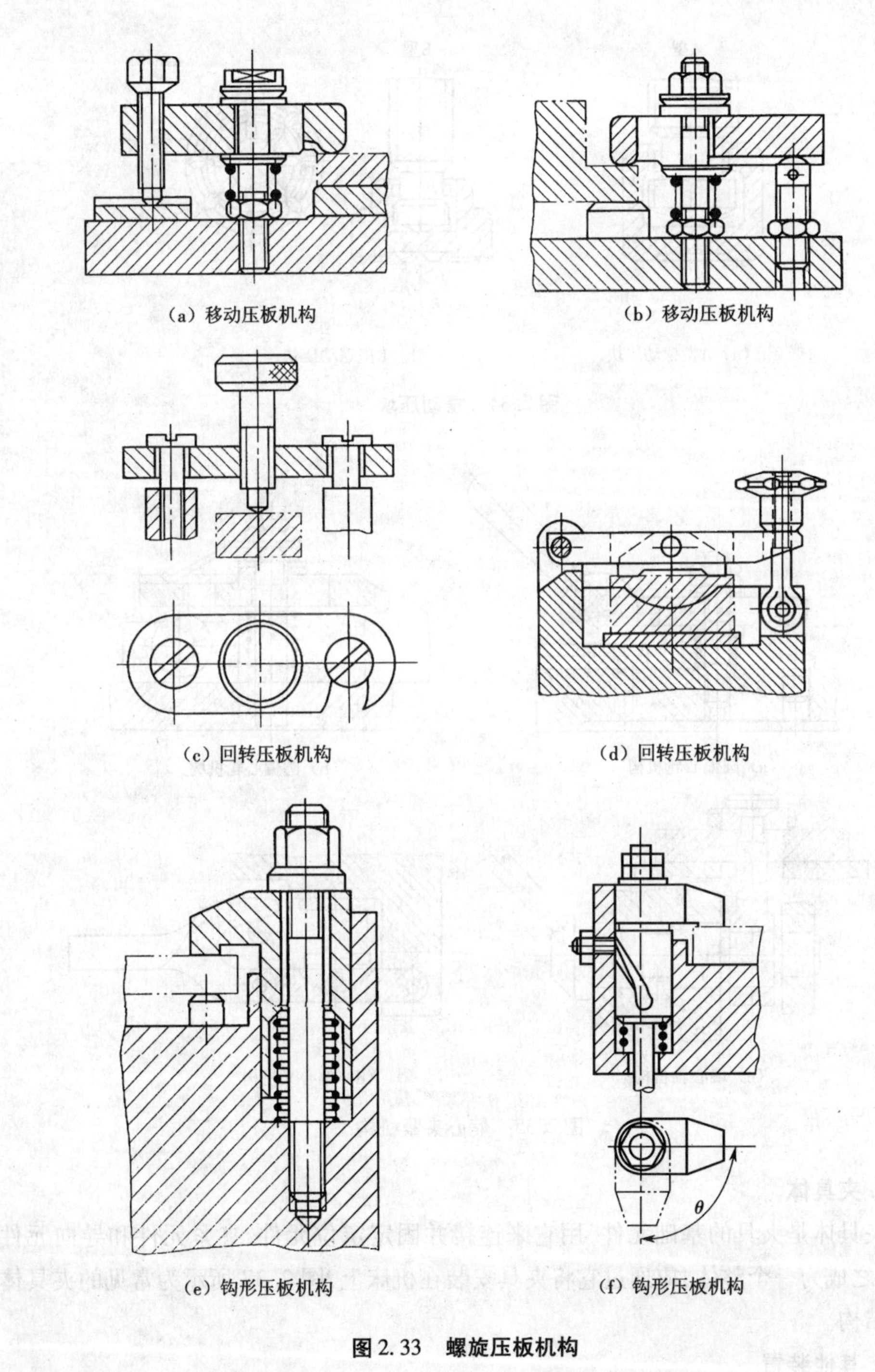

（a）移动压板机构　（b）移动压板机构

（c）回转压板机构　（d）回转压板机构

（e）钩形压板机构　（f）钩形压板机构

图 2.33　螺旋压板机构

的对刀装置。

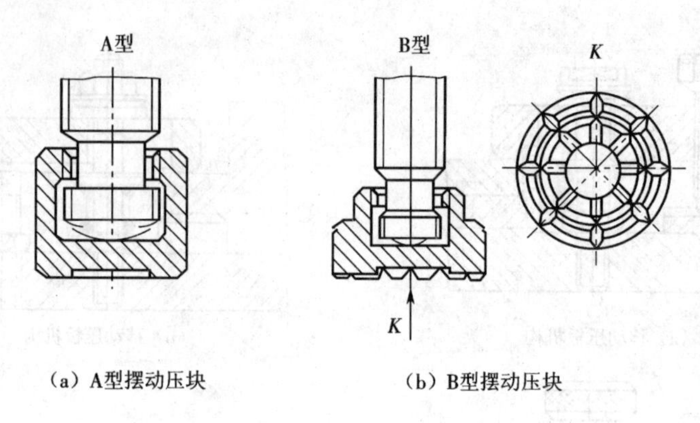

（a）A型摆动压块　（b）B型摆动压块

图 2.34　摆动压块

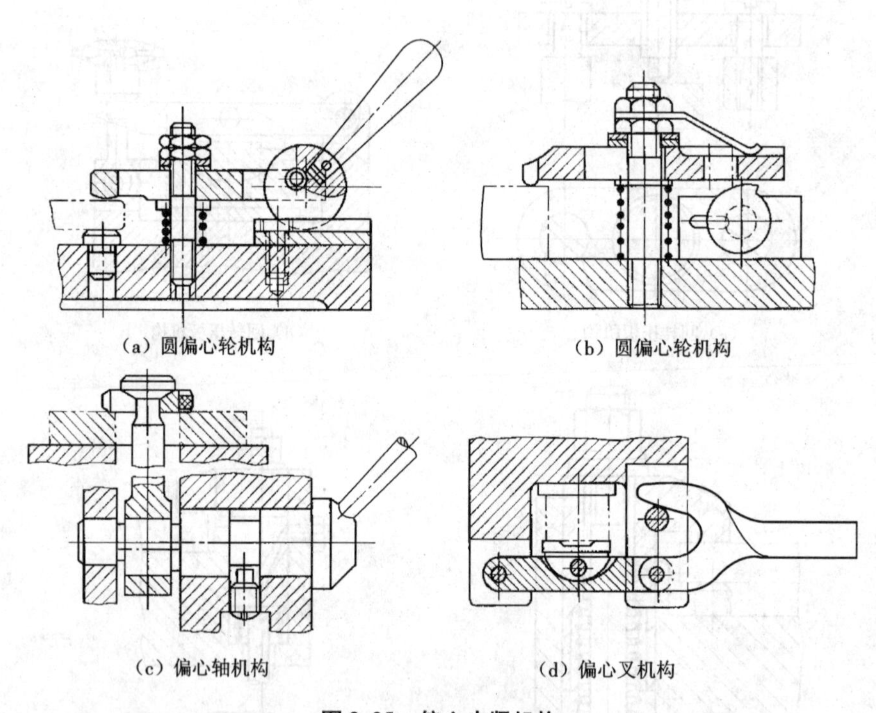

（a）圆偏心轮机构　（b）圆偏心轮机构

（c）偏心轴机构　（d）偏心叉机构

图 2.35　偏心夹紧机构

4. 夹具体

夹具体是夹具的基础元件，用它来连接并固定定位元件、夹紧元件和导向元件等，使之成为一个整体，应通过它将夹具安装在机床上，图 2.37 所示为常见的夹具体毛坯结构。

5. 其他装置

根据加工需要，有些夹具分别采用分度装置、靠模装置、上下料装置、顶出器和平衡块等。

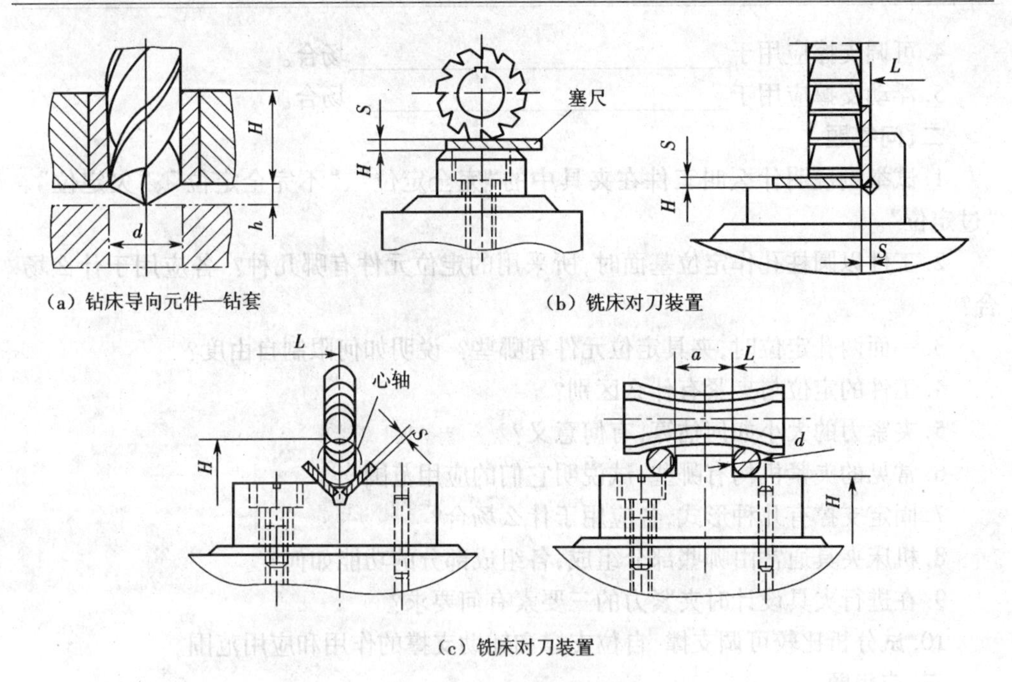

（a）钻床导向元件—钻套　（b）铣床对刀装置

（c）铣床对刀装置

图 2.36　导向及对刀元件

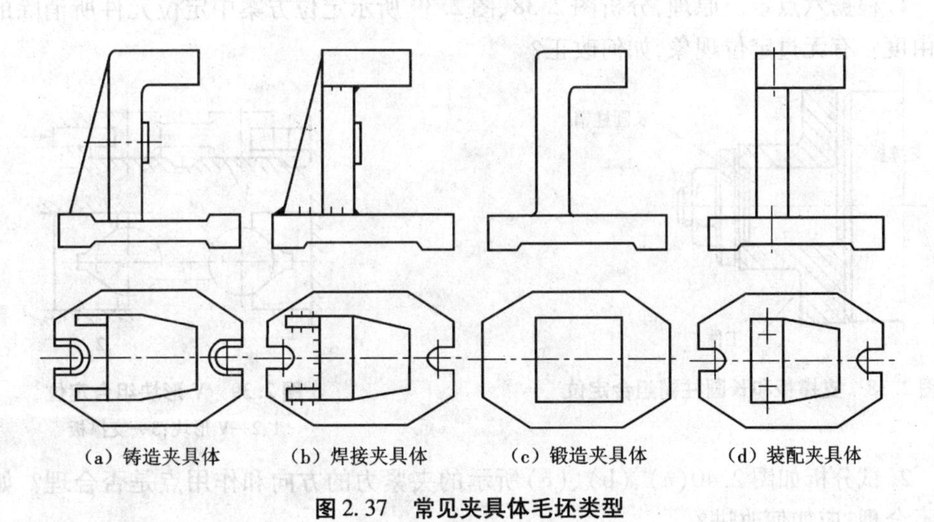

（a）铸造夹具体　（b）焊接夹具体　（c）锻造夹具体　（d）装配夹具体

图 2.37　常见夹具体毛坯类型

课后思考与训练

一、填空题

1. 六点定位是指限制物体在空间的____、____、____、____、____、____自由度。

2. 用宽 V 形块对工件外圆柱面定位可限制________自由度。

3. __________支撑只承受力，不限制自由度。

4. 可调支撑应用于________________场合。

5. 浮动支撑应用于________________场合。

二、问答题

1. 试举例说明什么叫工件在夹具中的“完全定位”、“不完全定位”、“欠定位”、“过定位”。

2. 工件以圆柱孔作定位基面时，所采用的定位元件有哪几种？各应用于什么场合？

3. 一面两孔定位时，夹具定位元件有哪些？说明如何限制自由度？

4. 工件的定位与夹紧有什么区别？

5. 夹紧力的大小如何估算，有何意义？

6. 常见的夹紧机构有哪些，试说明它们的应用范围。

7. 固定支撑有几种形式，各应用于什么场合？

8. 机床夹具通常由哪些部分组成，各组成部分的功能如何？

9. 在进行夹具设计时夹紧力的三要素有何要求？

10. 试分析比较可调支撑、自位支撑和辅助支撑的作用和应用范围。

三、应用题

1. 根据六点定位原理，分析图 2.38、图 2.39 所示定位方案中定位元件所消除的自由度？有无过定位现象，如何改正？

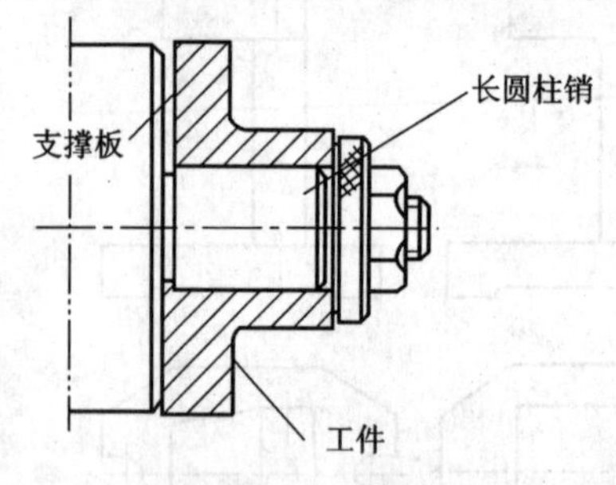

图 2.38 支撑板和长圆柱销组合定位

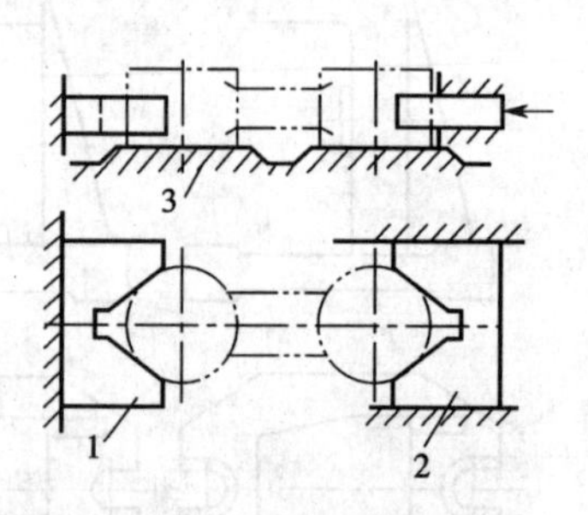

图 2.39 V 形块组合定位

1、2—V 形块；3—支撑板

2. 试分析如图 2.40(a)、(b)、(c)所示的夹紧力的方向和作用点是否合理？如果不合理，应如何改进？

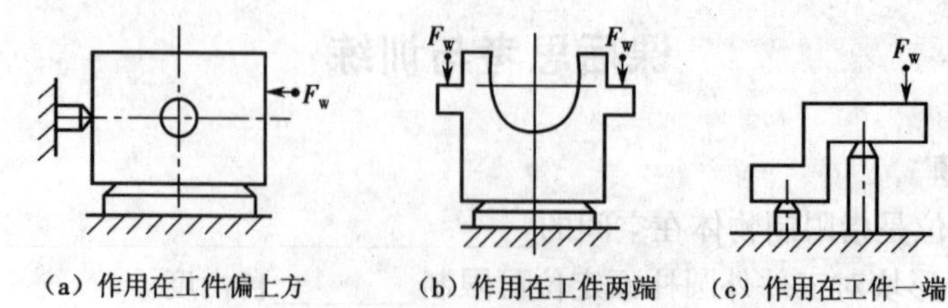

(a) 作用在工件偏上方 (b) 作用在工件两端 (c) 作用在工件一端

图 2.40 夹紧力作用点的位置

3. 试分析如图 2.41(a)、(b)、(c)所示夹紧方案是否合理？如果不合理，应如何改进？

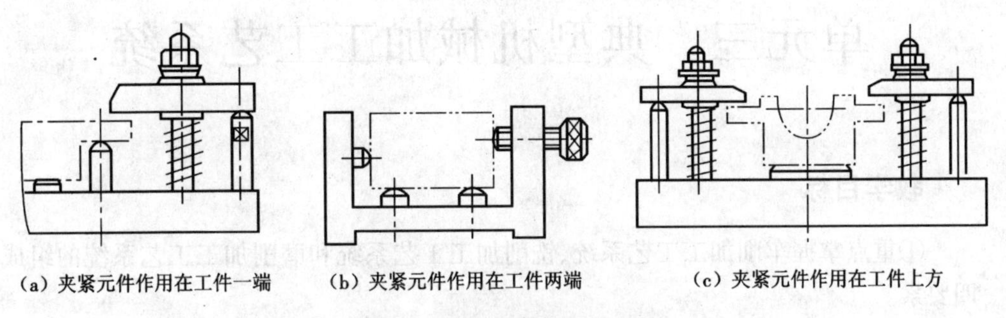

(a) 夹紧元件作用在工件一端　(b) 夹紧元件作用在工件两端　(c) 夹紧元件作用在工件上方

图 2.41　夹紧装置及夹紧方案

四、知识拓展

1. 查阅资料，了解并熟悉典型数控机床夹具的类型、基本要求及特点。

2. 查阅资料，了解并熟悉现代机床夹具的发展历程。

单元三　典型机械加工工艺系统

教学目标

①重点掌握车削加工工艺系统、铣削加工工艺系统和磨削加工工艺系统的组成四要素。

②了解通用夹具及常用专用夹具的结构特点。

③掌握工艺系统能够完成的工艺结构。

④熟悉工艺系统中的运动及刀具的结构特点和种类等。

工作任务

图 3.1、图 3.2 所示为常见零件上的典型工艺结构，它们的实现是在车削加工工艺系统和铣削加工工艺系统中完成的。如果表面粗糙度 R_a 小于 0.8 μm，还应该用

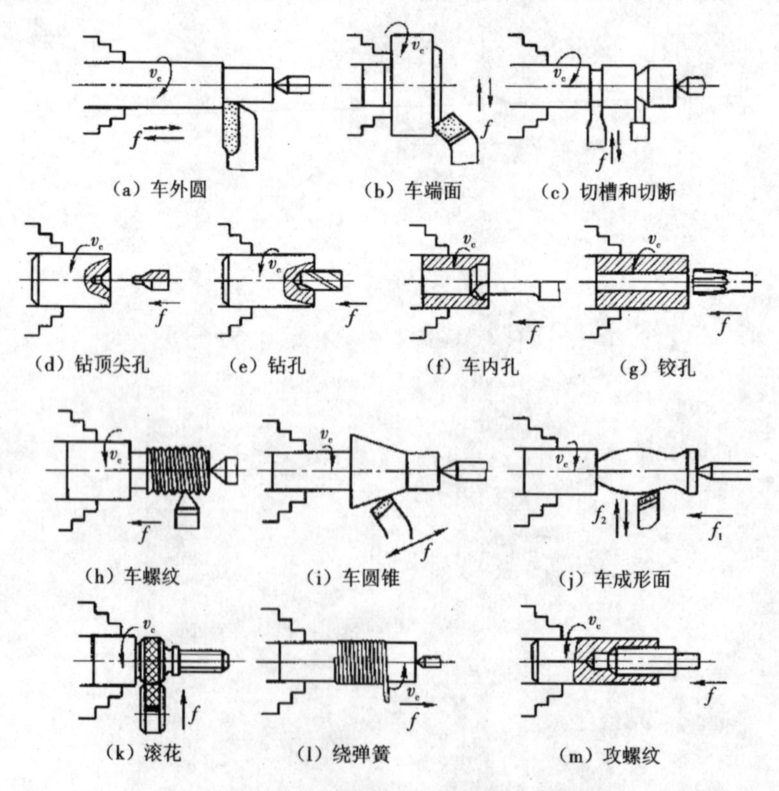

图 3.1　车削加工工艺系统能完成的工艺结构

到磨削加工系统。

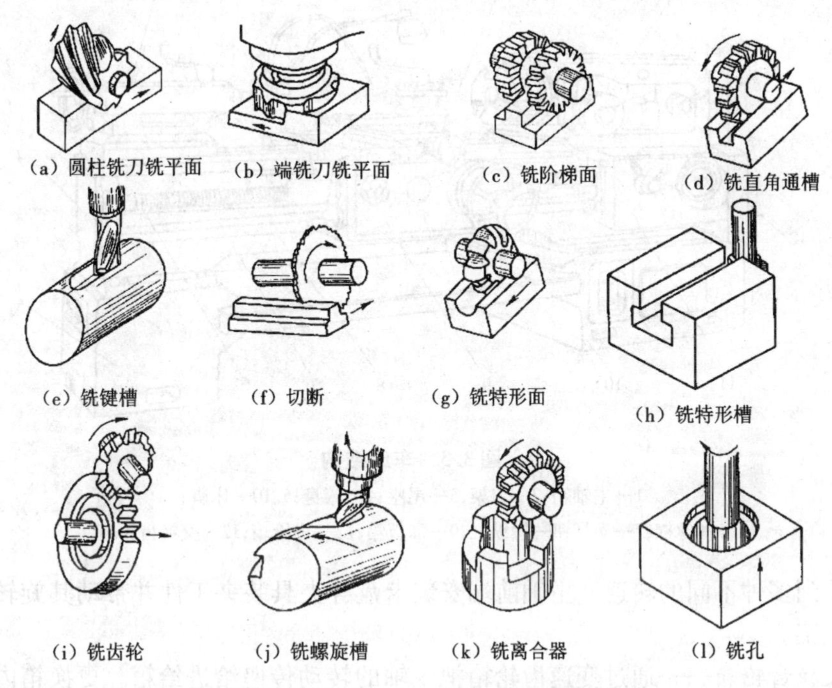

图 3.2　铣削加工工艺系统能完成的工艺结构

学习任务一　车削加工工艺系统

车削加工工艺系统由车床、车床夹具、刀具和工件组成。

一、车　床

1. 车床的种类

车床分卧式车床、立式车床、六角车床、多刀半自动车床、仿形车床及仿形半自动车床、单轴自动车床、多轴自动车床及多轴半自动车床。

2. CA6140 车床主要部件的名称和作用

图 3.3 所示为 CA6140 型卧式车床外形图。车床的结构、主要部件名称包括以下几方面。

床身——是车床的大型基础部件，上面带有精度要求很高的导轨（山形导轨和平导轨）。它起到连接和支撑车床各个部件的作用，并保证各个部件在工作时有准确的位置。

主轴箱——主轴箱支撑并传动主轴带动工件做旋转主运动。箱内有齿数不同的各种齿轮和除主轴外的传动轴等组成变速传动机构，变换主轴箱的手柄位置可以使

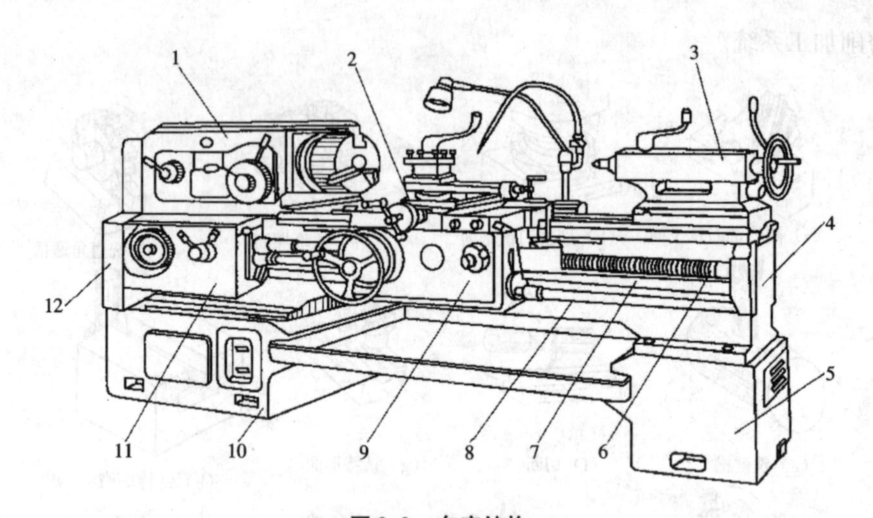

图3.3 车床结构

1—主轴箱;2—刀架;3—尾座;4—床身;5、10—床脚;
6—丝杠;7—光杠;8—操纵杠;9—溜板箱;11—进给箱;12—交换齿轮箱

主轴得到多种不同的转速。主轴前端安装卡盘等夹具装夹工件并带动其旋转,实现车削加工。

交换齿轮箱——通过变速齿轮箱把主轴的转动传递给进给箱。更换箱内齿轮,配合进给箱内的变速机构,可以得到车削各种螺距螺纹(或蜗杆)的进给运动,并满足车削时对不同纵、横进给量的要求。

进给箱——进给传动系统的变速机构。它把交换齿轮箱传递过来的运动,经过变速后传递给丝杠,以实现车削各种螺纹;传递给光杠,以实现机动进给。

溜板箱——溜板箱接受光杠或丝杠传递的运动,以驱动床鞍和中小滑板及刀架实现车刀的纵横向进给运动。其上还装有一些手柄及按钮,可以很方便地操纵车床来选择机动、手动、车螺纹以及快速移动等运动方式。

刀架——用于安装车刀并带动车刀作纵向、横向或斜向运动。由中滑板、小滑板、床鞍与刀架体组成。

尾座——安装在床身导轨上,并沿导轨作纵向移动,以调整工作位置。尾座主要用于安装后顶尖,支撑较长、较重的工件,也可以安装钻头、铰刀进行中小孔的粗精加工。

床腿——前后两个床腿分别与床身前后两端下部联为一体,用以支撑安装在床身上的各个部件。同时通过地脚螺栓和调整垫块使整台车床固定在工作场地上,并使床身调整到水平状态。

冷却装置——主要通过冷却水泵将水箱中的切削液加压后喷射到切削区域,用于降低切削温度、冲走切屑、润滑加工表面,以提高刀具使用寿命和工件的表面质量。

3. 车床各部分传动系统

图3.4(a)所示为CA6140卧式车床传动系统示意图,图3.4(b)为传递路线图。分析如下:为了完成车削工作,车床必须有主运动和进给运动相互协调配合。主运动是通过电动机1驱动V形带2把运动输入到主轴箱4。通过变速齿轮5进行变速,使主轴得到不同的转速。再经过卡盘6带动工件旋转。进给运动则是由主轴箱4把旋转运动输出到交换齿轮箱3,再通过进给箱13变速后由丝杠11或光杠12驱动溜板箱9、床鞍10、中溜板8和刀架7,从而控制车刀的运动轨迹,完成车削各种表面的工作。

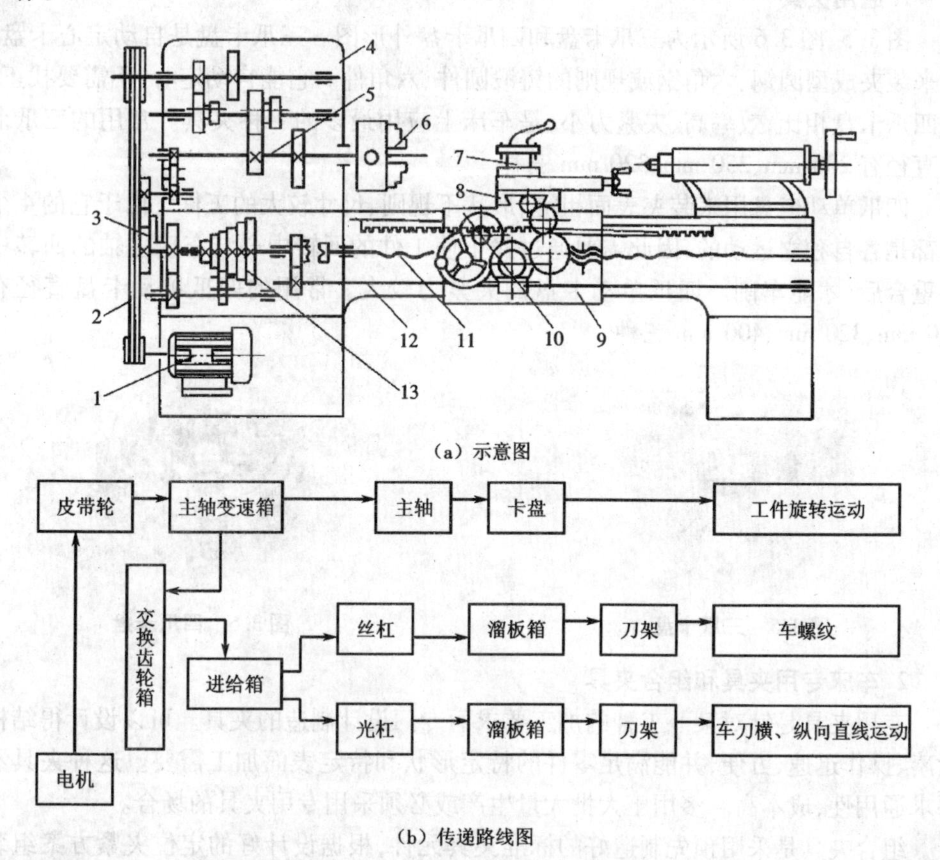

(a) 示意图

(b) 传递路线图

图3.4　CA6140卧式车床传动系统

4. 车床型号编制

车床的型号编制采用汉语拼音字母和阿拉伯数字按一定规则组合排列,用以表示机床的类别、使用与机构的特性和主要规格。例如CA6140型卧式车床,型号中的代号及数字的含义如下:

C——机床类别代号(车床类);

A——机床特征代号(结构不同);

6——机床组别代号(落地及卧式车床组);

1——机床系别代号(卧式车床系);

40——主要参数代号(最大车削直径400 mm)。

机床类别代号以汉语拼音第一个大写字母来表示,如C表示车床,Z表示钻床,X表示铣床,M表示磨床,T表示镗床。

二、车床夹具及附件

1. 通用夹具

图3.5、图3.6所示为三爪卡盘和四爪卡盘外形图。三爪卡盘是自动定心卡盘,用来装夹成型圆钢、六角钢或规则的铸锻圆件、六角件。它能自动定心,不需要找正,与四爪卡盘相比,效率高、夹紧力小,是车床上应用最多的一种夹具。常用的三爪卡盘直径有200 mm、250 mm、320 mm三种。

四爪单动卡盘用来装夹表面粗糙、形状不规则、尺寸较大的工件。由于它的4个爪都是各自独立运动的,因此需要通过找正使工件的回转中心与车床主轴的回转中心重合后,才能车削。四爪单动卡盘的夹紧力较大。常用的四爪单动卡盘直径有250 mm、320 mm、400 mm三种。

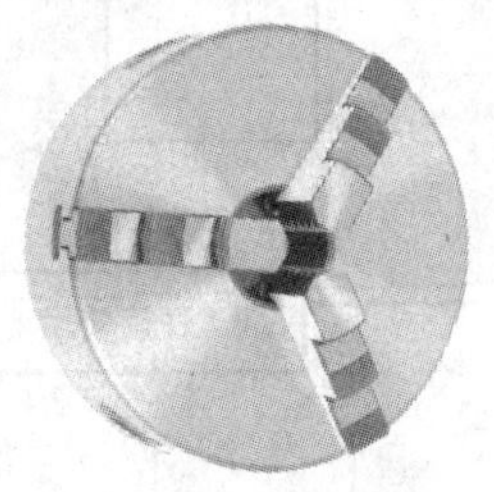

图3.5 三爪卡盘

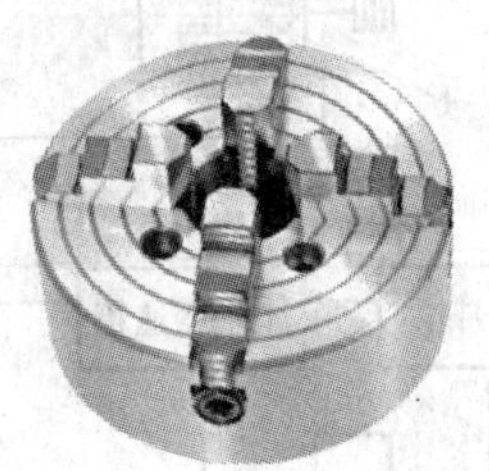

图3.6 四爪卡盘

2. 车床专用夹具和组合夹具

专用夹具是针对某一工种的加工要求而专门设计制造的夹具。可以设计得结构紧凑、操作迅速、方便,并能满足零件的特定形状和特定表面加工需要。这种夹具不要求通用性,成本高。多用于大批大量生产或必须采用专用夹具的场合。

组合夹具是采用预先制造好的标准夹具元件,根据设计好的定位夹紧方案组装而成的专用夹具。它既有专用夹具的优点,又具有标准化、通用化的优点。产品变换后,夹具的组成元件可以拆开清洗入库,不会造成浪费,适用于新产品试制和多品种小批量的生产。在数控加工中具有广泛的应用。

1)车床专用夹具的组成

车床专用夹具包括:夹具体、定位元件、夹紧装置、辅助装置等几部分。夹具体一般为回转体形状,并通过一定的结构与车床主轴定位连接。根据定位和夹紧方案设计的定位元件和夹紧装置安装在夹具体上。辅助装置包括用于消除偏心力的平衡块和用于高效快速操作的气动、液动和电动操作机构。

2)典型的车床夹具

(1)车床心轴夹具

图3.7所示为车床心轴式夹具。圆柱心轴式夹具通过心轴、螺母、垫圈将工件装夹在一起。在圆柱心轴两端带有中心孔结构,在车床上用双顶尖定位实现车削加工运动;圆锥心轴式夹具通过圆锥心轴的锥度与工件内孔的过盈配合关系将工件装夹在一起。在圆锥心轴两端带有中心孔结构,在车床上用双顶尖定位实现车削加工运动。

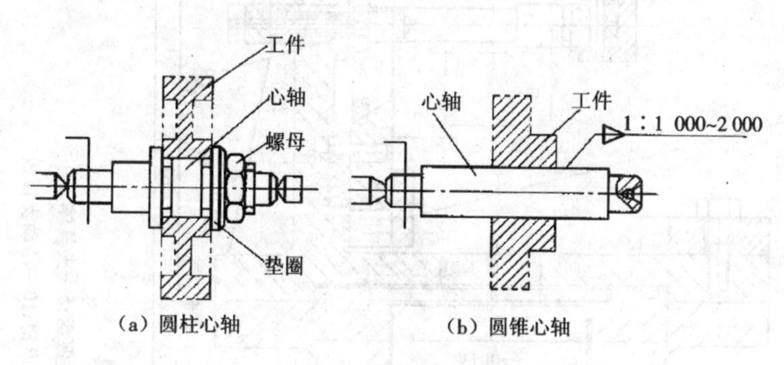

图3.7　车床心轴夹具

(2)角铁式夹具

图3.8所示为开合螺母车削工序图,图3.9所示为车床角铁式夹具。工件以底面和两个孔定位,采用压板夹紧。夹具体通过过渡盘与主轴端部定位锥配合,用螺栓连接在主轴上。平衡块用于消除回转时的不平衡现象。

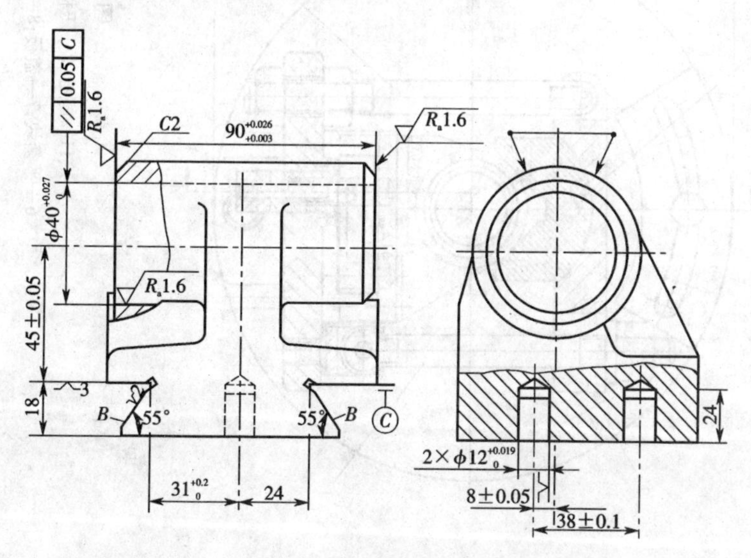

技术要求:$\phi 40^{+0.027}_{0}$ mm的孔轴线对两B面的垂直度为0.05 mm。

图3.8　开合螺母车削工序图

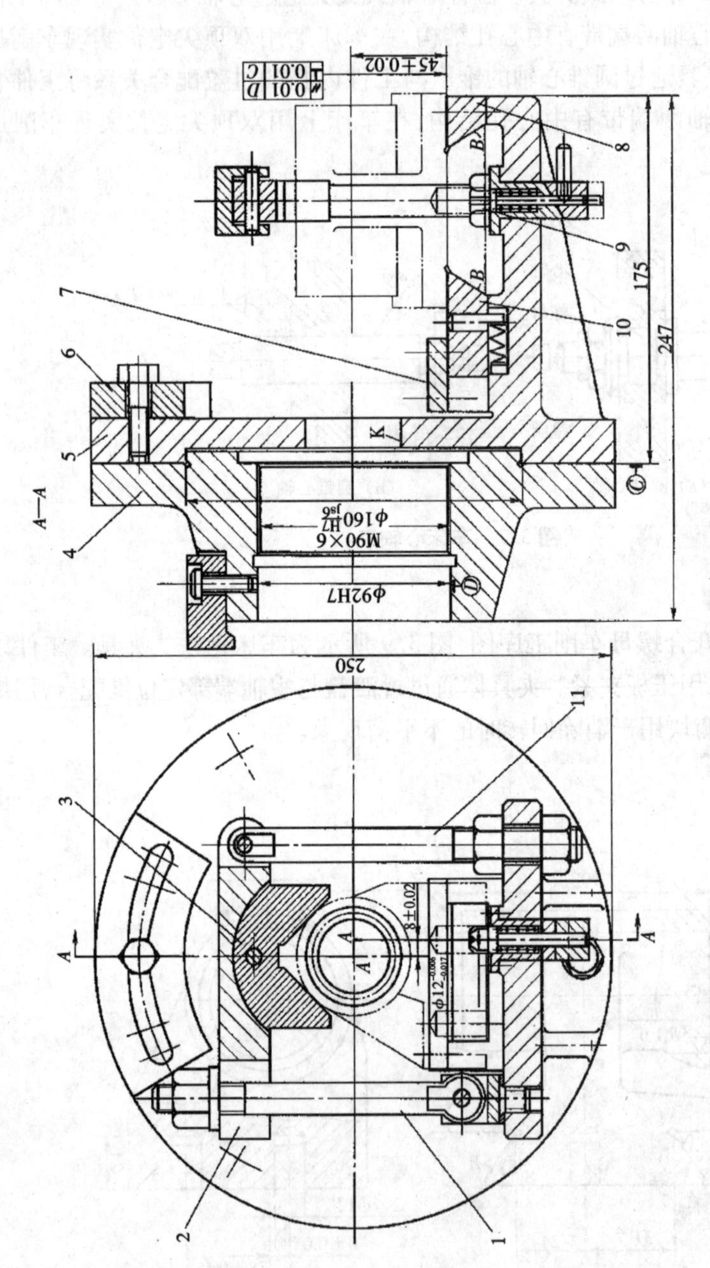

图 3.9 角铁式车床夹具

1、11—螺栓;2—压板;3—摆动 V 形块;4—过渡盘;5—夹具体;
6—平衡块;7—盖板;8—固定支撑板;9—活动菱形销;10—活动支撑板

(3)花盘式车床夹具

图3.10所示为回水盖工序图。本工序加工回水盖上的2×G1″螺孔。图3.11所示为本工序所用的花盘式车床夹具。工件以底平面和两个ϕ9 mm孔分别在分度盘3、圆柱销7和削边销6上定位。拧紧螺母9,由两块螺旋压板8夹紧工件。车完一个螺纹孔后,松开三个螺母5,拔出对定销10,将分度盘3旋转180°,当对定销10在弹簧作用下插入另一个分度孔后,即可以加工另一个螺纹孔。

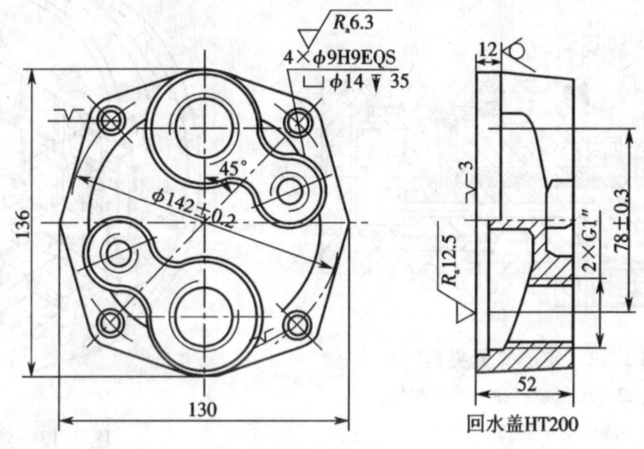

图3.10　回水盖工序图

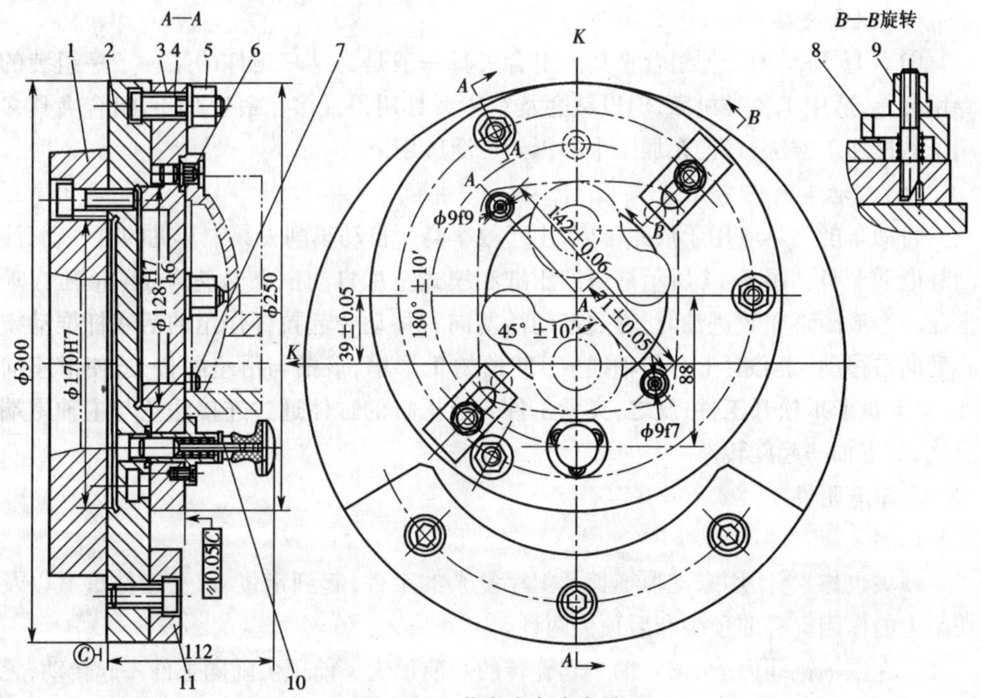

图3.11　花盘式车床夹具

1—过渡盘;2—夹具体;3—分度盘;4—T形螺钉;5、9—螺母;6—削边销;
7—圆柱销;8—压板;10—对定销;11—配重块

(4)定心夹紧夹具

对于回转体工件或以回转体表面定位的工件可采用定心夹紧夹具。定心夹紧夹具中常见的有弹簧套筒、液性塑料夹具等。如图3.12所示,工件以内孔定位夹紧,采用了液性塑料夹具。工件定位在圆柱上,轴向由端面定位,旋紧螺钉,经滑柱和液性塑料使薄壁套产生变形,使工件同时定心夹紧。

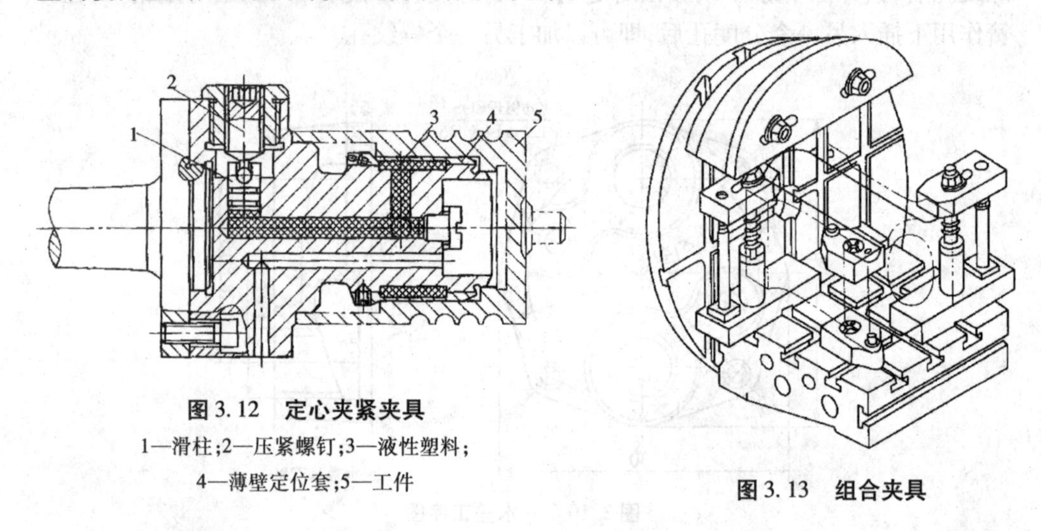

图3.12 定心夹紧夹具

1—滑柱;2—压紧螺钉;3—液性塑料;4—薄壁定位套;5—工件

图3.13 组合夹具

(5)组合夹具

图3.13所示为一种组合夹具。组合夹具一般是为某一工件的某一工序组装的专用夹具,适用于各类机床,但以钻磨及车床夹具用得最多。最近几年,组合夹具多用于数控加工方法,现已在加工中心得到广泛应用。

(6)自动车削夹具

自动车削夹具应用于数控车床,生产效率高。自动车削夹具中常见的有气动、液动和电动卡盘。图3.14所示是由液压缸和楔式三爪自动定心卡盘构成的液压自动卡盘。当液压缸左腔进油时,通过推动活塞向右移动令起拉杆作用的活塞杆推动楔心套向右移动,楔心套上有与轴线成15°角的T形槽,该槽与滑座配合,迫使滑座向外,使卡盘卡爪松开工件;反之,夹紧工件。液压缸的缸体通过连接法兰与主轴尾端连接,与主轴一起旋转。

3. 车床附件

1)顶尖

顶尖也称顶针,用来支顶细长及工序复杂的工件,起到定位、承受工件重量以及切削力的作用。有前顶尖和后顶尖两种。

插在主轴锥孔内的,跟主轴一起旋转的叫前顶尖。前顶尖随同工件一起转动,无相对运动,不发生摩擦。前顶夹如图3.15所示。

插在车床尾座套筒内的叫后顶尖。后顶夹的结构如图3.16所示。后顶尖又分

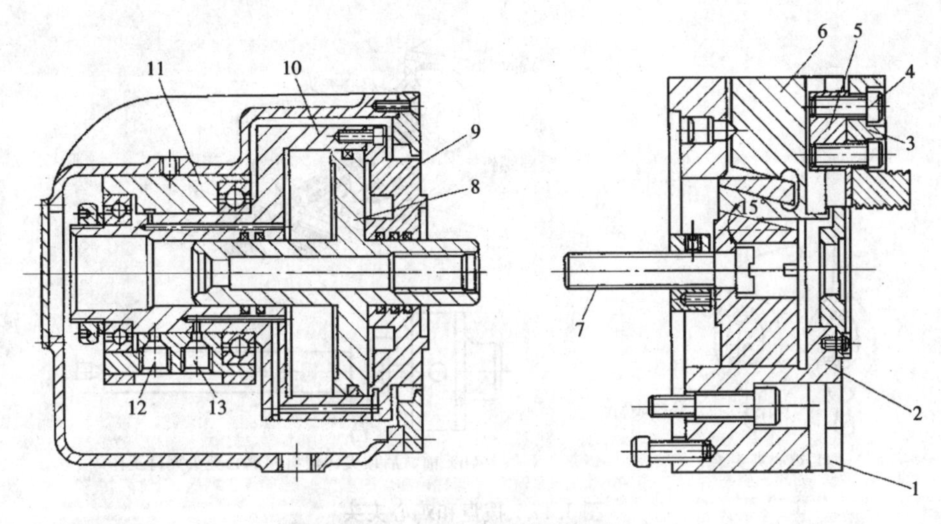

图 3.14　液压自动车削夹具

1—卡盘体；2—楔心套；3—卡爪；4—连接螺钉；5—T 形块；6—滑座；7—螺钉；8—活塞；9—连接法兰；10—缸体；11—引油导套；12、13—进出油口

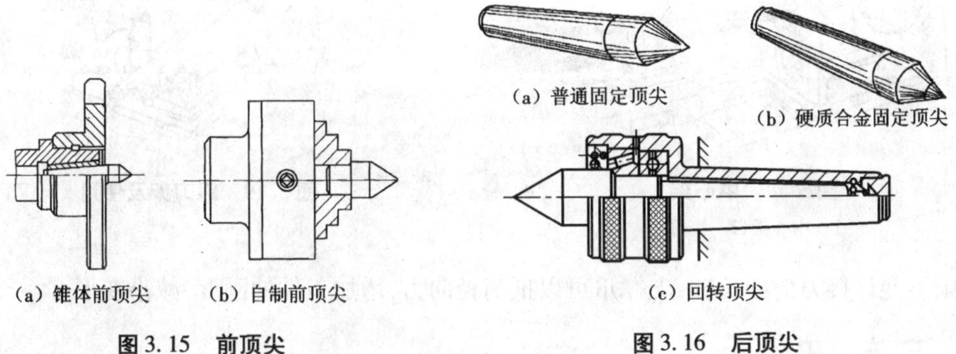

(a) 锥体前顶尖　(b) 自制前顶尖

图 3.15　前顶尖

(a) 普通固定顶尖　(b) 硬质合金固定顶尖　(c) 回转顶尖

图 3.16　后顶尖

死顶尖和活顶尖两种。在车削中死顶尖与工件中心孔产生滑动摩擦而产生大量的热，目前更多使用硬质合金顶尖，即在 60°顶尖处焊接 YG8 硬质合金。活顶尖是将与工件中心孔的滑动摩擦改成顶尖内部轴承的滚动摩擦，能承受很高的转速。

2) 拨盘和鸡心夹头

装在前、后顶尖间的工件由鸡心夹头夹持；拨盘与主轴前端短锥配合，由主轴带动旋转，拨盘拨动鸡心夹头转动，从而使得工件旋转，如图 3.17 所示。

3) 中心架

车削细长轴时，使用中心架可以提高工件刚性。中心架安装在工件中间部位，如图 3.18 所示。

4) 跟刀架

跟刀架固定在床鞍上，可以随车刀一起移动，如图 3.19 所示。跟刀架主要用于

（a）鸡心夹头　　（b）前、后顶尖、拨盘和鸡心夹头夹持工作

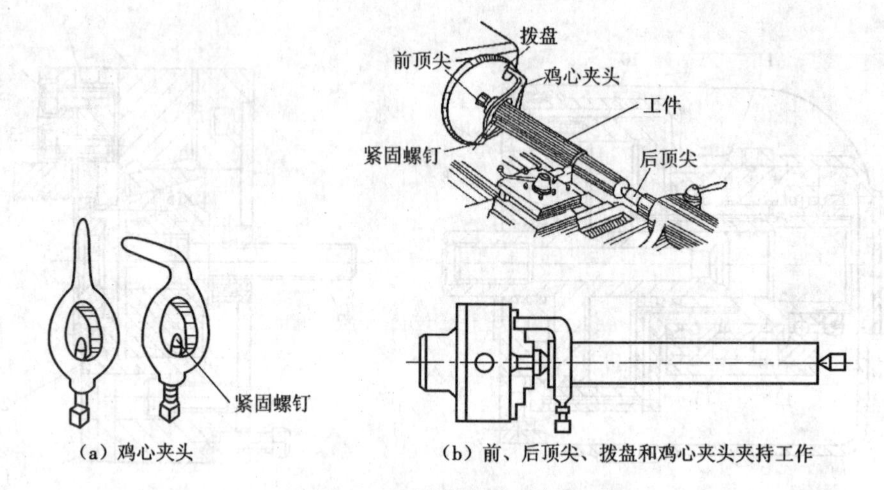

图 3.17　拨盘和鸡心夹头

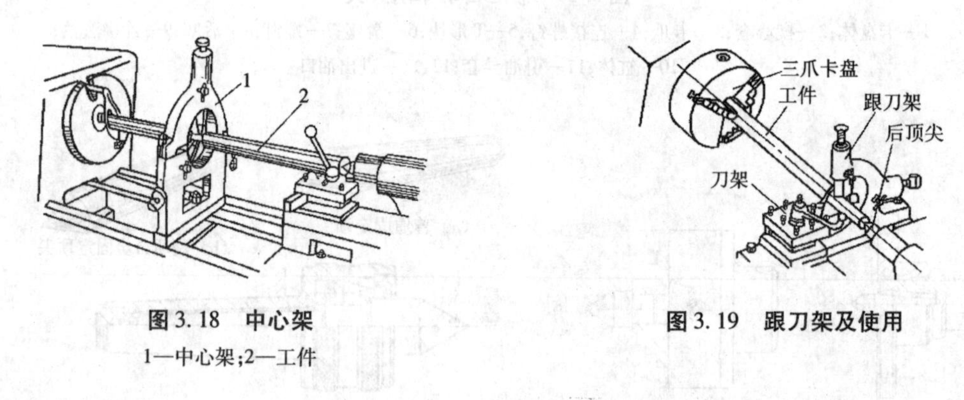

图 3.18　中心架

1—中心架;2—工件

图 3.19　跟刀架及使用

车削不允许接刀的细长轴,支撑爪可以抵消径向力,增加工件的刚度,减小变形。

三、车　刀

车刀是车削加工时所使用的刀具。按用途不同可分为外圆车刀、镗孔车刀、端面车刀、切断刀、螺纹车刀、成形车刀,如图 3.20 所示。按主偏角不同可以分为 60°、45°、90°、75°车刀,如图 3.21 所示;按结构不同可分为整体式车刀、焊接式车刀、机夹式车刀和可转位车刀等,如图 3.22 所示,机夹式车刀结构如图 3.23 所示;按刀具材料不同可分为高速钢车刀、硬质合金车刀、陶瓷车刀和金刚石车刀。

此外,在轴类零件的端部粗、精加工中小孔时,还可以在车床尾座安装钻头、铰刀。

如图 3.1 所示,车床上可以加工的工艺结构包括:车外圆柱面、孔加工、车内外圆锥面、滚花、成形面、表面修饰、车内外三角螺纹等。

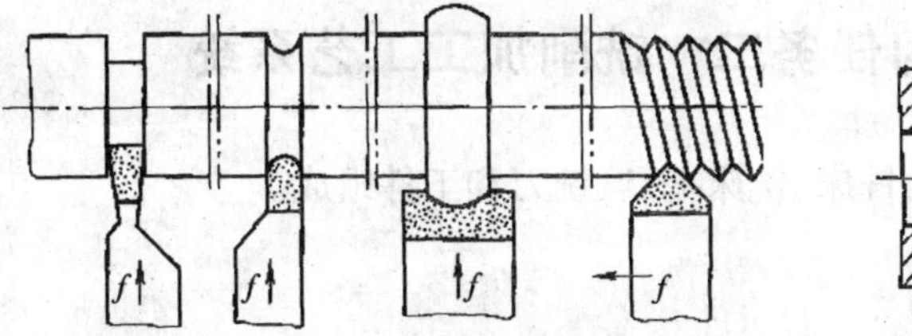
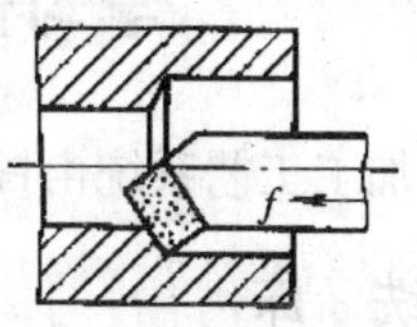

（a）切断刀（b）圆角车刀（c）圆角车刀（d）螺纹车刀　　（e）镗孔车刀

图 3.20　车刀按用途分类

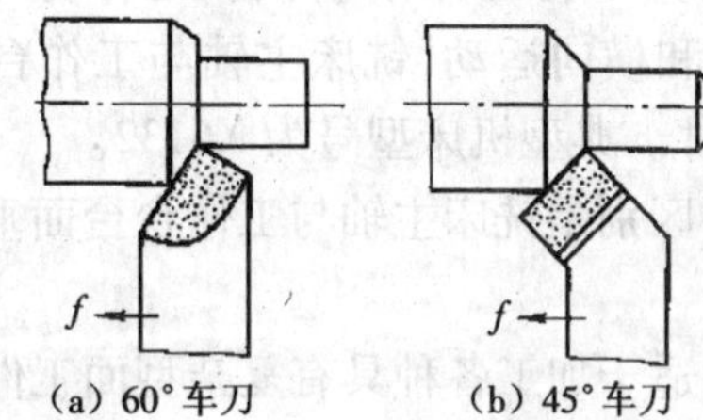
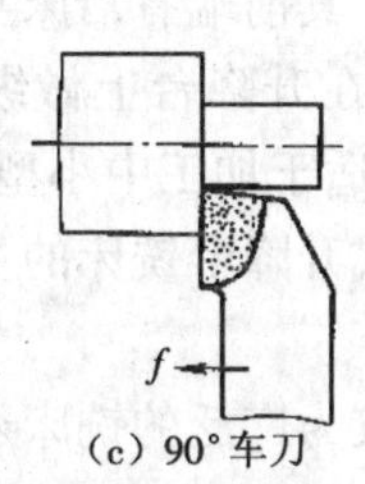

（a）60°车刀　　（b）45°车刀　　（c）90°车刀　　（d）75°车刀

图 3.21　车刀按角度分类

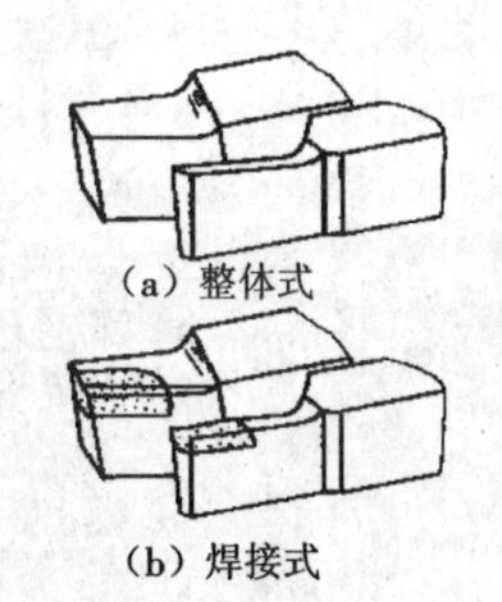
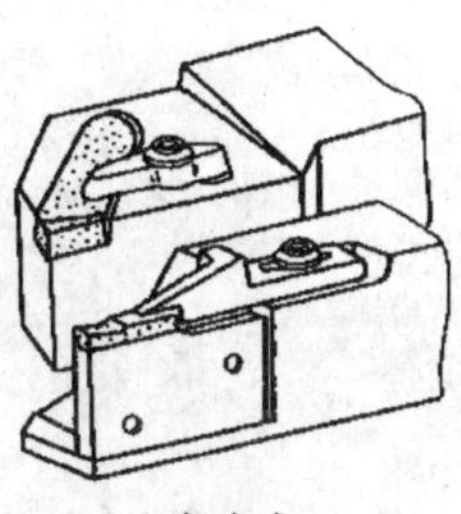
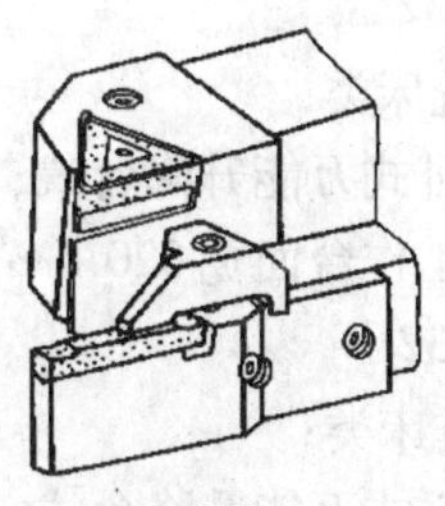

（a）整体式　（b）焊接式　（c）机夹式　（d）可转位式

图 3.22　按结构分类

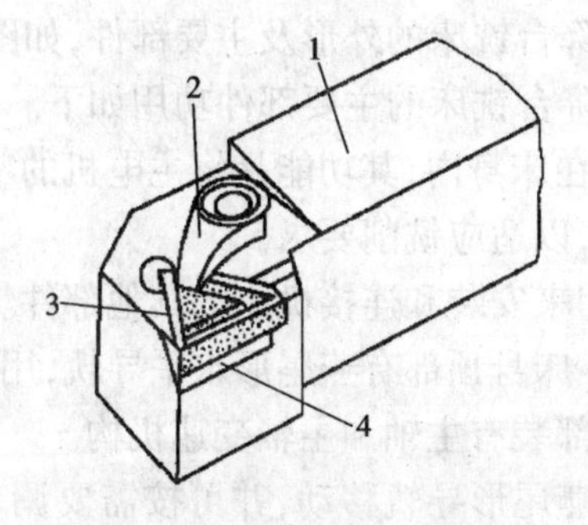

图 3.23　机夹式车刀结构

1—刀柄；2—夹紧装置；3—刀片；4—刀垫

学习任务二 铣削加工工艺系统

铣削加工工艺系统由铣床、铣床夹具、铣刀和工件组成。

一、铣 床

1. 铣床的种类

铣床可分为卧式升降台铣床、立式铣床和其他类型铣床。

卧式升降台铣床——其前端有沿床身垂直导轨运动的升降台，工作台可随升降台做上下垂直运动，并可在升降台上做纵向和横向运动，铣床主轴与工作台台面平行。这种铣床使用灵活，适于加工中小型工件。典型机床型号为 X6132。

立式铣床——与卧式升降台铣床的主要区别是铣床主轴与工作台台面垂直。典型机床型号为 X5032。

其他铣床——使用较为广泛的铣床还有适于加工各种具有复杂型面工件的仿形铣床，以及自动化程度较高的、适于加工形状复杂和精度较高的数控铣床。

2. 铣床型号含义

(1) X6132

X——铣床类；

61——卧式万能升降台式；

32——工作台面宽 320 mm。

(2) X5032

X——铣床类；

50——立式万能升降台式；

32——工作台面宽 320 mm。

3. X6132 型卧式万能升降台铣床概述

X6132 型卧式万能升降台铣床的外形及主要部件，如图 3.24 所示。

X6132 型卧式万能升降台铣床的主要部件功用如下。

①主轴变速机构安装在床身内，其功能是将主电机的额定转数通过齿轮变速，转换成几种不同转数给主轴，以适应铣削要求。

②床身是机床主体，用来安装和连接机床的其他部件。床身正面有垂直导轨，可以引导升降台上、下移动。床身顶部有燕尾形水平导轨，用于安装横梁并按需求引导横梁做水平移动。床身内部装有主轴和主轴变速机构。

③横梁可沿床身顶部燕尾形导轨移动，并可按需要调节其伸出长度。其上可以安装刀杆支架。

④主轴是前端带锥孔的空心轴，锥度为 7∶24，用来安装铣刀刀杆和铣刀。主电动机输出的旋转运动经过主轴变速机构驱动主轴连同铣刀一起旋转实现主运动，也

就是铣刀做主运动。

⑤刀杆支架用以支撑刀杆的外端，增强刀杆的刚性。

⑥工作台用以安装需要的铣床夹具和工件，带动工件实现纵向进给运动。

⑦横向滑板用来带动工作台实现横向进给运动。横向滑板与工作台之间设有回转盘，可以使工作台在水平面内作±45°范围内的转动。

⑧升降台用来支撑横向滑板和工作台，带动工作台上、下移动。升降台内部安装有进给电机和进给变速机构。

⑨进给变速机构用来调整和变换工作台的进给速度，以适应铣削需要。

⑩底座用来支撑床身，承受铣床全部质量，盛装切削液等。

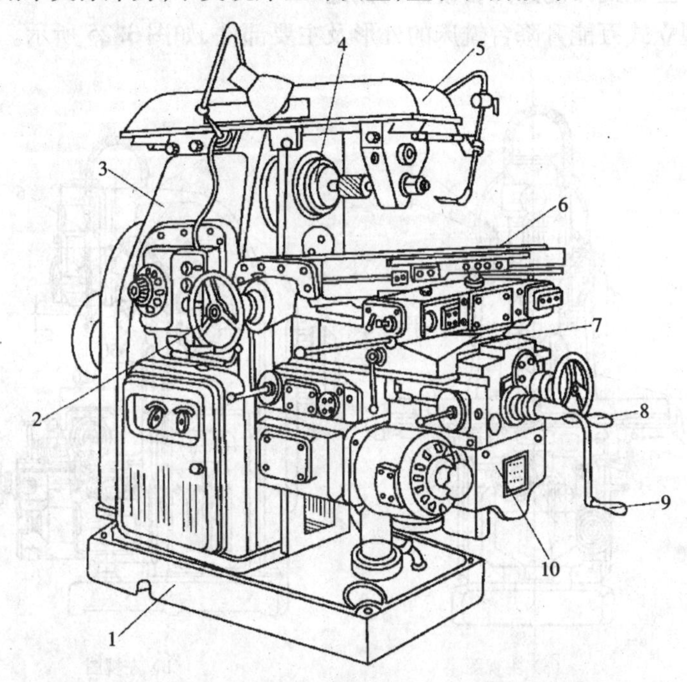

图 3.24　X6132 型卧式万能升降台铣床的外形及主要部件

1—底座；2—横向进给手柄；3—床身；4—主轴；5—横梁；
6—纵向工作台；7—横向溜板；8—纵向进给手柄；9—垂向进给手柄；10—升降台

X6132 型卧式万能升降台铣床的主要技术参数如下：

工作台工作面积（宽×长）：　320 mm×1 250 mm

工作台最大行程：

　纵向（手动/机动）　700 mm/680 mm

　横向（手动/机动）　260 mm/240 mm

　垂直升降（手动/机动）　320 mm/300 mm

工作台最大回转角度：　±45°

主轴中心线至工作台面的距离：

最大 350 mm

最小 30 mm

主轴中心线至横梁的距离：

最大 470 mm

最小 215 mm

加工表面的平面度： 0.02 mm/150 mm

加工表面的平行度： 0.02 mm/150 mm

加工表面的垂直度： 0.02 mm/150 mm

4. X5032 型立式万能升降台铣床的概述

X5032 型立式万能升降台铣床的外形及主要部件，如图 3.25 所示。

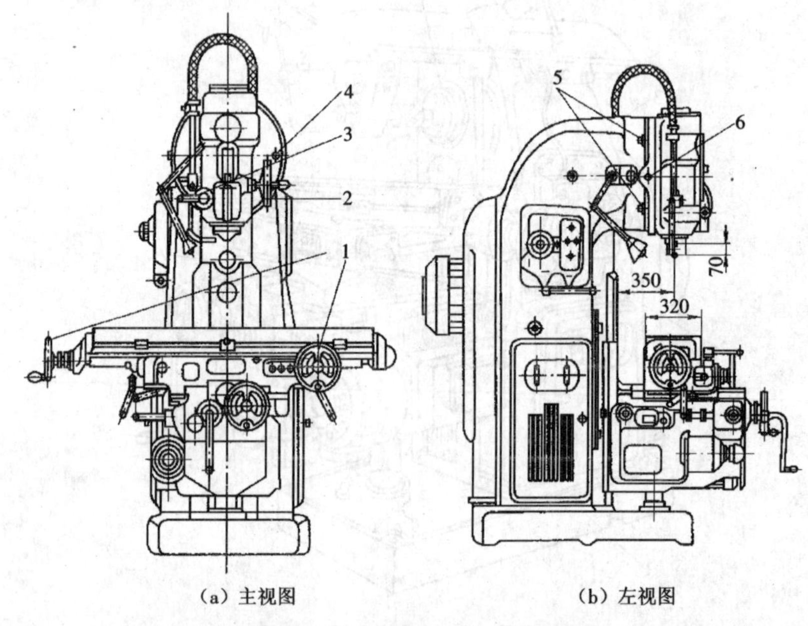

图 3.25 X5032 型立式万能升降台铣床的外形及主要部件

1—纵向手动进给手柄；2—主轴套筒升降手柄；3—主轴套筒锁紧手柄；
4—定位销；5—铣头紧固螺钉；6—调整角度手柄

X5032 型立式万能升降台铣床与 X6132 型卧式万能升降台铣床的区别：X5032 型立式万能升降台铣床的主轴位置与工作台面垂直并安装在可以回转的铣头壳体内；工作台与横向滑板连接处没有回转盘，所以工作台在水平面内不能扳转角度。

工作台纵向手动进给操作手柄有两个，一个在工作台丝杠左侧，一个在工作台右前方，可以在不同的位置上对机床进行操作。以上两个手摇手柄，可以使工作台作纵向手动进给运动。

需要主轴套筒带动主轴作垂直方向进给运动时，应先松开主轴套筒锁紧手柄，再摇动主轴套筒升降手柄，使主轴套筒带动主轴作上下垂向移动，行程完毕，锁紧主轴套筒锁紧手柄。

在立铣头的座体上刻有刻度，可以使主轴轴线按着刻度左右回转45°。主轴轴线的零位置由定位销4定位。需要转动立铣头时，应先拔出4，再松开铣头紧固螺钉5，转动调整角度手柄6，调整立铣头主轴轴线至所需要的角度位置。最后将铣头紧固螺钉5紧固。

X5032型立式万能升降台铣床的主要技术参数如下。

主轴端面至工作台距离(mm)：45～415

主轴中心线到床身垂直导轨的距离(mm)：350

主轴孔锥度：7∶24 ISO50

主轴孔径(mm)：29

主轴转速：30～1 500 r/min

立铣头最大回转角度：±45°

主轴轴向移动距离(mm)：85

工作台工作面宽度(mm)×长度(mm)：320×1 325

工作台行程(mm)：

纵向(手动/机动)　700/680

横向(手动/机动)　260/240

垂向(手动/机动)　320/300

工作台进给速度范围mm/min：

纵向　23.5～1 180

横向　23.5～1 180

垂向　8～400

工作台快速移动速度(mm/min)：

纵向　2 300

横向　2 300

垂向　770

T形槽槽数/槽宽/槽距(mm)：3/18/70

主电机功率(kW)：7.5

进给电机功率(kW)：1.5

外形尺寸(mm)：2 530×1 890×2 380

机床净重(kg)：2 900

二、铣床夹具及附件

1. 通用夹具

常用铣床通用夹具为台虎钳，结构如图3.26所示。

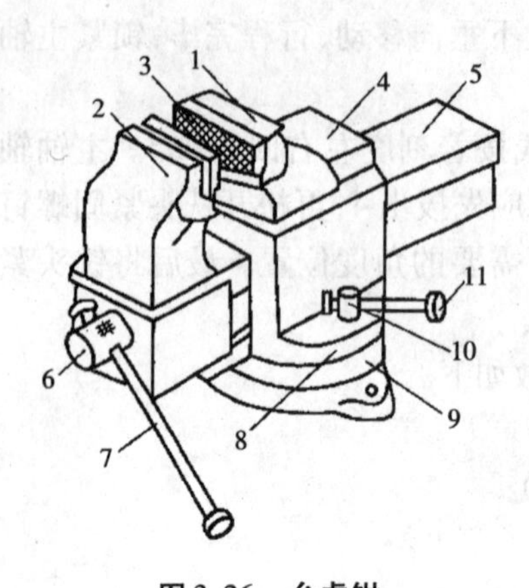

图 3.26　台虎钳

1—固定部分;2—活动部分;3—钳口铁;4—砧座;5—导轨;6—丝杠;7、11—手柄;8—转座;9—底座;10—松紧螺钉

2. 专用夹具

铣床专用夹具由以下几部分构成:夹具体、定位元件、夹紧元件、对刀元件和导向定位元件。

常见的铣床进给方式有直线进给式、圆周进给式和靠模进给式三种类型。专用夹具也因此而分为直线进给式铣床夹具、圆周进给式铣床夹具和靠模进给式铣床夹具三种类型。

1)直线进给式铣床夹具

直线进给式铣床夹具如图 3.27 所示。这类夹具安装在铣床工作台上,加工中与工作台一起按直线进给方式运动。按一次装夹工件数目的多少可将其分为单件铣夹具和多件铣夹具,在单件小批生产中多使用单件铣夹具,而在中小零件的大批量生产中多件铣夹具应用广泛。

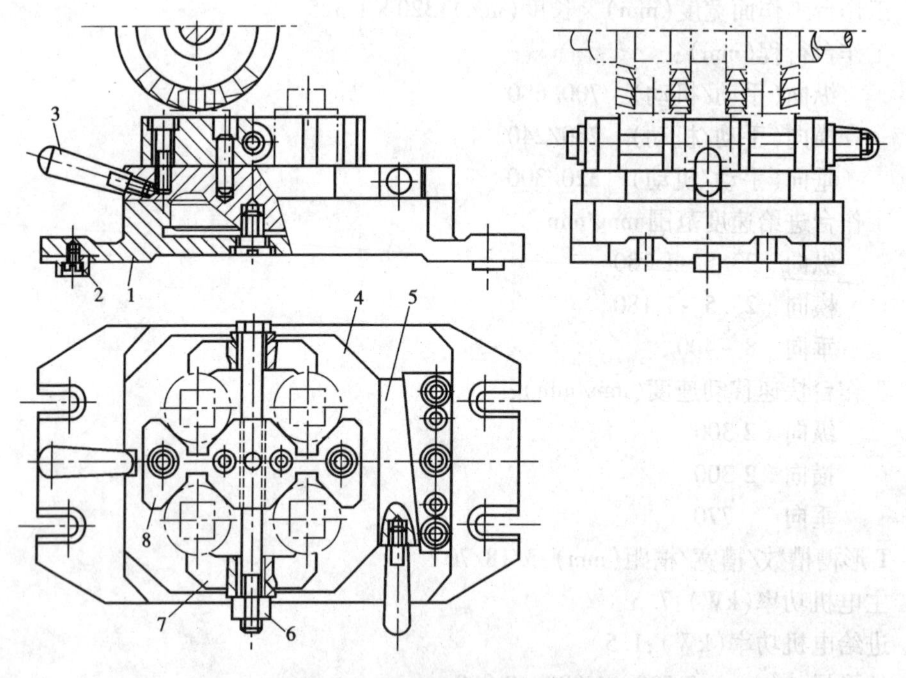

图 3.27　直线进给式铣床夹具

1—夹具体;2—定位键;3—手柄;4—回转座;5—楔块;6—螺母;7—压板;8—V 形块

2)圆周进给式铣床夹具

圆周进给式铣床夹具如图 3.28 所示。这类夹具多数安装在单轴或双轴圆盘铣床的回转工作台上。加工过程中,夹具随回转台旋转做连续的圆周进给运动。工作

台上一般有多个工位,每个工位安装一套夹具,其中一个工位是安装工件工位,另一个是拆卸工件工位,这样可以实现切削加工和装卸工件的同时进行。因此,生产效率高,适合于大批量生产中的小型零件加工。

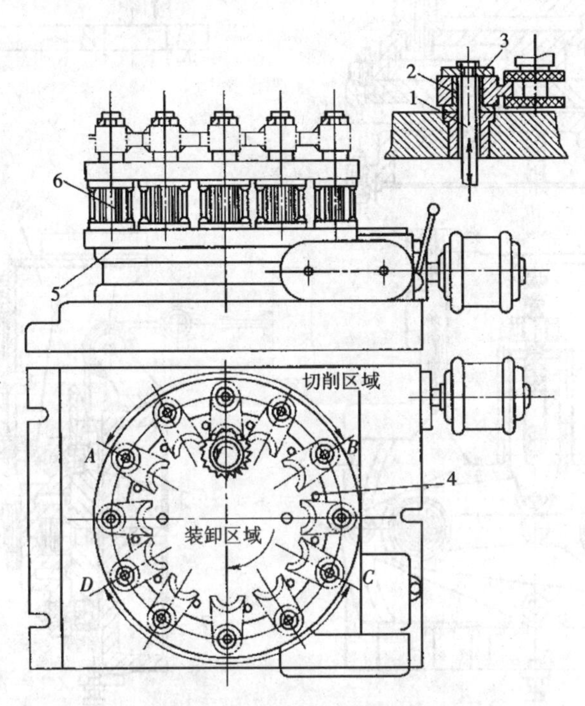

图 3.28　圆周进给式铣床夹具

1—拉杆;2—定位套;3—快换套;4—挡销;5—转台;6—液压缸

3)机械仿形进给靠模夹具

机械仿形进给靠模夹具如图 3.29 所示。这种夹具安装在卧式或立式铣床上,利用靠模使工件在进给过程中相对铣刀同时作轴向和径向直线运动来加工直纹曲面或空间曲面。它适用于中小批量的生产规模。在 2 轴、3 轴联动的数控铣床广泛应用之前,利用靠模仿形是成型曲面型腔切削加工的主要方法。靠模夹具又可以分为直线进给和圆周进给两种。

3. 铣床附件

1)万能分度头简介

分度头是铣床(特别是万能铣床)的重要附件。分度头安装在铣床工作台上,被加工工件支撑在分度头主轴顶尖与尾座顶尖之间或夹持在卡盘上,可以完成下列工作:

①使工件周期地绕自身轴线回转一定角度,完成等分或不等分的圆周分度工作,如加工方头、六角头、齿轮、花键以及刀具的等分或不等分刀齿等;

②通过配换挂轮,由分度头使工件连续转动,并与工作台的纵向进给运动相配

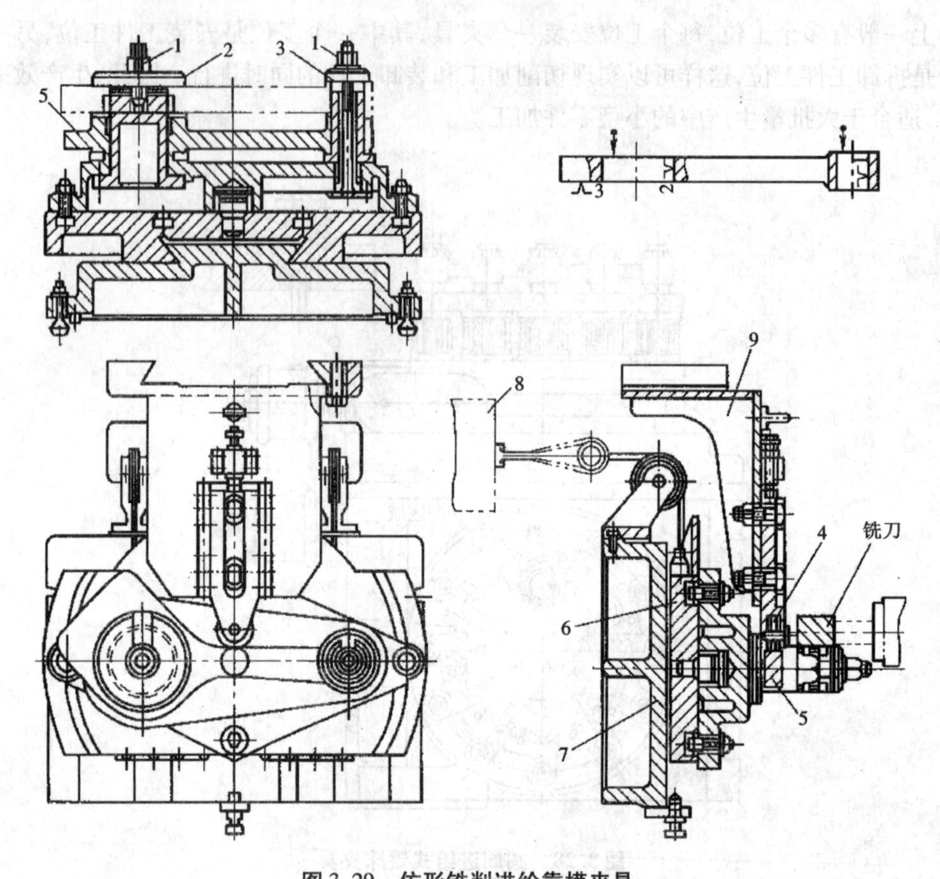

图 3.29 仿形铣削进给靠模夹具

1—螺母；2、3—开口销；4—仿形滚轮；5—靠模；6—滑板；7—燕尾座；8—悬挂重锤；9—支架

合，以加工螺旋齿轮、螺旋槽和阿基米德螺旋线凸轮等；

③用卡盘夹持工件，使工件轴线相对于铣床工作台倾斜一定的角度，以加工与工件轴线相交成一定角度的平面、沟槽等。

因此，分度头在单件、小批生产中得到了普遍应用。

分度头有直接分度头、万能分度头和光学分度头等类型，其中以万能分度头最为常用。

常见的万能分度头有 FW125、FW200、FW250、FW300 等几种，代号中 F 代表分度头，W 代表万能型，后面的数字代表最大回转直径，其单位为 mm。

图 3.30 所示为 FW125 型万能分度头的外形及其传动系统，分度头主轴 2 安装在鼓形壳体 4 内。壳体 4 用两侧的轴颈支撑在底座 8 上，并可以绕其轴线回转，使主轴在水平线以下 6°至水平线以上 95°的范围内调整所需角度；主轴前端是一圆锥通孔，可安装顶尖心轴。转动分度手柄 K，经传动比为 1∶1 的齿轮和 1∶40 的蜗杆副，可使主轴回转到所需的分度位置。分度盘 7 在若干不同的圆周上均布着不同的孔数，

每一圆周上均布的小孔称为孔圈。手柄 K 在分度时转过的转数,由插销 J 所对应的分度盘的孔数来计算。FW125 型万能分度头带有三块分度盘,可按分度需要选择其中之一。每块分度盘有 8 层圈孔。每一圈的孔数如下:

第一块:16、24、30、36、41、47、57、59;

第二块:23、25、28、33、39、43、51、61;

第三块:22、27、29、31、37、49、53、63。

插销 J 可在分度手柄 K 的长槽中沿着分度盘径向调整位置,以使插销能插入不同孔数的孔圈内。FW125 型万能分度头配备的交换齿轮的齿数值为 20、25、30、35、40、50、55、60、70、80、90、100。

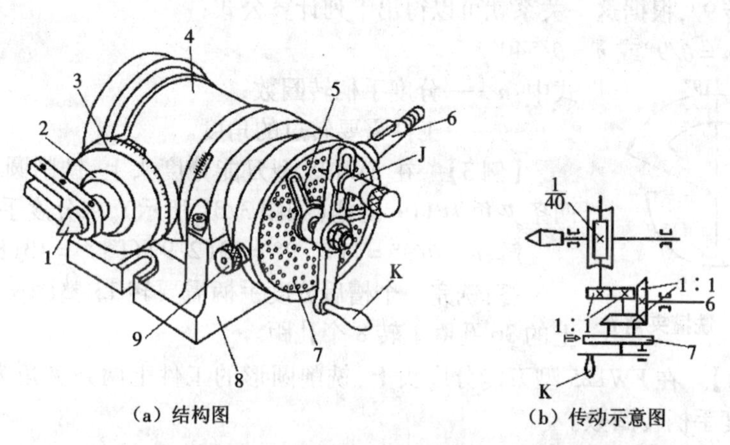

图 3.30　FW125 型万能分度头的外形及其传动系统

1—顶尖;2—分度头主轴;3—刻度盘;4—壳体;5—分度叉;6—分度头外伸轴;7—分度盘;8—底座;9—锁紧螺钉;J—插销;K—分度手柄

2)万能分度头分度方法

(1)简单分度法

图 3.30(b)所示为分度头传动系统图。分度头手柄转过 40 圈,主轴就转一转,即传动比为 1∶40,"40"称为分度头的定数。

计算公式: $1:40 = (1/Z):n$

$$n = 40/Z$$

式中:n——分度手柄转圈数;

40——分度头的定数;

Z——工件等分数(齿轮的齿数、正多边形的边数等)

当 n 不是整数而是分数时,可以通过分度盘上的孔数来分度。

【例 1】　在 FW125 型万能分度头上铣一个正八边形工件,试求每铣一边后,分度手柄的转圈数。

解:$n = 40/Z = 40/8 = 5$(圈)

答:每铣一边后分度手柄需要转5整圈。

【例2】 在FW125型万能分度头上铣一个正七边形工件,试求每铣一边后,分度手柄的转圈数。

解:$n=40/Z=40/7=5(5/7)$(圈)$=5(35/49)$(圈)

答:每铣一边后分度手柄需要转5整圈又在第三块盘上的49孔圈上转35个孔距。

(2)角度分度法

角度分度法是以工件所需要转过的角度θ作为计算依据的。从分度头的结构可知,分度手柄转40圈,分度头主轴带动工件转一圈,即360°。所以,分度头手柄转一圈,工件转9°,根据这一关系就可以得出下列计算公式:

$$n=\theta/9^\circ \text{或} n=\theta/540'$$

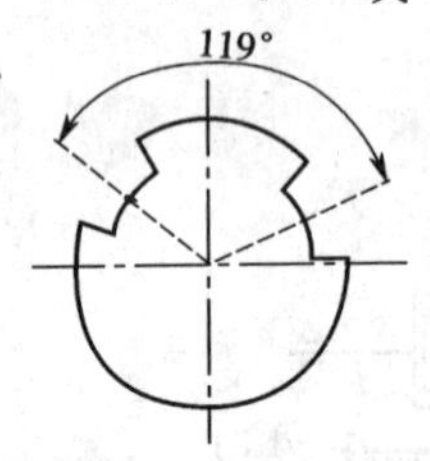

图3.31 铣槽夹角θ

式中:n——分度手柄转圈数;

θ——工件需要转过的角度。

【例3】 在FW125型万能分度头上,铣削圆形的工件上两条夹角为119°的槽(如图3.31所示),求分度手柄转圈数。

解:$n=\theta/9^\circ=119^\circ/9^\circ=13(2/9)$(圈)$=13(8/36)$(圈)

答:铣完一个槽后分度手柄需要转13整圈又在第一块盘上的36孔圈上转8个孔距。

【例4】 在FW125型万能分度头上,铣削圆形的工件上两条夹角为119°20′的槽,求分度手柄转圈数。

解:
$$\begin{aligned} n=\theta/9^\circ &= 119^\circ20'/9^\circ \\ &= (117^\circ+2^\circ20')/9^\circ \\ &= (117^\circ/9^\circ+140'/540') \\ &= 13(7/27)\text{(圈)} \end{aligned}$$

答:铣完一个槽后分度手柄需要转13整圈又在第三块盘上的27孔圈上转7个孔距。

(3)差动分度法

当用简单分度法不能满足工作所需等分时,可利用差动分度。差动分度可达到任意等分。

差动分度时,应将分度盘刹紧手柄与分段盘脱开,在主轴后锥孔上插上心轴.在心轴上装上交换齿轮,通过挂轮上的交换齿轮与挂轮轴联系在一起,当转动分度手柄带动主轴旋转时,就会通过主轴后端心轴交换齿轮使挂轮轴转动,从而带动分度盘产生转动来补偿工件所需等分与假定等分在角度上的差值。

差动分度调整计算公式如下:

手柄转数:$n=40/Z$

挂轮转动比:$\dfrac{Z_1}{Z_2}\times\dfrac{Z_3}{Z_4}=\dfrac{40(Z_0-Z)}{Z_0}$

式中:Z——工件所需等分数。

Z_0为假定等分数(Z_0接近于Z,且Z_0利用简单分度法进行分度);Z_1、Z_2、Z_3、Z_4为配换挂轮齿数。

当$Z_0 < Z$时配换挂轮传动比为负值,说明手柄与分度头转向相反。

当$Z_0 > Z$时配换挂轮传动比为正值,说明手柄与分度头转向相同。

若方向与上述要求不符时,可在挂轮中加上中间轮,如图3.32所示。

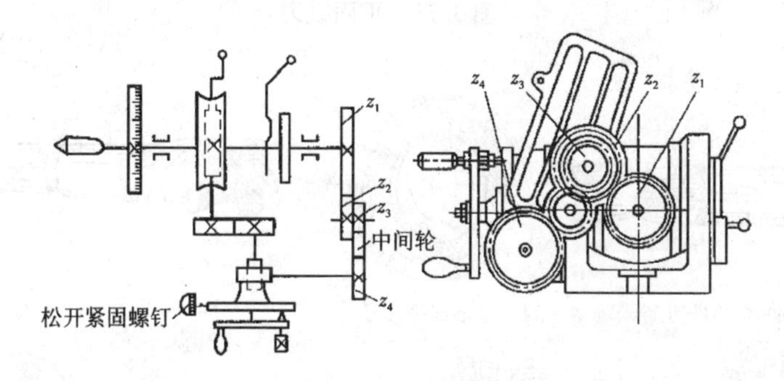

图3.32 差动分度的传动系统及配换齿轮安装

【例5】 在FW125型万能分度头上,加工109齿的圆柱齿轮,求分度手柄转圈数和配换齿轮。

解:(1)选择假想齿数$Z_0 = 105$。

(2)计算分度手柄转圈数:$n = 40/Z_0 = (40/105)$圈$= (24/63)$圈。

(3)计算配换齿轮:

$$\frac{Z_1}{Z_2} \times \frac{Z_3}{Z_4} = \frac{40(Z_0 - Z)}{Z_0}$$

$$= 40(105 - 109)/105 = -(160/105) = -(3200/2100)$$

$$= -(80 \times 40)/(70 \times 30)$$

答:铣完一个齿后分度手柄在第三块盘上的63孔圈上转24个孔距。

配换齿轮主动齿轮齿数$Z_1 = 80$,$Z_3 = 40$;被动齿轮齿数$Z_2 = 70$,$Z_4 = 30$。“-”表示分度盘和分度手柄转向相反,因为是复式分度,所以需要加一个中间轮。

三、铣 刀

1.铣刀的种类

平面铣刀如图3.33所示。圆柱铣刀主要用于卧铣,套式面铣刀用于卧铣或立铣,机夹铣刀用于立铣。

沟槽铣刀如图3.34所示。键槽铣刀、立铣刀多用于立铣加工,盘形键槽铣刀、镶齿三面刃铣刀、三面刃铣刀、错齿三面刃铣刀、锯片铣刀多用于卧铣。

成形面铣刀如图3.35所示,主要用于铣半圆面、齿轮面及其他成形面。

成形沟槽铣刀如图3.36所示,主要用于铣T形槽、燕尾槽、半圆键槽等。

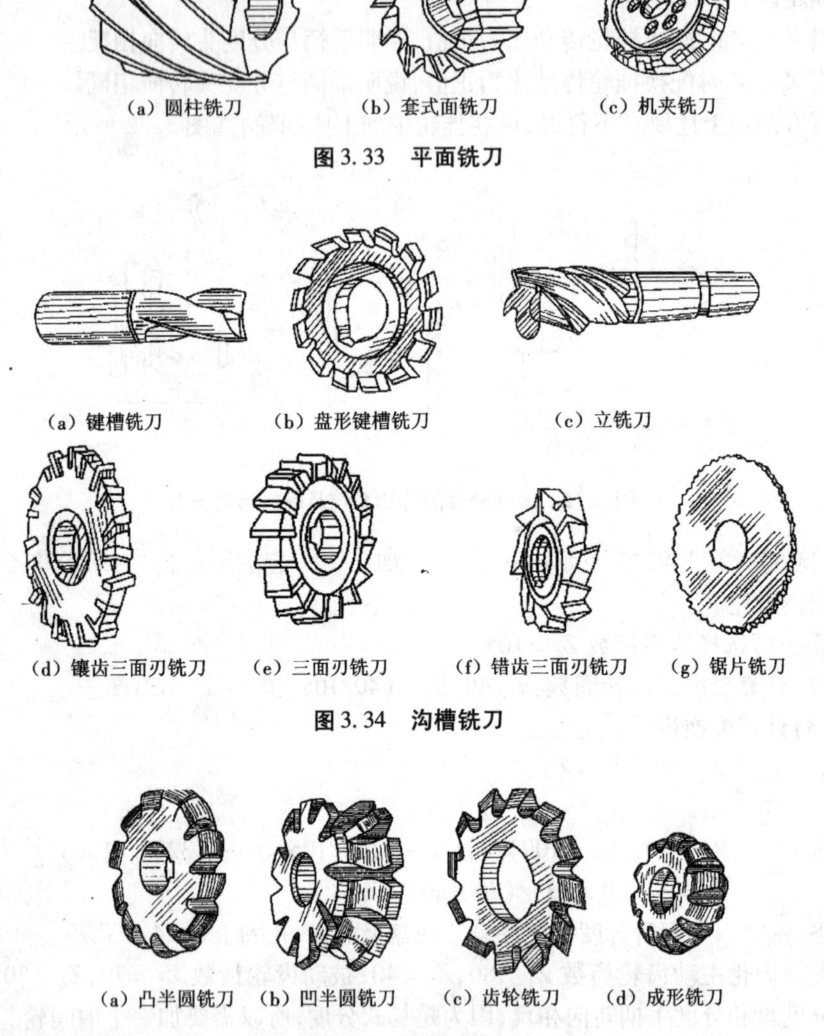

(a) 圆柱铣刀 (b) 套式面铣刀 (c) 机夹铣刀

图 3.33 平面铣刀

(a) 键槽铣刀 (b) 盘形键槽铣刀 (c) 立铣刀

(d) 镶齿三面刃铣刀 (e) 三面刃铣刀 (f) 错齿三面刃铣刀 (g) 锯片铣刀

图 3.34 沟槽铣刀

(a) 凸半圆铣刀 (b) 凹半圆铣刀 (c) 齿轮铣刀 (d) 成形铣刀

图 3.35 成形面铣刀

2. 铣刀的结构及铣削加工特点

铣刀是多刃刀具,相邻两刀齿之间有较小的空间,起到容屑、排屑的作用。

铣刀的每个刀齿相当于一把车刀,同时多齿参加切削。就其中一个刀齿而言,其加工特点与车削加工基本相同,但就整体刀具切削过程又有生产效率高的特点。

在铣削过程中,每个刀齿依次切入和切出工件,形成断续切削,易产生振动,影响加工表面质量。

对于圆柱铣刀,其主要几何角度有螺旋角、前角和后角。对于端面铣刀其主要几

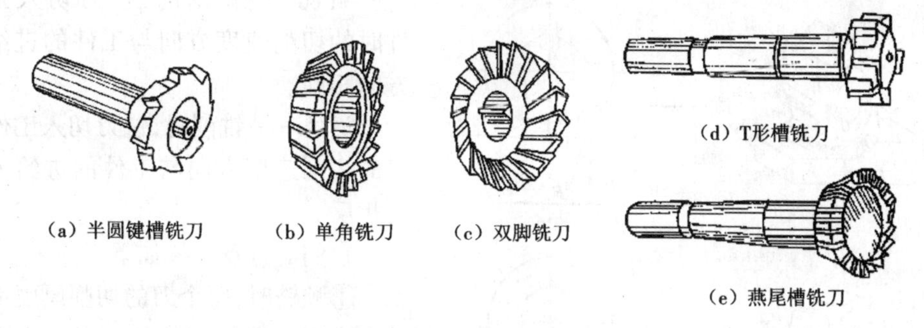
(a) 半圆键槽铣刀　(b) 单角铣刀　(c) 双脚铣刀　(d) T形槽铣刀　(e) 燕尾槽铣刀

图 3.36　成形沟槽铣刀

何角度有前角、后角、主偏角、副偏角和刃倾角。

四、工　件

铣床上可以加工的常见工件结构包括：铣平面、铣阶梯面、铣特形槽面、铣键槽、铣直通槽、铣特形槽、铣螺旋槽、铣孔、铣齿轮、铣离合器、切断等，如图 3.2 所示。

五、铣削运动、铣削方式及铣削要素

1. 铣削运动

图 3.37 所示为卧铣及立铣运动，主要包括主运动和进给运动。

主运动：铣刀的旋转是主运动。

进给运动：铣刀或工件沿坐标方向的直线运动或回转运动是进给运动。

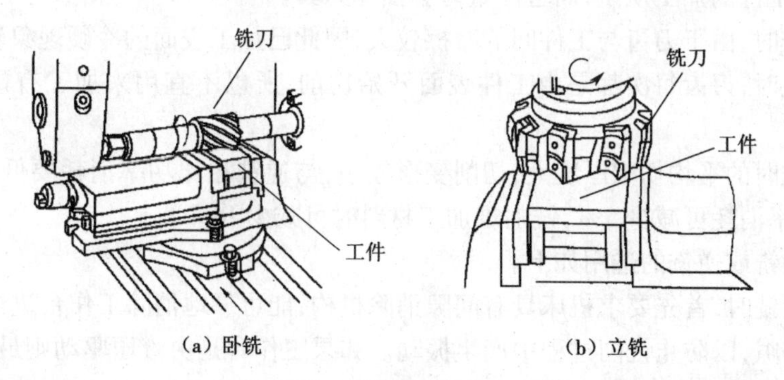

(a) 卧铣　(b) 立铣

图 3.37　铣削运动

2. 铣削方式

下面分别介绍周边铣与端面铣这两种铣削方式。

1) 周边铣

周边铣是利用分布在铣刀圆柱面上的刀刃来铣削并形成平面的铣削方法。周边铣适用于加工宽度 <120 mm 的较窄平面。被加工平面的平面度主要取决于铣刀的圆柱度。其铣削方式分为顺铣和逆铣，如图 3.38 所示。

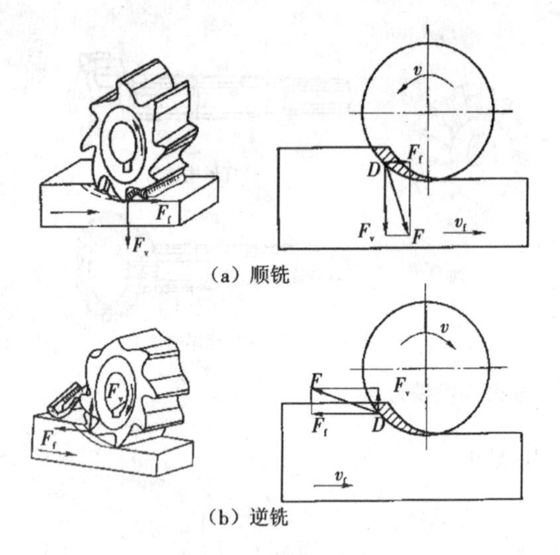

图 3.38　顺铣和逆铣

顺铣——铣削时,铣刀切入工件时的切削速度方向与工件的进给方向相同。

逆铣——铣削时,铣刀切入工件时的切削速度方向与工件的进给方向相反。

它们的特点介绍如下。

①顺铣时,每个刀的切削厚度都是由小到大逐渐变化的。当刀齿刚与工作面接触时,切削厚度为零,只有当刀齿在前一刀齿留下的切削表面上滑过一段距离,切削厚度达到一定数值后,刀齿才真正开始切削。顺铣使得切削厚度是由大到小逐渐变化的,刀齿在切削表面上的滑动距离很小。顺铣时刀齿在工件上经过的路程比逆铣短。因此,在相同的切削条件下,采用逆铣刀具易磨损。

②逆铣时,由于铣刀作用在工件上的水平切削力方向与工作进给运动方向相反,所以工作台丝杠与螺母能始终保持与螺纹的一个侧面紧密贴合。而顺铣时则不然,由于水平铣削力的方向与工作进给运动方向一致,当刀齿对工件的作用力较大时,由于工作台丝杠与螺母间存在间隙,工作台会产生窜动,这样不仅破坏了切削过程的平稳性,影响工件的加工质量,而且严重时会损坏刀具。

③逆铣时,由于刀齿与工件间的摩擦较大,因此已加工表面的冷硬现象较严重。

④顺铣时,刀齿每次都是由工件表面开始切削,所以不宜用来加工有硬皮的工件。

⑤顺铣时的平均切削厚度大,切削变形较小,与逆铣相比功率消耗要低些(铣削碳钢时,功率消耗可减少5%,铣削难加工材料时可减少14%)。

关于顺铣或逆铣的选用如下。

采用顺铣时,首先要求机床具有间隙消除机构,能可靠地消除工作台进给丝杠与螺母间的间隙,以防止铣削过程中产生振动。如果工作台是由液压驱动则最为理想。其次,要求工件毛坯表面没有硬皮,工艺系统要有足够的刚性。如果以上条件能够满足,应尽量采用顺铣。特别是对难加工材料,采用顺铣可以减少切削变形,降低切削力和功率。在无丝杠螺母间隙自除装置的铣床上宜采用逆铣。

2)端面铣

图3.39所示为端面铣,它是利用铣刀端面齿刃进行铣削。工件平面度取决于铣床主轴轴线与进给方向的垂直度。端面铣削有以下三种铣削方式,如图3.40(a)、(b)、(c)所示:

对称铣削——工件处于铣刀中间，逆铣和顺铣各占一半；

不对称逆铣——铣刀轴线偏置于工件一侧，且逆铣部分大于顺铣部分；

不对称顺铣——铣刀轴线偏置于工件一侧，且顺铣部分大于逆铣部分。

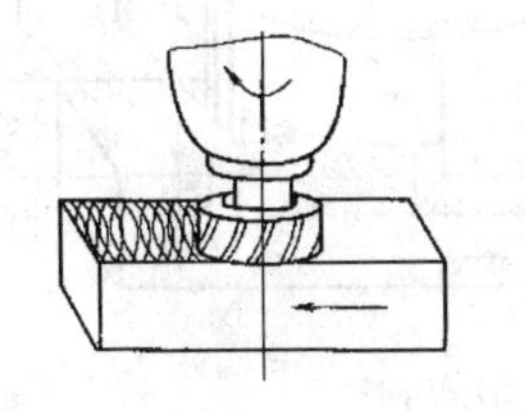
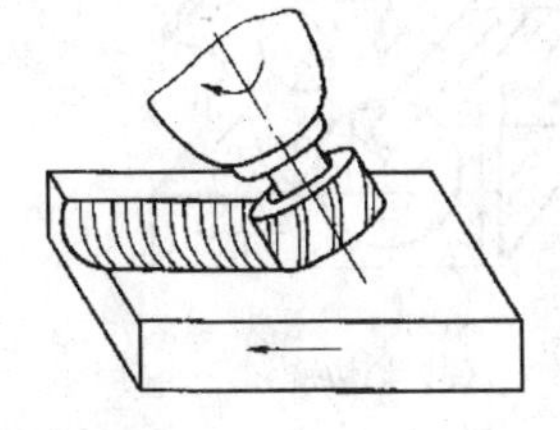

图 3.39　端面铣削

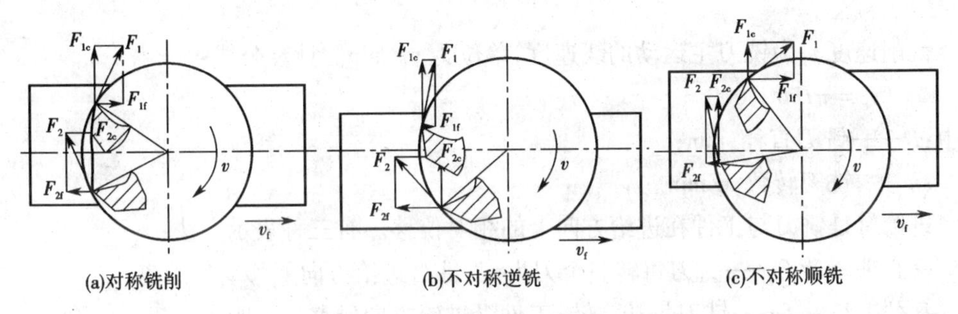

图 3.40　端面铣削三种形式

周边铣和端面铣的比较如下。

①端面铣削时，刀杆刚性好，刀片装夹方便，适用于高速铣削和强力铣削，能显著提高生产率，减小表面粗糙度值。

②端铣刀的刃磨要求较圆柱形铣刀低。端铣刀各个刀齿刃磨的高低不齐或在半径方向上出入不等，只对铣削加工的平稳性和表面粗糙度值有影响，而对平面的平面度没有影响。

③用端面铣削获得的平面只可能是凹面，一般情况下，大多数平面都是只允许凹，不允许凸；而周边铣削获得的平面，凸、凹都可能产生。

④周边铣削平面的表面粗糙度值较小，并且吃刀量较大。

3. 铣削要素

铣削加工应用的是相切法成形原理，用多刃回转体刀具在工件表面上进行切削的加工方法。铣削时，铣刀相邻的两个刀齿在工件上先后形成的两个加工表面之间的一层金属称为切削层。铣削时切削用量决定切削层的形状与尺寸。切削层的形状与尺寸对切削过程有很大的影响。

1）铣削用量

如图 3.41 所示，铣削用量由切削速度、进给量、侧吃刀量和背吃刀量四要素组成。粗加工应优先采用较大的侧吃刀量或背吃刀量，其次是加大进给量，最后才是根据刀具耐用度的要求选择适宜的切削速度。而精加工时必须采用较小的进给量。

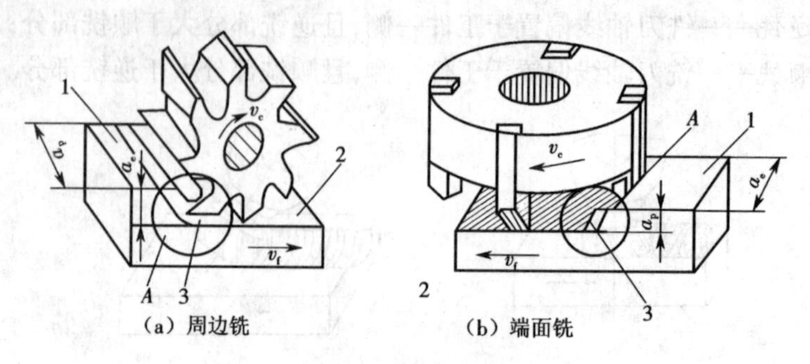

图 3.41 铣削用量

1—待加工表面;2—已加工表面;3—过渡表面

铣削速度 v_c 为铣刀主运动的线速度,单位为 m/min。计算公式:

$$v_c = \pi Dn/1\ 000$$

式中:D——铣刀直径,mm;

n——铣刀转数,r/min。

进给量是铣刀与工件在进给方向上的相对位移。有三种表示方法:

每齿进给量 f_z——铣刀每转一个刀齿,工件沿进给方向所移动的距离;

每转进给量 f——铣刀每转一转,工件沿进给方向所移动的距离;

进给速度 v_f——铣刀旋转一分钟,工件沿进给方向所移动的等距离。

三者之间的关系为:

$$v_f = fn = f_z \cdot z \cdot n$$

侧吃刀量(a_e)是指平行于工作平面并垂直于切削刃基点的进给运动方向上测量的吃刀量。

背吃刀量(a_p)是指通过切削刃基点并垂直于工作平面的方向上测量的吃刀量。

注意:铣削时,应该根据工件材料、铣刀切削部分材料、加工阶段等因素确定铣削速度。

【例 6】 用一把直径 $D_0 = 36$ mm,齿数 $z = 4$ 的立铣刀,在 X5032 立式铣床上铣削工件。采用 $f_z = 0.04$ mm,$v_c = 20$ m/min,求铣床的转数(n)和进给速度(v_f)。

解:根据题中所给条件,代入公式 $v_c = \pi D_0 n/1\ 000$

$n = 1\ 000\ v_c/\pi D_0 = 1\ 000 \times 20$ m/min/3.14 × 36 mm = 178 r/min(实际铣床铭牌为 150 r/min)

$v_f = f_z \cdot z \cdot n = 0.04$ mm × 4 × 178 r/min = 28 m/min(实际铣床铭牌为 23.5 m/min)

当计算所得数值与铣床铭牌上所标数值不符时,可取与计算数值最接近的铭牌数值。若数值处于铭牌上两个数值中间,应取小的数值。

2)铣削层参数

如图 3.42 所示,铣削层参数决定了圆周铣削和端面铣削时的切削层形状,它包括铣削厚度 a_c、铣削宽度 a_w 和铣削层横截面积 A_c。

铣削厚度 a_c——由铣刀上相邻两个刀齿主切削刃形成的过渡表面间的垂直距离。铣削厚度在每一瞬间大小是变化的。

铣削宽度 a_w——主切削刃参加工作的长度。

铣削层面积 A_c——铣刀每齿的铣削层面积是铣削宽度和铣削厚度的乘积。铣刀有几个刀齿同时参加切削,铣削层面积就是这几个刀齿的铣削面积之和。

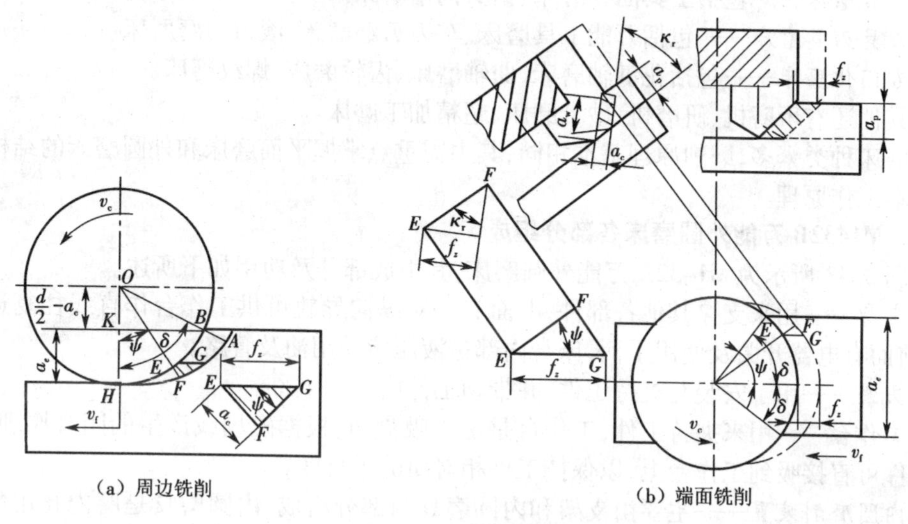

图 3.42　铣削层参数

学习任务三　磨削加工工艺系统

磨削加工是指用磨具对工件进行切削,使其在精度、粗糙度以及形状和尺寸等方面都合乎图纸要求,这个加工过程就称为磨削加工。

磨削加工的特点如下:

①能使工件获得较高的加工精度和较低的表面粗糙度,精度可达 IT6 ~ IT4,表面粗糙度 R_a 0.02 ~ 1.25 μm。

②不但可以加工一般材料的工件,而且能够加工高硬度材料的工件,如淬硬钢、硬质合金和各种宝石等。

③加工温度较高,磨削时的温度可达 1 000 ℃左右,故在磨削时需要大量冷却液。

磨削加工工艺系统由磨床、磨床夹具、磨具和工件组成。

一、磨 床

1. 磨床的种类

磨床有下述数种类型。

平面磨床——包括卧轴矩台平面磨床、立轴矩台平面磨床、卧轴圆台平面磨床、立轴圆台平面磨床。

外圆磨床——包括万能外圆磨床、普通外圆磨床、无心外圆磨床。

内圆磨床——包括普通内圆磨床、无心内圆磨床、行星内圆磨床。

工具磨床——包括工具曲线磨床、钻头沟槽磨床。

刀具刃具磨床——包括万能工具磨床、车刀刃磨磨床、滚刀刃磨磨床。

专门化磨床——包括花键轴磨床、曲轴磨床、齿轮磨床、螺纹磨床。

其他还有珩磨机、研磨机、砂带磨床、超精加工磨床。

磨床种类繁多,磨削原理基本相同,其中需重点掌握平面磨床和外圆磨床的结构及基本工作原理。

2. M1432B 万能外圆磨床各部分组成

图 3.43 所示为 M1432B 万能外圆磨床,其组成部分及功用如下所述。

床身——用来支撑其他各部件,上面有一对纵向导轨可供工作台作直线往复运动,前面有电器开关及使用手柄,床身内部是液压传动用油及管路。

头架——用于安装与夹持工件,并带动工件旋转。

工作台——用来夹持工件,工作台是磁力吸盘,它根据磁场线产生的闭合原理,把工件可直接吸到工作台上,以保持工件相对面的平行度。

内圆磨削装置——主要由支架和内圆磨具两部分组成,内圆磨具是磨内孔用的砂轮主轴部件,为独立部件,安装在支架的孔中,可以方便地进行更换,通常每台磨床设备有几套尺寸与极限工作转数不同的内圆磨具。

砂轮架——用于支撑并传动高速旋转的砂轮主轴,当需要磨削短锥面时,它可以在水平面内调整至一定的角度(±30°)。

尾座——和顶尖一起支撑工件。

脚踏板——用来临时制动作用。

二、磨床夹具

对于外圆磨床,工件是用双顶尖定位,并且附加鸡心夹和拨盘;对于平面磨,是利用电磁吸盘将工件或装夹工作的夹具吸附在工作台上。

三、磨 具

凡是在加工中起到磨削、研磨、抛光作用的工具统称为磨具。

磨具分为固结式、涂覆式和膏体式三种。

1. 磨具种类

磨具分为固结式、涂覆式和膏体式三种。

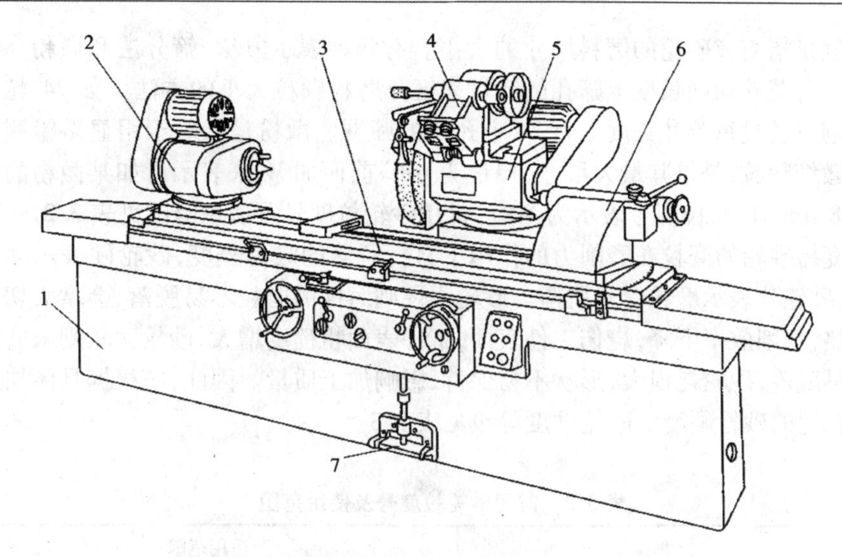

图 3.43　M1432B 万能外圆磨床的外形及主要部件

1—床身;2—头架;3—工作台;4—内圆磨削装置;5—砂轮架;6—尾座;7—脚踏板

固结式——包括砂轮、油石、砂瓦、磨头、抛磨块等。

涂覆式——包括砂布、砂纸、砂带等。

膏体式——主要是研磨膏。

2. 砂轮的特性

砂轮由磨料和结合剂组成。图 3.44 所示为砂轮的组成及磨削过程。

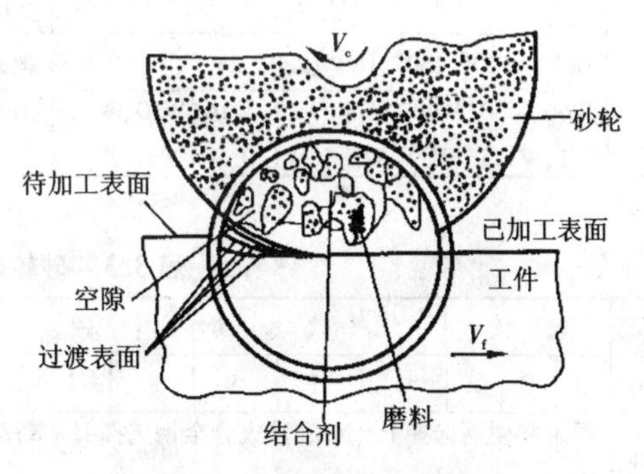

图 3.44　砂轮的组成及磨削过程

磨料是指组成砂轮的基本原料,磨料在磨削过程中要经过剧烈的挤压、摩擦及高温的作用。普通砂轮常用磨料有刚玉和碳化硅。表 3.1 中列出了常用磨料的性能及使用范围。

表 3.1　砂轮组成要素、代号、性能及使用范围

磨料名称		代　号	主要成分	颜　色	力学性能	热稳定性	适用范围
刚玉类	棕刚玉	A	Al_2O_3:95% TiO_2:2% ~3%	褐色	韧性好 硬度大	2 100 ℃熔融	碳钢、合金钢、铸铁
	白刚玉	WA	Al_2O_3: >99%	白色			淬火钢、高速钢
碳化硅类	黑碳化硅	C	SiC: >95%	黑色		>1 500 ℃ 氧化	铸铁、黄铜、非金属材料
	绿碳化硅	GC	SiC: >99%	绿色			硬质合金
高硬磨料类	氮化硼	CBN	立方氮化硼	黑色		<1 300 ℃稳定	硬质合金、高速钢
	人造金刚石	D	碳结晶体	乳白色	高硬度 高强度	>700 ℃石墨化	硬质合金、宝石

粒度是指组成砂轮的磨料尺寸的大小。有两种表示方法:筛分法和微粉。筛分法是指以每英寸筛网长度上筛孔的数目来区分磨料颗粒大小的方法。如24#粒度表示磨粒刚可通过每英寸长度上有24个孔眼的筛网。微粉是指对于用显微镜测量来区分的微细颗粒,是以其最大尺寸(单位为μm)前面加W来表示。如某微粉的实际尺寸为8 μm时,其粒度号表示为W8。常用砂轮粒度号及适用范围见表3.2。

硬度指砂轮的磨粒在磨削力的作用下自行脱落的难易程度,砂轮硬表示磨粒难以脱落,砂轮软表示磨粒容易脱落。砂轮太硬则磨钝的磨粒不易脱落,会增大切削力和切削热,切削效率下降,烧伤工件表面,工件表面粗糙度增大;砂轮太软则未磨钝的磨粒过早脱落,砂轮耗损大,形状不易保持,影响加工质量。因此,应根据具体加工情况选择合适的砂轮硬度。砂轮硬度等级见表3.3。

表3.2 常用砂轮粒度号及使用范围

类别	粒度号		适用范围
磨粒	粗粒	8#、10#、12#、14#、16#、20#、22#、24#	荒磨
	中粒	30#、36#、40#、46#	一般磨削表面表面粗糙度为 R_a 0.8 μm
	细粒	54#、60#、70#、80#、90#、100#	半精磨、精磨和成形磨。磨削表面表面粗糙度为 R_a0.1~0.8 μm
	微粒	120#、150#、180#、220#、240#、	精磨、精密磨、超精磨、成形磨、刀具刃磨、珩磨
微粉	W60、W50、W40、W28、W20、W14、W10、W7、W5、W3.5、W2.5、W1.5、W1.0、W0.5		精磨、精密磨、超精磨、珩磨、螺纹磨、镜面磨、精研。磨削表面表面粗糙度为 R_a 0.05~0.1 μm

表3.3 砂轮硬度等级

等级	超软			软			中软		中		中硬			硬		超硬
代号	D	E	F	G	H	J	K	L	M	N	P	Q	R	S	T	Y
选择	磨未淬硬钢选择L~N;磨淬火合金钢选择H~K;磨高表面质量时选择K~L;刃磨硬质合金刀具选择H~L															

结合剂是把分散的磨粒黏结在一起的物质,常用的结合剂有陶瓷、橡胶、树脂、和青铜。结合剂的分类、性能及适用范围见表3.4。

表3.4 常用结合剂的性能及使用范围

结合剂	代号	性能	使用范围
陶瓷	V	耐热、耐蚀、气孔率大,易保持廓形,弹性差	最常用,适用于各种磨削加工
橡胶	R	强度较树脂高,更有弹性,气孔率小,耐热差	适用于切断、开槽及无心磨的导轮
树脂	B	强度较陶瓷高,弹性好,耐热差	适用于高速磨削、切断、开槽等
青铜	Q	强度最高,导电性好,磨耗少,自锐性差	适用于金刚石砂轮

砂轮组织是磨粒、结合剂、气孔三者体积的比例关系。它反映砂轮结构的松紧程度。根据磨料在砂轮中占的体积百分比(称为磨粒率),砂轮可分为0~14组织号(见表3.5)。组织号由小到大,磨粒率由大到小,气孔率由小到大。组织号大则砂轮不易堵塞,切削液和空气容易带入切削区域,可降低磨削区域的温度,减少工件的热变形和烧伤,还可以提高磨削效率。但组织号大,不易保持砂轮的轮廓形状,影响磨削工件的精度和表面粗糙度。

表3.5　砂轮的组织号

组织号	0	1	2	3	4	5	6	7	8	9	10	11	12	13	14
磨粒率/%	62	60	58	56	54	52	50	48	46	44	42	40	38	36	34

3.砂轮标记含义

在砂轮的端面上印有砂轮的标志,其顺序是:形状、尺寸、磨料、粒度号、硬度、组织号、结合剂和允许的最高线速度。

【例7】　PSA　400×50×203　A 60L 5B 35 含义如下:

PSA——双面凹砂轮;

400×50×203——外径×厚或宽度×内孔径;

A——棕钢玉砂轮;

60——粒度60#;

L——硬度中软;

5——5号组织;

B——树脂结合剂;

35——砂轮线速度,m/s。

4.常见砂轮的形状

常见砂轮形状如表3.6所示。

表3.6　砂轮形状

名　称	砂轮断面图	用　途	名　称	砂轮断面图	用　途
平行砂轮(P)		用于内、外圆,平面,无心,刃磨,螺纹磨削	单面凹带锥砂轮(PZA)		磨外圆和端面
双边一号砂轮(PSX_1)		用于齿轮齿面、单线螺纹磨削	双面凹带锥砂轮(PSZA)		磨外圆和二端面

续表

名　称	砂轮断面图	用　途	名　称	砂轮断面图	用　途
双边二号砂轮(PSX_2)		用于外圆单面磨削	薄片砂轮(PB)		用于切断、开槽
单斜边一号砂轮(PDX_1)		45°单斜边砂轮多用于磨削各种锯齿	筒形砂轮(N)		用于端面平磨
单斜边二号砂轮(PDX_2)		小角度单斜边砂轮多用于刃磨铣刀、铰刀、插齿刀	杯形砂轮(B)		用于端面平磨、刃磨刀具后刀面
单面凹砂轮(PDA)		多用于内圆磨削，外径较大者用于外圆磨削	碗形砂轮(BW)		用于端面平磨、刃磨刀具后刀面
双面凹砂轮(PSA)		主要用于外圆磨削和刃磨刀具，还用做无心磨的导轮磨削轮	碟形砂轮(D_1)		刃磨刀具前刀面

四、工　件

磨床加工范围：有内外圆柱面、平面、成形面、花键轴、螺旋面、齿轮、机床导轨等。

五、磨削过程的划分

如图3.45所示，磨削过程是由磨具上无数个磨粒的微切削刃对工件表面的微切削过程构成的。单个磨粒的典型磨削过程可以分为以下三个区。

(1)滑擦区

磨粒切削刃开始与工件接触，切削厚度由零逐渐增大。由于磨粒具有绝对值很大的负前角和切削刃钝圆半径，所以磨粒并没有开始切削工件，而是滑擦而过，工件仅产生弹性变形。在滑擦区会产生大量的热，使工件温度升高。

(2)耕犁区

当磨粒继续切入工件，磨粒作用在工件上的法向力增加到一定值时，工件表面产生塑性变形受到挤压的金属向两边塑性流动，在工件表面出现耕犁出沟槽。

(3)切削区

随着磨粒的继续切入，切削厚度不断增大，当其达到临界值时，被磨粒挤压的金属材料产生剪切滑移而形成切屑，这一阶段以切削作用为主。

六、磨削阶段的特点

如图3.46所示，磨削时由于径向分力的作用，使磨削时工艺系统在工件径向产

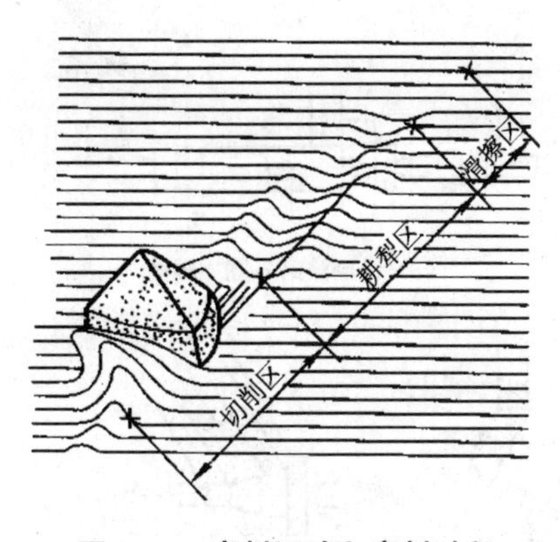

图 3.45　磨削运动和磨削过程

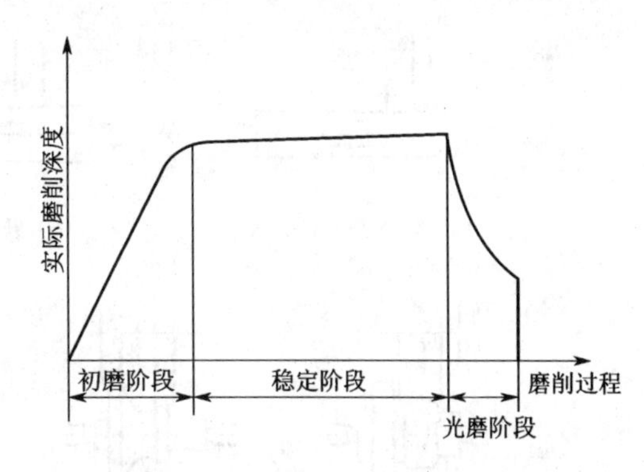

图 3.46　磨削过程的三个阶段

生弹性变形,实际磨削深度与每次的径向进给量有所差别。实际的磨削过程可以分为以下三个阶段。

(1)初磨阶段

在砂轮最初的几次进给中,由于工艺系统的弹性变形,实际磨削深度比磨床刻度所显示的径向进给量要小。工艺系统刚性越差,此阶段越长。

(2)稳定阶段

随着进给次数的增加,当弹性变形抗力增加到等于径向磨削力时,实际磨削深度等于磨床刻度所显示的径向进给量,此时进入稳定切削。

(3)光磨阶段

当磨削余量即将完成时,径向进给运动停止。由于工艺系统的弹性变形逐渐恢复,实际径向进给量并不为 0,而是逐渐减小。因此,在无切入情况下,增加进给次数,磨削深度逐渐趋于 0,磨削火花逐渐消失,工件的精度和表面质量逐渐提高。

因此,在开始磨削时,可以采用较大的径向进给量,缩短初磨和稳定阶段以提高生产效率;适当增长光磨时间,可更好地提高工件表面质量。

七、常见的磨削类型及磨削运动

常见的磨削类型及磨削运动如图 3.47、图 3.48、图 3.49 和图 3.50 所示。

1. 外圆磨

外圆磨是用砂轮外圆来磨削工件回转外表面的磨削方法,包括外圆柱面、外圆锥面、端面、球面和特殊形状的外表面。

(1)主运动

磨削中,砂轮的高速旋转运动为主运动,砂轮的速度为砂轮外圆的线速度。

(2)进给运动

进给运动包括 3 种。

工件的圆周进给运动——工件外圆的线速度。

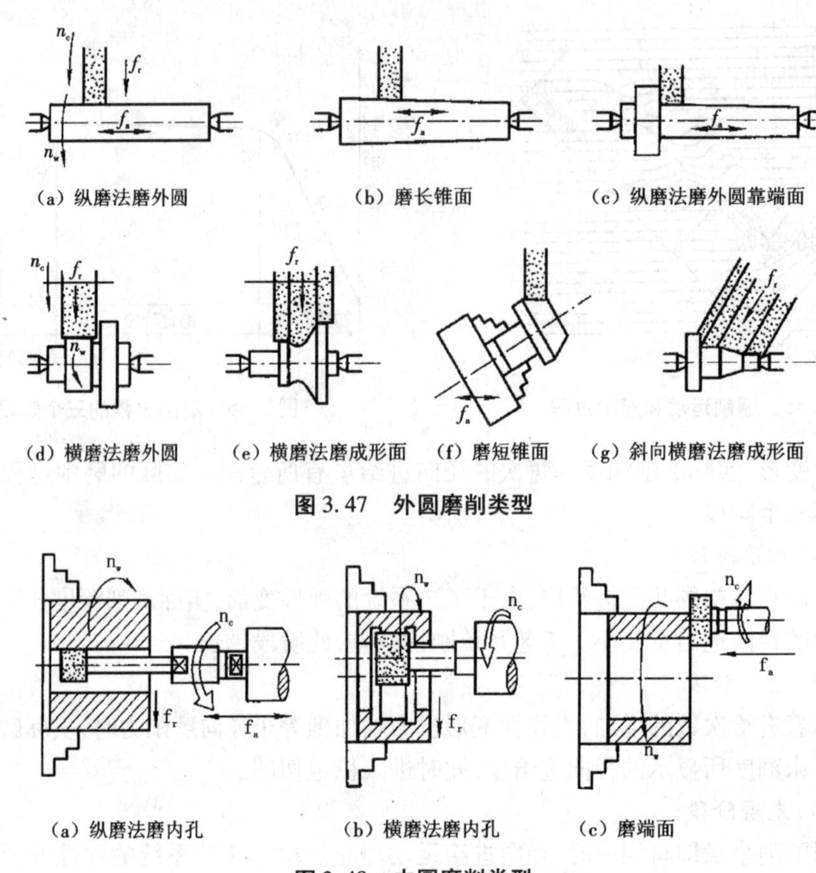

图 3.47 外圆磨削类型

图 3.48 内圆磨削类型

轴向进给运动——工件转一周沿轴线方向相对砂轮移动的距离。

砂轮相对工件的径向进给运动——砂轮相对工件在工作台每双(单)行程内径向移动距离。

2. 内圆磨

内圆磨是用砂轮外圆来磨削工件回转内表面的磨削方法,包括圆柱孔、圆锥孔、端面等。有些普通内圆磨床上备有专门的端面磨装置,可以在一次装夹中完成内孔和端面的磨削,容易保证内孔和端面的垂直度,提高生产效率。

(1)主运动

磨削中,砂轮的高速旋转运动为主运动,砂轮的速度为砂轮外圆的线速度。

(2)进给运动

工件的圆周进给运动——工件外圆的线速度。

轴向进给运动、砂轮相对工件的径向进给运动与外圆磨一样。

3. 平面磨

平面磨是用砂轮外圆或端面来磨削工件平面表面的磨削方法。

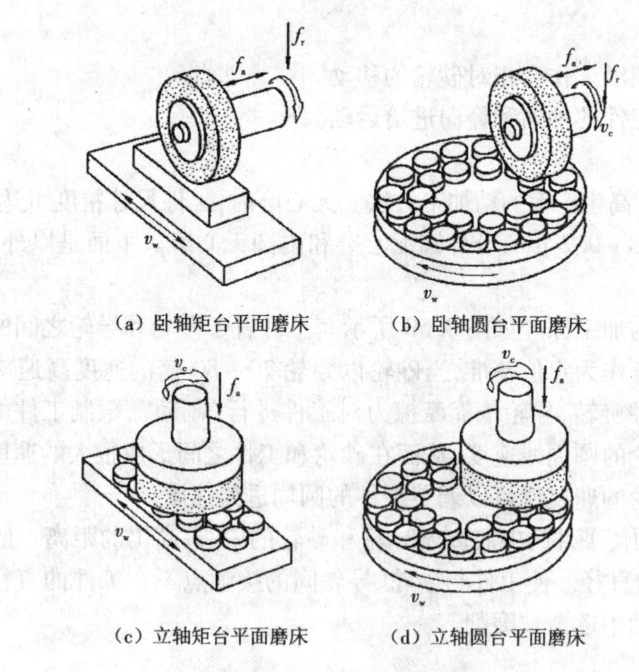

图 3.49　平面磨削加工方法

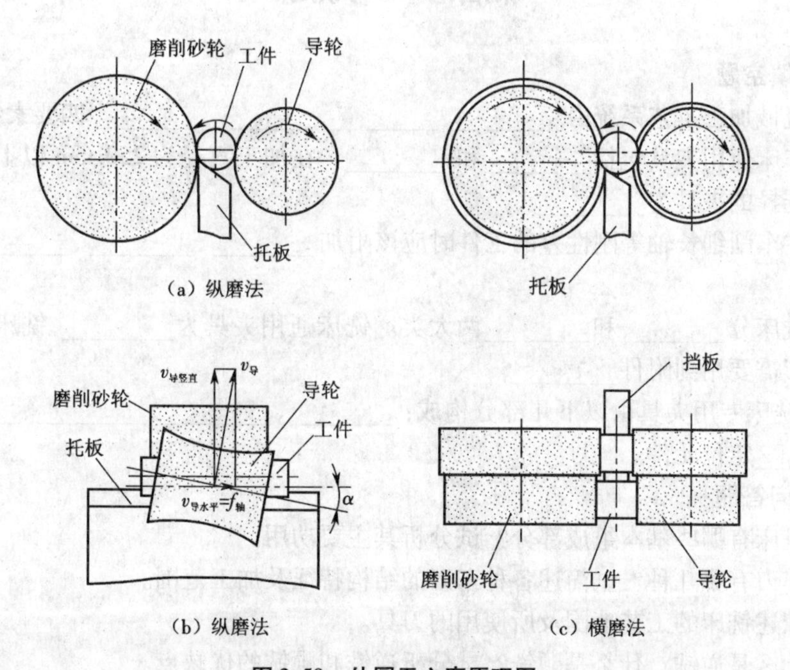

图 3.50　外圆无心磨原理图

(1) 主运动

磨削中，砂轮的高速旋转运动为主运动，砂轮的速度为砂轮外圆的线速度。

(2)进给运动

①工件回转或沿工作台相对砂轮的移动。

②砂轮相对工件的轴向和径向进给运动。

4. 无心磨

无心磨是一种高生产率的精加工方法。无心磨时,工件尺寸精度可达 IT6 ~ IT7 ,表面粗糙度 R_a 0. 8 ~0. 2 μm,分外圆无心磨和内圆无心磨。下面是以外圆无心磨为例进行介绍。

外圆无心磨的加工原理如图 3. 50 所示。工件置于砂轮和导轮之间的托板上,以被磨削的外圆本身作为定位基准,当砂轮以导轮 70 ~80 倍的速度高速旋转,通过切向磨削力带动工件旋转,导轮依靠摩擦力对工件进行"制动",限制工件的圆周速度,使之基本等于导轮的圆周线速度,从而在砂轮和工件之间形成很大的速度差,产生磨削作用。改变导轮的速度便可以调节工件的圆周进给速度。

无心磨时必须使工件的中心高于导轮和砂轮的中心,高出的距离一般为 $0.15d$ ~ $0.25d$,d 是工件的直径。使工件与砂轮、导轮间的接触点不在工件的直径线上,从而使工件在多次转动中逐渐被磨削。

课后思考与训练

一、填空题

1. 机械加工工艺系统由________、________、________、________四要素组成。

2. 车床通用夹具包括________和________。在加工直径为 250 mm 以上的工件时应该选择的夹具为________。

3. 在车削细长轴等刚性差的工件时应该附加________、________、________等车床附件。

4. 铣床分________和________两大类。铣床通用夹具为________,铣床上加工正多边形需要用到附件________。

5. 铣床专用夹具由以下几部分构成:________、________、________、________和________定位元件。

二、问答题

1. 机床有哪些基本组成部分? 试分析其主要功用。

2. 车刀有哪几种? 试简述各种车刀的结构特征及加工范围。

3. 叙述铣床的工艺范围及所使用的刀具。

4. 什么是逆铣? 什么是顺铣? 试分析逆铣和顺铣的优缺点。

5. 试以 M1432B 万能外圆磨床为例,分析机床的哪些运动是主运动? 哪些运动是进给运动?

6. 简述磨削阶段是如何划分的。

7. 砂轮由哪些要素组成？它们对砂轮的性能是如何影响的？

8. 请解释“PDA　500×50×203　A 60L 6R 40”的含义。

9. 举例说明常见的磨削类型包括哪些？

10. 铣削用量包括哪几个要素？它们之间的关系如何？

三、应用题

1. 查阅资料，指出下列机床型号的含义：C620、T6180、XK5040、M7130A、Z5130。

2. 图 3.51 所示的零件在车床上加工 $\phi30$ mm 孔时应采用哪种通用夹具？说明原因。

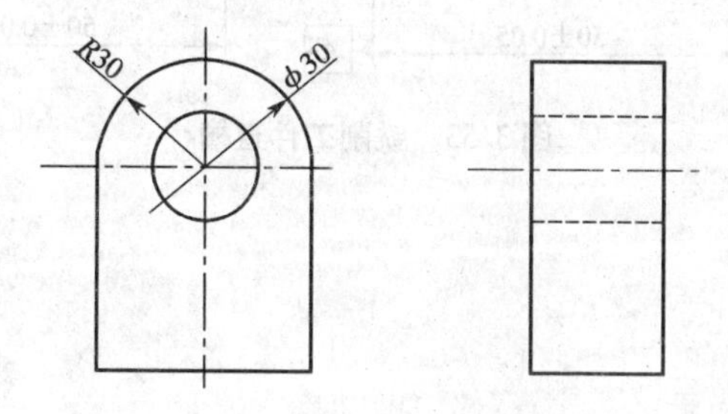

图 3.51　车削 $\phi30$ 孔

3. 在 X6132 铣床上用一把直径为 $\phi40$ mm 铣刀，以 28 m/min 的速度进行铣削，铣床主轴转速应调整到多少？

4. 在立式铣床上，加工一条宽 6 mm、长 36 mm 的封闭式 A 型普通平键键槽，设 $v_c=20$ m/min，$f_z=0.03$ mm/z，试求铣削时工作台移动的距离、主轴转数、每分钟进给速度。

5. 用 FW125 型万能分度头装夹工件铣削齿数 $z=31$ 和 $z=58$ 的直齿圆柱齿轮，试分别进行分度计算。

6. 在一直径为 $\phi50$ mm 的工件外圆上铣削两条夹角为 75°的沟槽，求分度手柄的转数。

四、拓展题

根据所学知识或查阅资料，说明铣削如图 3.52 所示工件斜面 I、II（I 和 II 对称）和如图 3.53 所示工件直槽时有几种方法？说明所用铣刀的结构。

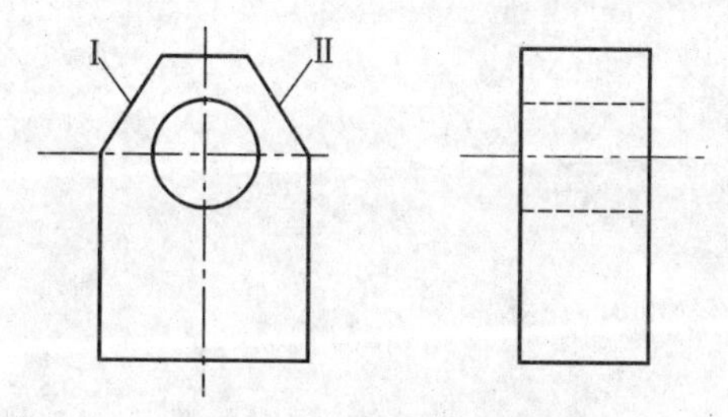

图 3.52　铣削工件斜面

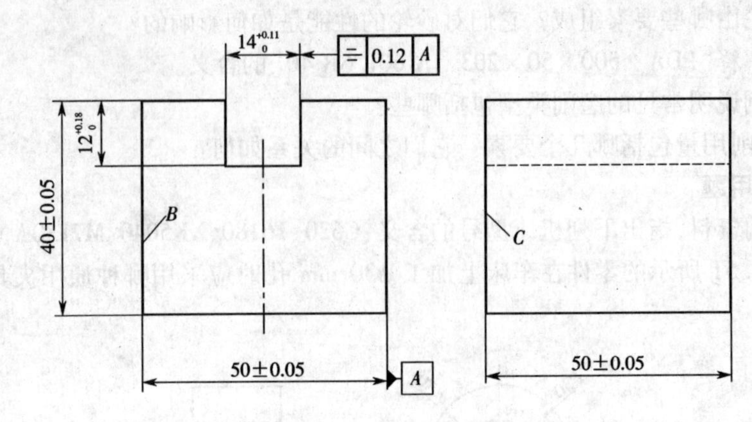

图 3.53 铣削工件直槽

单元四　典型表面的机械加工方法

教学目标

熟练掌握外圆表面的加工方法、内孔表面的加工方法、平面加工方法以及直齿圆柱齿轮齿廓表面的加工方法。

工作任务

图4.1所示为几种典型表面,这些表面的加工是机械加工方法的基础,因此必须认真学习和掌握。

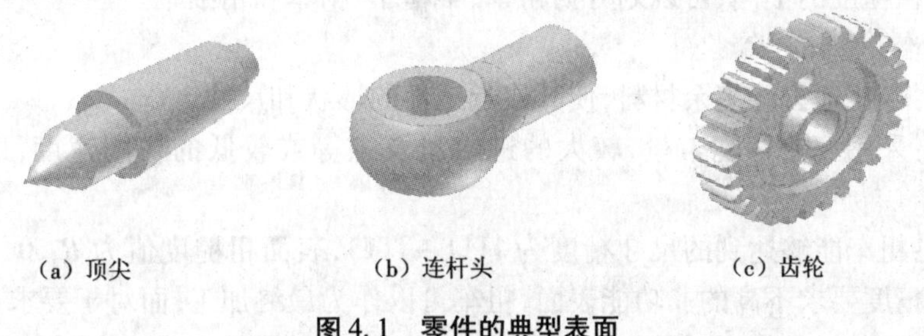

(a) 顶尖　　(b) 连杆头　　(c) 齿轮

图4.1　零件的典型表面

学习任务一　外圆表面加工方法

机械零件的表面尽管千变万化,但都可以归结为一些基本表面组合而成。最常见的基本表面有以下几种:外圆表面、内孔表面、平面、成形表面和螺纹表面。这些表面根据其在机器或部件中的作用不同,可以分为功能表面和非功能表面。功能表面与其他零件表面有配合要求,它的精度和表面质量决定机器的使用性能及寿命,设计时需要根据功能要求确定合理的精度和表面质量要求;非功能表面与其他零件表面无配合要求,它的精度和表面质量要求往往较低。

以上典型表面是通过机械加工工艺系统的主运动和进给运动来实现的,因此主运动和进给运动是实现切削加工的最基本运动。

外圆表面是轴、套、轮、盘等类零件的主要表面,这类零件在机器中占有相当大的比例。由于各种不同零件上的外圆表面或同一零件上不同部位的外圆表面所起的作用不同,技术要求也不一样,拟定的合理加工方案也就不应相同。

一、外圆表面的技术要求

外圆表面的技术要求有以下几项。

尺寸精度——指外圆表面直径和长度的尺寸精度。

形状精度——指外圆表面的圆度、圆柱度、素线和轴线的直线度。

位置精度——指外圆表面或与外圆表面或内孔表面间的同轴度、径向跳动、端面跳动;外圆表面端面垂直度或倾斜度。

表面质量——指对主要表面的表面粗糙度及表面层的物理力学性能要求。

二、外圆表面的加工方法

外圆表面最常用的切削加工方法有车削、磨削;当精度及表面质量要求很高时,还要进行光整加工。

1. 外圆表面的车削加工

外圆表面的车削加工是在车削加工工艺系统上完成的,按照加工后要达到的精度和表面粗糙度的不同,可以划分为粗车、半精车、精车和精细车。

1)粗车

目的:尽快地去除多余材料,使其接近工件的形状和尺寸。

特点:采用大的背吃刀量、较大的进给量及中等或较低的切削速度,以提高生产率。

精度:粗车能够达到的尺寸精度为 IT11 ~ IT13,表面粗糙度值为 R_a10 ~ 50 μm。对于加工精度要求不高的非功能表面,粗车可以作为最终加工;而对于要求加工精度高的功能表面,粗车作为后续工序的预加工,应留有足够的半精车和精车的加工余量。

2)半精车

目的:在粗车的基础之上,进一步提高外圆表面的尺寸精度、形状、位置精度及表面粗糙度,使其更接近工件的形状和尺寸。

特点:背吃刀量、进给量均小于粗车阶段;中等或较低的切削速度,以提高生产率。

精度:半精车能够达到的尺寸精度为 IT9 ~ IT10,表面粗糙度值为 R_a2.5 ~ 10 μm。半精车可以作为中等精度表面的最终加工;也可以作为高精度外圆表面磨削或其他精加工的预加工,应留有足够的加工 余量。

3)精车

目的:达到零件表面加工要求。

特点:要求使用高精度的车床,选择合理的车刀几何角度和切削用量;采用的背吃刀量和进给量比半精车还小,为避免产生积屑瘤,常采用高速精车或低速精车。

精度:尺寸精度可达 IT7 ~ IT8,表面粗糙度值 R_a1.25 ~5 μm。

4)精细车

目的:实现有色金属及不宜采用磨削的单件、小批外圆表面的最终加工。

特点:要求使用精度和刚度都非常好的车床,同时采用高耐磨的刀具,如金刚石车刀等。

精度:尺寸精度可达 IT5 ~ IT6,表面粗糙度值为 R_a0.01 ~0.63 μm。

2. 外圆表面的磨削加工

磨削加工属于工件外圆表面精加工的主要方法。磨削可以不经过车削加工工序直接加工精确坯料,如精密铸件、精密锻件和精密冷轧件。

1)粗磨

目的:提高生产效率。

特点:粗磨采用较粗磨粒的砂轮和较大的背吃刀量及进给量。

精度:尺寸精度可达 IT8 ~ IT9,表面粗糙度值为 R_a1.25 ~10 μm。

2)半精磨

目的:获得较高的精度及较小的表面粗糙度值。

特点:采用较细磨粒的砂轮和较小的背吃刀量及进给量。

精度:尺寸精度可达 IT7 ~ IT8,表面粗糙度值为 R_a0.63 ~2.5 μm。

3)精磨

目的:获得更高的精度及更小的表面粗糙度值。

特点:采用很细磨粒的砂轮和小的背吃刀量及进给量。

精度:尺寸精度可达 IT6 ~ IT7,表面粗糙度值为 R_a0.16 ~1.25 μm。

4)光整加工

目的:进一步获得超高的精度及极细小的表面粗糙度值。

特点:采用较细磨粒微粉磨料,包括研磨、超级光磨和抛光。光整加工加工余量极小,不能修正表面形状及位置误差。

精度:尺寸精度可达 IT5,表面粗糙度值为 R_a0.2 μm 以下。

外圆表面的磨削可在普通外圆磨床、万能外圆磨床或无心磨床上进行。

三、外圆表面加工方案分析

1)低精度外圆表面的加工

对于加工精度要求较低、表面粗糙度值较大的各种零件的外圆表面(淬火钢件除外),经粗车即可达到要求。

2)中等精度外圆表面的加工

对于非淬火工件的外圆表面,粗车一次后半精车即可达到要求。

3)较高精度外圆表面的加工

根据工件材料技术要求不同可以有两种加工方案。

①粗车—半精车—精车。此方案适用于加工淬火钢件以外的各种金属外圆

表面。

②粗车—半精车—粗磨。此方案适用于加工精度要求较高的淬火钢件、非淬火钢件等外圆表面,不宜加工有色金属。

4)高精度外圆表面的加工

①粗车—半精车—粗磨—精磨。此方案适用于加工精度要求很高的淬火钢件、非淬火钢件等外圆表面,不宜加工有色金属。

②粗车—半精车—精车—精细车(金刚石车)。此方案适用于加工精度高的有色金属。

5)精密外圆表面的加工

粗车—半精车—粗磨—精磨—精密加工(或光整加工)。此方案适用于加工精度要求极高的外圆表面,不宜加工有色金属。

学习任务二　内孔表面加工方法

内孔表面是零件上的主要表面之一。根据零件在机器中的作用不同,内孔有不同的精度、表面质量和结构尺寸要求。根据孔的轴线垂直于工件表面方向上的通透性可分为通孔、盲孔;根据直径发生变化的角度可分为阶梯孔和圆锥孔;孔的长径比 $L/D>5\sim10$ 的是深孔,否则为浅孔。

内孔加工时,可根据零件结构类型不同,采用不同的机床、不同的刀具加工。当被加工的孔是回转体零件上的孔,并且该孔的轴线与回转体零件轴线重合时,通常采用车床加工。如果被加工孔是非回转体零件上的孔,如箱体、机座、支架等零件上的孔,通常在立式钻床、摇臂钻床及镗床上加工。对于加工表面多的中小批零件,为提高生产效率,可采用数控机床或加工中心加工。大批量生产还可以在拉床上拉孔。

在这里仅以圆柱孔为例介绍孔的加工方法。由于孔的种类很多,结构各异,作用不同,技术要求也不同,所以在生产实际中还要根据生产条件制定合理的加工方案。

一、内孔表面的技术要求

内孔表面的技术要求有以下几项。

尺寸精度——指孔径和孔长的尺寸精度及孔系中孔与孔、孔与相关表面之间的位置尺寸精度。

形状精度——指内孔表面的圆度、圆柱度、素线和轴线的直线度。

位置精度——指孔与孔(或孔与外圆表面)之间的同轴度、径向跳动、位置度;孔与孔(或孔轴线与相关平面)垂直度或倾斜度。

表面质量——指内孔表面的表面粗糙度及表面层物理力学性能要求。

二、内孔表面的加工方法

内孔表面与外圆表面切削加工原理基本相似，但具体的加工条件却相差较大。加工内孔表面时，由于尺寸受到被加工孔径的限制，刀杆细、刚性差，不宜采用较大的切削用量；同时刀具处于被加工孔的包围之中，切削液很难进入切削区域，散热、冷却、排屑的条件都很差。对于孔的尺寸测量也不方便。因此，在同等加工精度要求时，内孔表面的加工要难于外圆表面，需要的工序要多，相应的成本也会提高。根据孔的结构不同、尺寸大小不同、孔所起的作用不同等，在采用加工方法及加工刀具等方面也有一定的区别。目前，在机械加工中常用的孔加工方法有以下几种。

1. 钻孔、扩孔、锪孔、铰孔

钻孔、扩孔、锪孔、铰孔是在钻床上对内孔表面进行粗、精加工的主要方法。通常用于实心材料孔加工，所用机床通常是立式钻床、摇臂钻床，如图 4.2、图 4.3 所示。

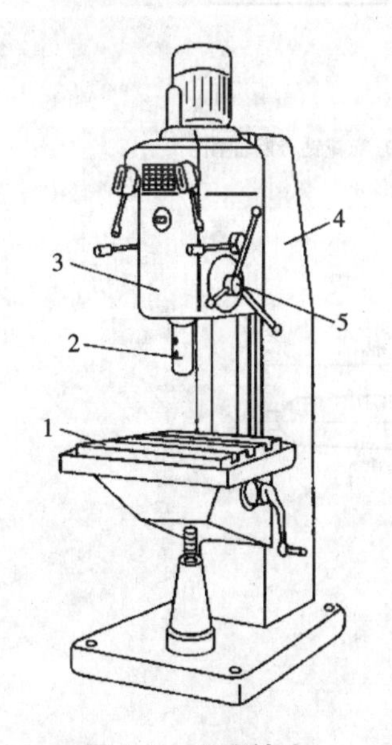

图 4.2　立式钻床

1—工作台；2—主轴；3—主轴箱；
4—立柱；5—进给箱操纵手柄

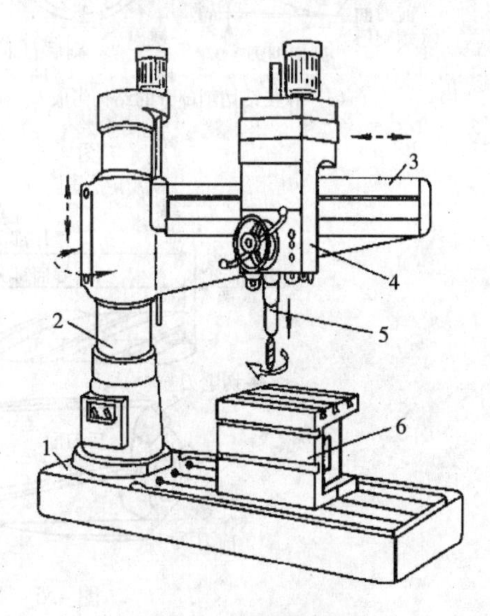

图 4.3　摇臂钻床

1—底座；2—立柱；3—摇臂；
4—主轴箱；5—主轴；6—工作台

常用的刀具有麻花钻、扩孔钻、锪钻和铰刀。麻花钻是孔加工中应用最广泛的刀具，主要用于孔的粗加工阶段，加工精度一般在 IT12 左右，表面粗糙度值为 R_a6.3 ~ 12.5 μm，钻孔直径 ϕ0.1 ~ 80 mm。麻花钻结构如图 4.4 所示。扩孔钻主要用于扩大孔径，提高孔的表面质量，加工精度一般在 IT9 ~ IT10，表面粗糙度值为 R_a3.2 ~ 6.3 μm，它可以用于孔的最终加工或铰孔、磨孔前的预加工。扩孔钻结构如图 4.5 所示。锪钻用于螺纹连接的沉孔、锥孔、台阶孔的加工，其结构如图 4.6 所示。铰刀用于中小孔（ $< \phi 40$ mm）的半精加工和精加工，加工余量小，可以加工圆柱孔、圆锥

孔、通孔和盲孔。铰孔的加工精度一般在 IT6 ~ IT7,甚至 IT5 左右,表面粗糙度值为 R_a1.6 ~3.2 μm。铰刀结构如图 4.7 所示。

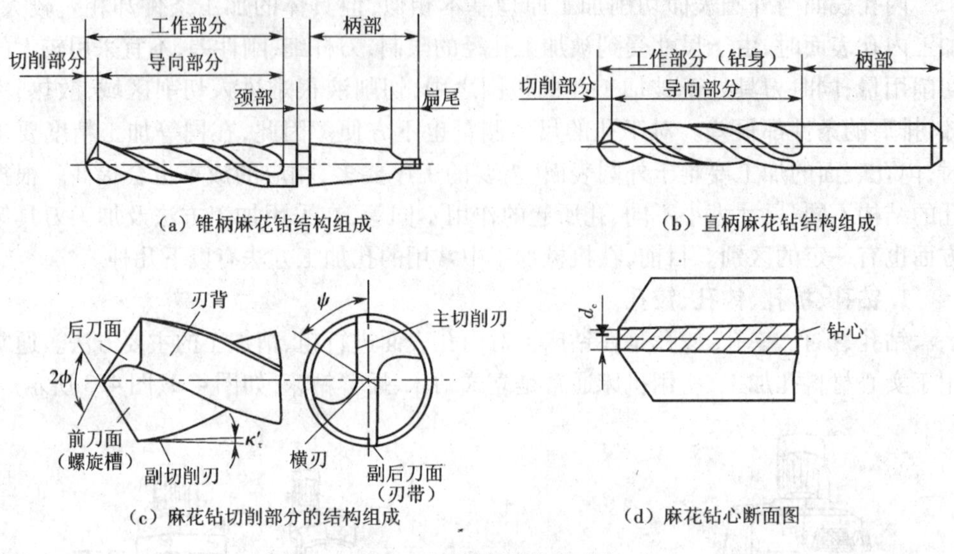

图 4.4　麻花钻结构组成

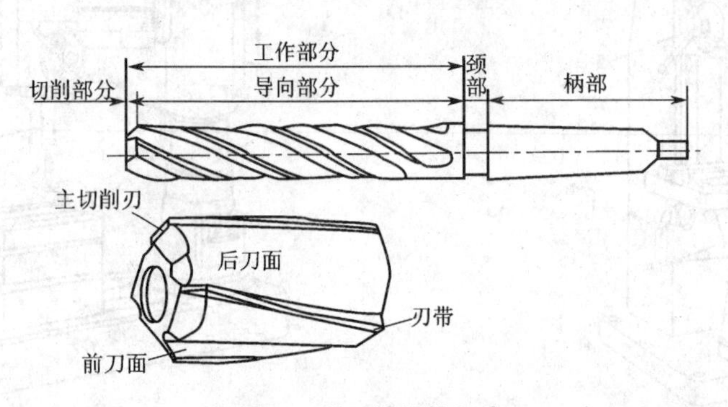

图 4.5　扩孔钻结构组成

2. 镗孔

主要用于直径大(不便于用钻头加工)或具有位置精度要求的孔系的粗、精加工,如箱体件上的平行、同轴孔系等。加工系统为镗削加工工艺系统。根据镗床主轴的方位划分,常见的镗床有卧式坐标镗床和立式坐标镗床,如图 4.8、图 4.9 所示。

图 4.10 所示为卧式铣镗床,图 4.11 所示为卧式铣镗床上加工的典型工艺结构。其中镗刀做回转主运动,工件做直线进给运动。镗孔是很经济的孔加工方法。它不但可以实现孔的粗、精加工,还可以修正孔中心的偏斜,保证孔的位置精度。镗孔加工精度一般为:粗镗在 IT11 ~ IT12,表面粗糙度值为 R_a5 ~ 10 μm;半精镗在 IT10 ~ IT11,表面粗糙度值为 R_a2.5 ~ 10 μm;精镗在 IT7 ~ IT9,表面粗糙度值为 R_a0.63 ~

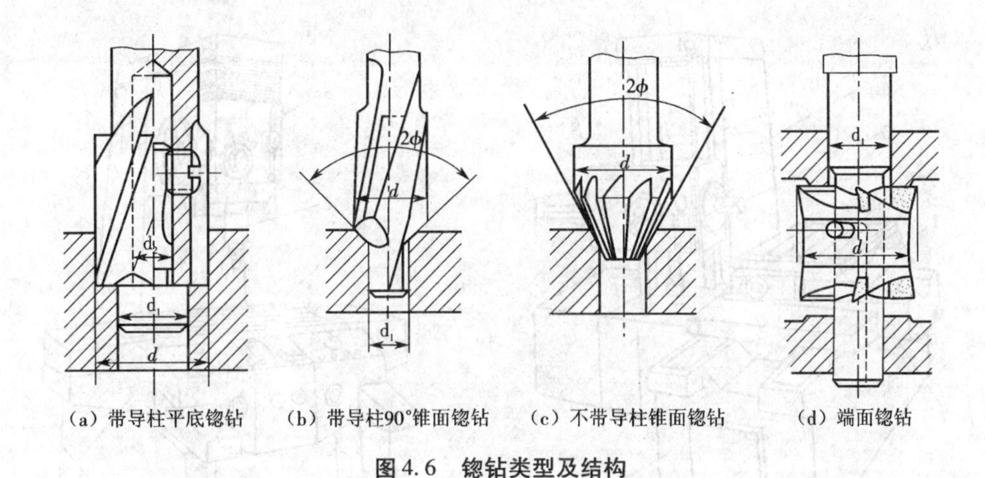

（a）带导柱平底锪钻　（b）带导柱90°锥面锪钻　（c）不带导柱锥面锪钻　（d）端面锪钻

图 4.6　锪钻类型及结构

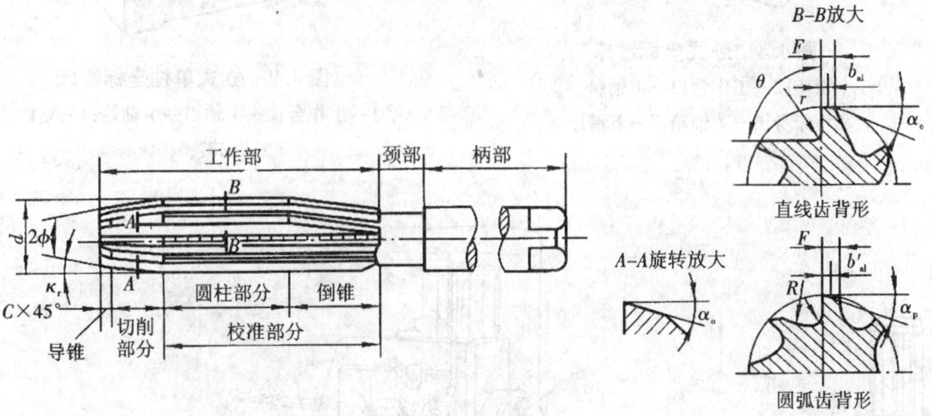

图 4.7　铰刀结构组成

5 μm；细镗在 IT6 ~ IT7，表面粗糙度值为 R_a0. 16 ~ 1. 25 μm。

3. 拉孔

如图 4. 12、图 4. 13、图 4. 14 所示，拉孔是利用多刃刀具，通过刀具相对于工件的直线运动完成加工工件工作。拉孔对圆柱孔、花键孔、成形孔等进行粗、精加工。拉孔可以将多个被加工件摆放在一起同时加工完成，所以生产率高，适合于大批量生产。

4. 磨孔

磨孔是精度高、淬硬内孔的主要加工方法，其基本加工方式有内圆磨削、无心磨削和行星磨削。精度一般为：粗磨在 IT8 ~ IT9，表面粗糙度值为 R_a1. 25 ~ 10 μm；半精磨在 IT7 ~ IT8，表面粗糙度值为 R_a0. 63 ~ 5 μm；精磨在 IT7，表面粗糙度值为 R_a0. 16 ~ 1. 25 μm。

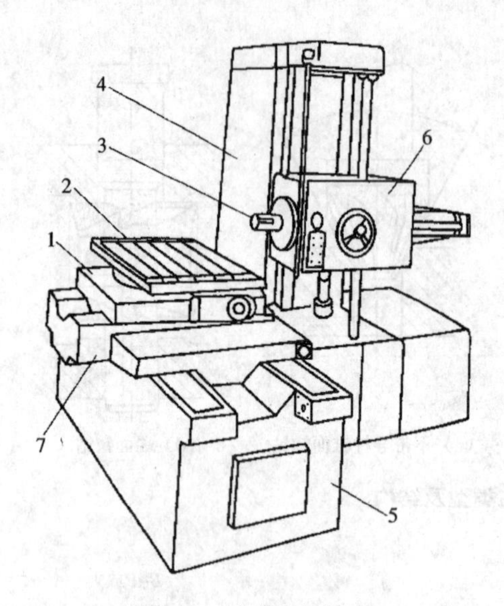

图 4.8　卧式坐标镗床

1—上滑座;2—工作台;3—主轴;4—立柱
5—床身;6—主轴箱;7—下滑座

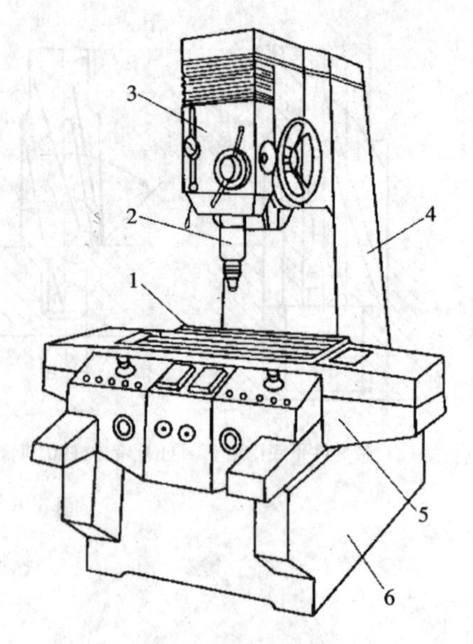

图 4.9　立式单柱坐标镗床

1—工作台;2—主轴;3—主轴箱;4—立柱;
5—床鞍;6—床身

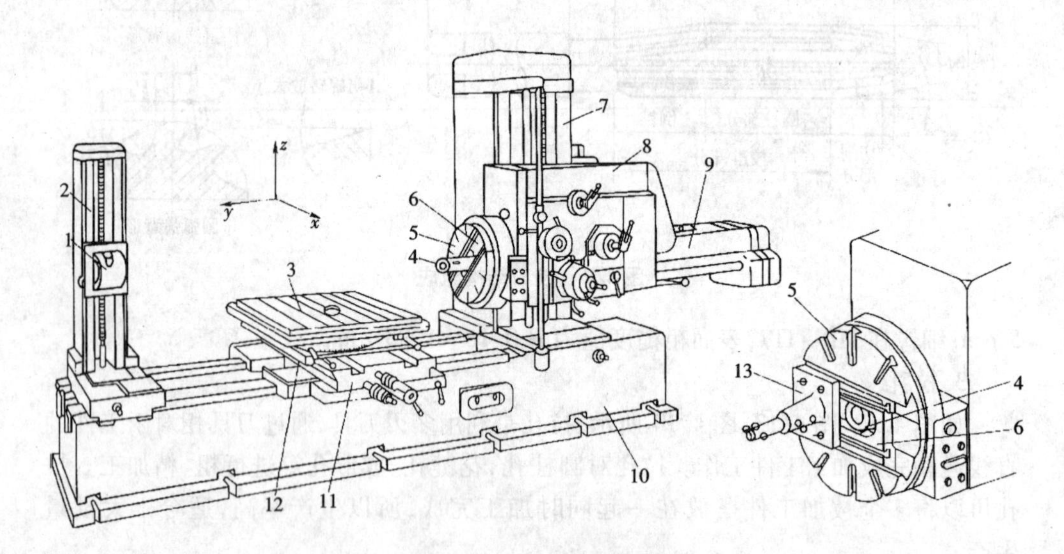

图 4.10　卧式铣镗床

1—后支撑架;2—后立柱;3—工作台;4—镗轴;5—平旋盘;6—径向刀具溜板;
7—前立柱;8—主轴箱;9—后尾筒;10—床身;11—下滑座;12—上滑座;13—刀架

5. 珩磨孔

在珩磨头上镶嵌有若干砂条,通过可胀机构使砂条径向胀开压向孔内表面。珩磨头在旋转的同时做轴向进给运动,实现对孔的低速磨削和摩擦抛光。珩磨可实现

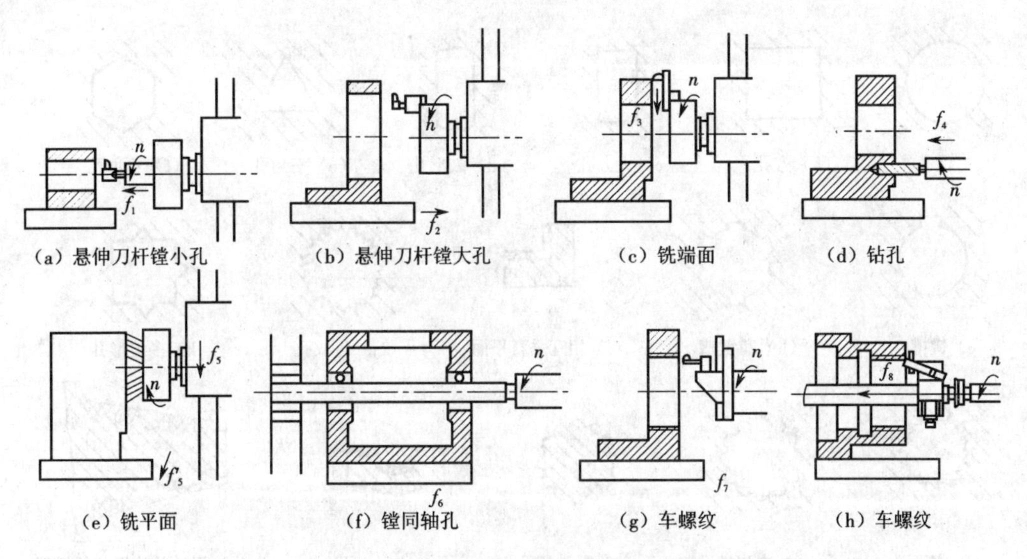

图 4.11　卧式铣镗床上加工的典型工艺结构

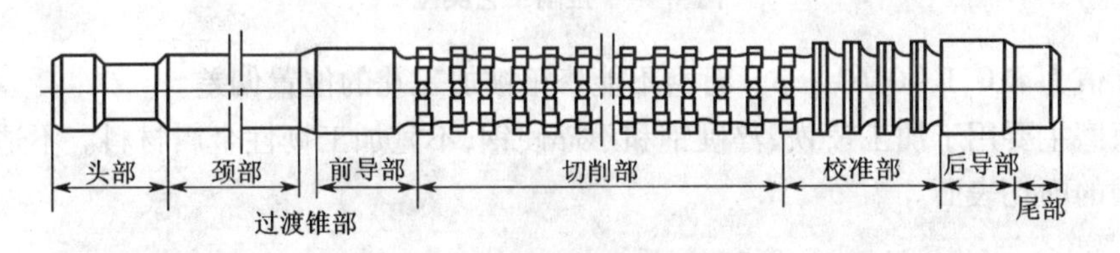

图 4.12　圆孔拉刀结构组成

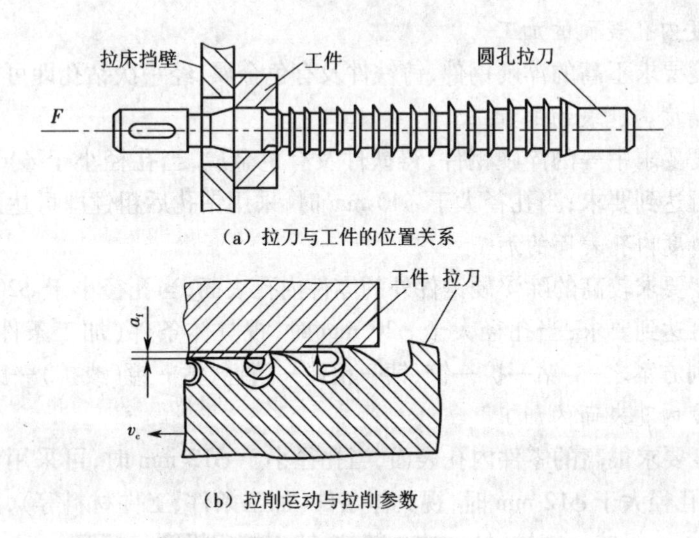

图 4.13　拉削过程

较高的尺寸精度和形状精度及较高的表面质量，生产率较高。精度一般为 IT6，表面

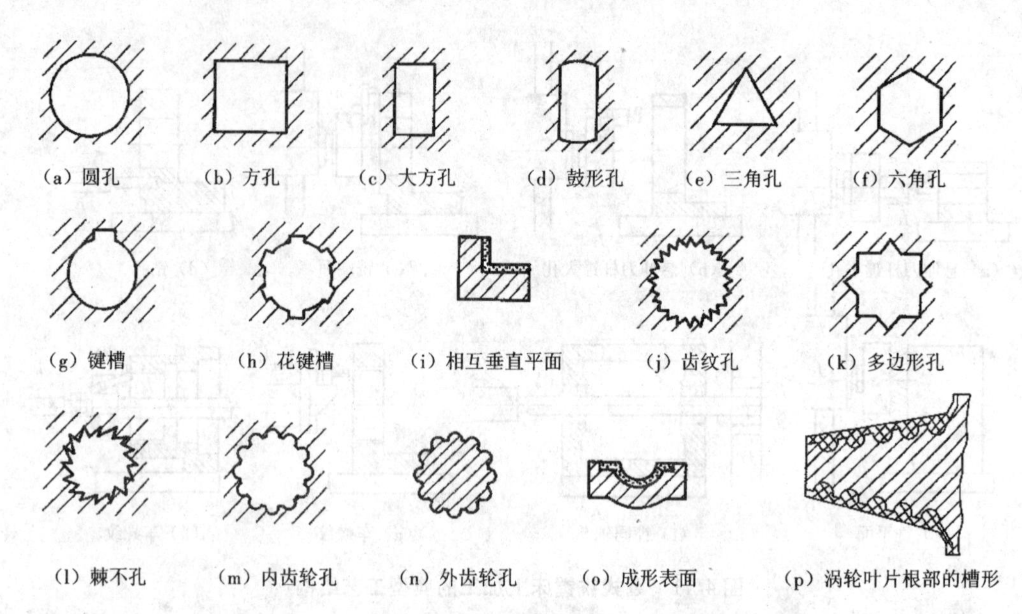

图 4.14 拉削工艺类型

粗糙度值为 R_a0.1～0.63 μm。珩磨不能修正被加工孔的位置偏差。

珩磨主要用于加工铸铁、淬硬钢和不淬硬钢，不宜加工韧性金属材料。不适合加工带槽的内孔表面。

三、内孔表面的加工方案分析

1)低精度内孔表面的加工

对于精度要求不高的淬硬钢件、铸铁件及有色金属，经一次钻孔即可达到要求。

2)中等精度内孔表面的加工

对于精度要求中等的淬硬钢件、铸铁件及有色金属，当孔径小于 ϕ40 mm 时，钻孔后扩孔即可达到要求；当孔径大于 ϕ40 mm 时，采用钻孔后粗镗即可达到要求。

3.较高精度内孔表面的加工

对于精度要求较高的除淬硬钢件外的零件内孔表面，当孔径小于 ϕ20 mm 时，钻孔后铰孔即可达到要求；当孔径大于 ϕ20 mm 时，视具体条件(加工条件、工件材料等)，选择下列方案之一：钻—扩—铰、钻—粗镗—精镗、钻—镗(或扩)—磨、钻—拉。

4)高精度内孔表面的加工

对于精度要求很高的零件内孔表面，当孔径小于 ϕ12 mm 时，可采用钻—粗铰—精铰方案；当孔径大于 ϕ12 mm 时，视具体条件(加工条件、工件材料等)，选择下列方案之一：钻—扩—粗铰—精铰、钻—拉—精拉、钻—扩—粗磨—精磨。

5)精密内孔表面的加工

对于精度要求更高的精密内孔表面，可在高精度内孔表面加工方案的基础上，视情况分别采用手铰、精细镗、精拉、精磨、研磨、珩磨挤压或滚压等精细加工方法加工。

对于已铸出(或锻出)底孔的内孔表面,可直接扩孔或镗孔,孔径在 ϕ40 mm 以上时,以镗孔为宜。其加工方案视具体条件参考上述方案灵活拟定。

学习任务三　平面加工方法

平面是箱体、机座类零件的主要加工表面,零件上常见的各种槽:直槽、T 形槽、V 形槽、燕尾槽等沟槽均可以看成是由平面组合而成的。根据平面的作用可分为以下几类:

结合平面——一般情况下,对结合平面的精度和表面质量要求较高,因为这种面多数用于零件的连接面,如车床主轴箱的箱体与箱盖、齿轮油泵的泵体和泵盖等。

非结合平面——非结合平面不与任何零件配合,一般无加工精度要求,只有在为了增加外观美观和抗腐蚀性时才对其进行加工。

导向平面——如各类机床导轨,对其精度和表面质量要求很高。

量具的表面,如钳工的平台、平尺的测量面和计量用量块的测量平面等,对其精度和表面质量的要求也很高。

一、平面的技术要求

对平面的技术要求有以下几项:

形状精度——主要是指平面本身的平面度;

位置精度——指平面与其他表面之间的平行度、垂直度;

尺寸精度——指平面与其他表面之间的尺寸公差;

表面质量——指表面粗糙度、表层硬度、残余应力和表面加工硬化等。

二、平面的加工方法

机械加工中常用的平面加工方法包括:车削、铣削、刨削、磨削、刮削、研磨和抛光等。其中车削、铣削和磨削加工方法详见单元三的内容。

1. 平面的车削加工

平面的车削加工一般用于加工回转体类零件的端面。因为回转体类零件的端面一般对其外圆表面、内孔表面有垂直度的要求,而车削可以在一次安装中将这些表面全部加工完成,这样有利于保证它们之间的位置要求。车平面的表面粗糙度一般可达 R_a1. 6 ~6. 3 μm,精车后的平面度误差在 ϕ100 mm 的端面上最小可达 0. 005 ~0. 008 mm。中小型零件的端面一般在普通车床上加工;大型零件的平面可在立式车床上完成。

2. 平面的铣削加工

铣削是加工平面的主要方法之一,平面铣削方法有端铣和周铣两种。周铣又分为逆铣与顺铣两种铣削方式。目前采用端铣加工平面,因为端铣的加工质量和生产率都比周铣高。铣削平面一般用于加工各种不同形状的沟槽及平面的粗、精加工。

平面铣削加工常用的设备有:卧式铣床、立式铣床、万能升降台铣床、龙门铣床等。中小型工件的平面加工常在卧式铣床、立式铣床、万能升降台铣床进行;大型工件表面的铣削加工可在龙门铣床上加工;精度要求很高的平面可以在高速、大功率的高精度铣床上采用高速精铣新工艺加工。

3. 平面的刨削加工

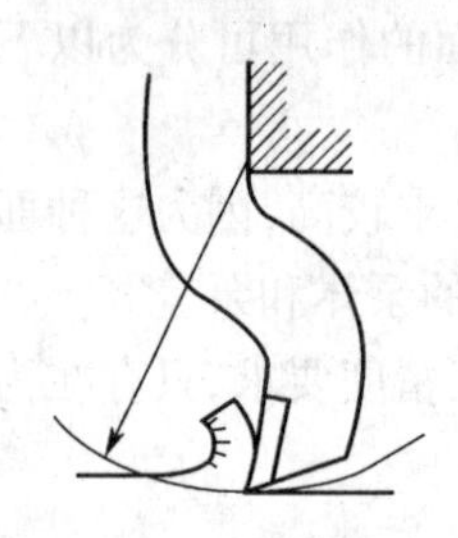

图 4.15 刨刀结构

常用的平面加工方法还有刨削。刨削加工分为粗刨和精刨,精刨后平面的表面粗糙度一般可达 R_a1. 6 ~ 3. 2 μm ,两平面之间的尺寸精度可达 IT7 ~ IT9,直线度为 0. 04 ~ 0. 12 mm/m。刨削加工是在牛头刨床和龙门刨床上进行的。刨刀可以分为普通刨刀和宽刃细刨刀,它们的结构与车刀有些相似,其几何角度的选取也与车刀基本相同。由于刨削加工在加工过程中受到冲击力,所以刨刀的前角应选小些,刃倾角也应取负值,使冲击载荷远离刀尖。此外,为了避免刨刀扎入工件,从而保证已加工面质量和精度,一般将刨刀的刀杆做成弯头结构,如图 4. 15 所示。

刨削加工通常是刀具做主运动,工件做进给运动。牛头刨通常适合于中小型零件的加工,龙门刨则用于大型零件的加工或多个零件同时加工。图 4. 16、图 4. 17 所示为牛头刨和龙门刨的结构外形,图 4. 18 为牛头刨的加工类型。

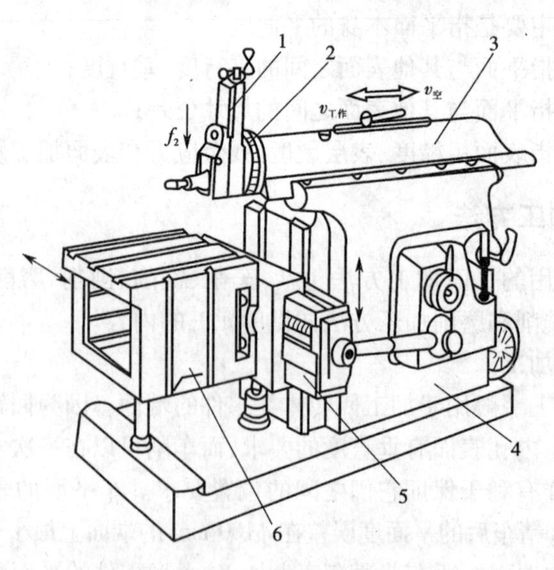

图 4. 16 牛头刨外形

1—刀架;2—转盘;3—滑枕;4—床身;5—横梁;6—工作台

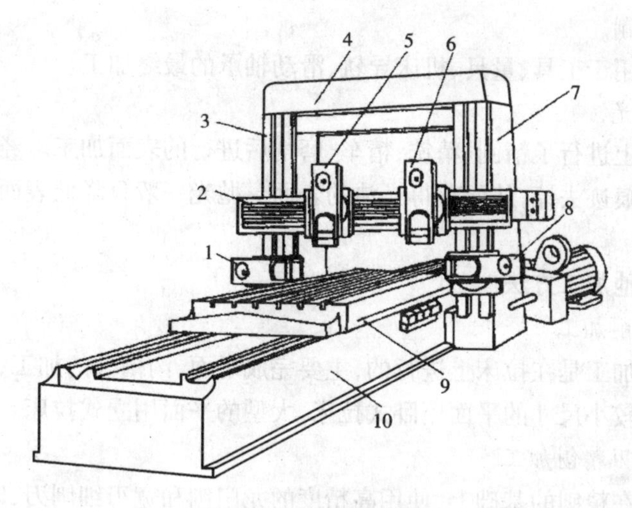

图 4.17　龙门刨外形

1—左侧刀架；2—横梁；3—左立柱；4—顶梁；5—左垂直刀架；
6—右垂直刀架；7—右立柱；8—右侧刀架；9—工作台；10—床身

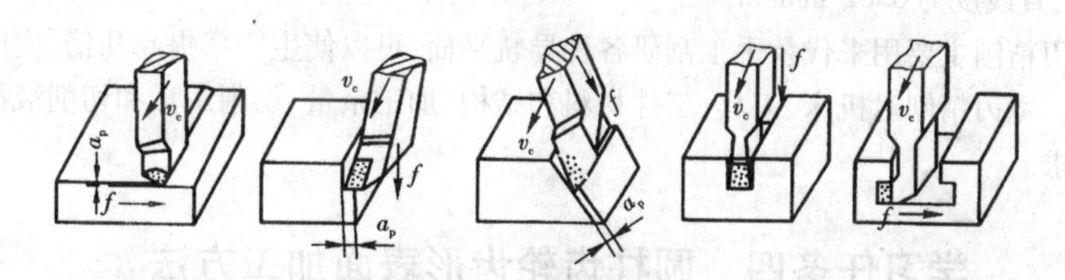

图 4.18　牛头刨的加工类型

4. 平面的磨削加工

平面磨削和其他的磨削方法一样，加工后可获得高加工精度、低表面粗糙度，所以平面磨削是平面精加工的主要方法之一。平面磨削一般在铣削和刨削的基础之上进行，主要用于中小型零件高精度表面淬火钢及硬度较高材料的表面加工。磨削后表面粗糙度一般可达 R_a0.2 ~ 0.8 μm，两平面之间的尺寸精度可达 IT5 ~ IT6，平面度为 0.01 ~ 0.03 mm/m。

平面磨削是在平面磨床上完成的，砂轮做主运动，工件做进给运动。平面磨削分端面磨削和圆周磨削两种。由于圆周磨削与工件接触面积小，散热和排屑条件好，加工精度高；端面磨削允许采用较大的磨削用量，因此加工效率高，精度较圆周磨削差。平面磨一般作为精加工工序，安排在半精加工之后进行。

5. 平面的光整加工

1）平面的研磨

平面研磨多用于中小型工件的最终加工，尤其当两个配合平面之间要求很高的密合性时，常采用研磨法加工。

2)平面的刮削

平面刮削常用于工具、量具、机床导轨、滑动轴承的最终加工。

3)平面的抛光

这是在平面上进行了精刨、精铣、精车、磨削后进行的表面加工。经抛光后,可将前道工序的加工痕迹去掉,从而获得光洁的表面。抛光一般只降低表面粗糙度,不能提高加工精度。

6. 平面的其他加工方法

1)平面的拉削加工

平面的拉削加工是在拉床上进行的,主要完成平面、沟槽等的加工,效率高,适合于大批量生产。较小尺寸的平面用卧式拉床,大型的平面用立式拉床。

2)平面的宽刃精刨加工

宽刃精刨是在精刨的基础上,使用高精度的龙门刨和宽刃细刨刀,以低切削速度和大进给量在工件表面切去一层极薄的金属。由于切削力、切削热和工件变形均很小,因而可以获得比普通精刨更高的加工质量。宽刃细刨表面粗糙度值可达 R_a0.8 ~ 1.6 μm,直线度为 0.02 mm/m。

宽刃精刨主要用来代替手工刮研各种导轨平面,可以使生产率提高几倍,应用较为广泛。宽刃精刨对机床、刀具、工件材料和结构、加工余量、切削用量和切削液都有严格要求。

学习任务四　圆柱齿轮齿形表面加工方法

齿轮齿形加工指的是具有各种齿形形状零件的加工。在机械产品中,具有齿形形状的零件有多种类型,如各种渐开线内/外圆柱齿轮、锥齿轮、蜗轮、蜗杆、圆弧齿、摆线齿齿轮,各种齿形的花键和链轮等。其中,以渐开线齿轮应用最广。齿轮的切削加工方法主要包括铣齿、滚齿、插齿、刨齿、磨齿、剃齿和珩齿等。

一、齿形加工原理

按照齿形的成形原理不同,齿轮加工可分为成形法和展成法两种。

1. 成形法

成形法最常用的方法是在普通铣床上用成形铣刀铣削齿形。例如:将齿轮毛坯安装在分度头上,铣刀对工件进行加工时,工作台带动工件做直线运动,加工完一个齿槽后将工件分度转过一个齿,再加工另一个齿槽,依次加工出所有齿形。

成形法铣齿的优点是可以在普通铣床上加工,但由于刀具近似齿形和分齿转角过程的误差,会导致齿形加工精度低,一般为 9 ~ 12 级,表面粗糙度值为 R_a6.3 ~ 3.2 μm。成形法铣齿效率不高,一般用于单件小批生产加工直齿、斜齿和人字齿圆柱齿轮。

如图 4.19 所示,成形法铣齿的刀具有盘形铣刀、指形铣刀。前者适用于中小模数($m<8$ mm)的直齿、斜齿圆柱齿轮,后者适用于大模数($m=8\sim40$ mm)的直齿、斜齿、人字圆柱齿轮。由于同一模数的齿轮齿数不同,齿形曲线也不相同,而为了加工出准确的齿形,就需要准备很大数量的齿形不同的成形铣刀,这样是不经济的。因此,为了减少刀具的数量,同一模数的齿轮铣刀按其所加工的齿数通常制成 8 把一套(精确的为 15 把一套),每种铣刀用于加工一定齿数范围的一组齿轮。表 4.1 列出了 8 把一套的盘形铣刀刀号及加工齿数范围。

(a) 盘形齿轮铣刀铣削　(b) 指形齿轮铣刀铣削

图 4.19　成形铣刀

表 4.1　盘形铣刀刀号及加工齿数范围

刀　号	1	2	3	4	5	6	7	8
齿数范围	12~13	14~16	17~20	21~25	26~34	35~54	55~134	135 以上

每种刀号的齿轮铣刀刀齿形状均按加工齿数范围中最少齿数的齿形设计。所以,在加工该范围内其他齿数的齿轮时,会产生一定的齿形误差。

当加工斜齿圆柱齿轮且要求精度不高时,可以借用加工直齿圆柱齿轮的铣刀,但此时铣刀的号数应按照法向截面内的当量齿数 z_d 来选择。斜齿圆柱齿轮的当量齿数 z_d 可按以下公式求出:

$$z_d = z/\cos^3\beta$$

式中:z——斜齿圆柱齿轮的齿数;

β——斜齿圆柱齿轮的螺旋角。

2. 展成法

展成法是目前主要的齿轮加工方法,滚齿、插齿、剃齿、磨齿、珩齿都属于展成法加工。展成法的基本原理是一对齿轮相互啮合,如图 4.20 所示。

刀具相当于一把与被加工齿轮具有相同模数的特殊齿形的齿轮。加工时刀具与工件按照一对齿轮(或齿轮齿条)的啮合传动关系(展成运动)做相对运动。在运动过程中,刀具齿形的运动轨迹逐步包络出工件的齿形。同一模数的刀具,可以在不同的展成运动关系下,加工出不同的工件齿形。所以,一把刀可以加工出同一模数而齿数不同的各种齿轮。展成法加工时能连续分度,具有较高的加工精度和生产效率。

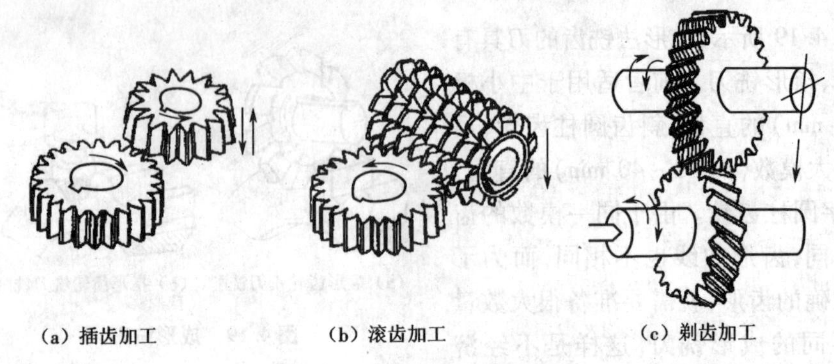

(a) 插齿加工　(b) 滚齿加工　(c) 剃齿加工

图 4.20　展成法成形原理

二、齿轮结构和技术要求

1. 齿轮结构

齿轮是由齿圈和轮体构成的。在齿圈上均匀地分布着直齿、斜齿等;轮体上有轮辐、轮毂、孔等。一个圆柱齿轮可以有单个或多个齿圈,单齿圈盘类齿轮也被称为单联齿轮,它的结构工艺性最好,双齿圈或多齿圈的齿轮也被称为双联或多联齿轮,小齿圈加工受齿圈距的限制,其齿形加工方法的选择受到限制,加工工艺性差,因此有时需要将多齿圈齿轮做成单齿圈齿轮的组合结构。

2. 齿轮技术要求

1)对齿轮传动精度的要求

齿轮本身的制造精度对整个机器的工作性能、承载能力及使用寿命都有很大的影响。根据其使用条件,齿轮传动应满足以下几个方面的要求。

(1)传递运动准确性

要求齿轮较准确地传递运动,传动比恒定。即要求齿轮在一转中的转角误差不超过一定的范围。

(2)传递运动平稳性

要求齿轮传递运动平稳,以减小冲击、振动和噪声。即要求限制齿轮转动时瞬时速比的变化。

(3)载荷分布均匀性

要求齿轮工作时,齿面接触要均匀,以使齿轮在传递动力时不致因载荷分布不匀而使接触应力过大,引起齿面过早磨损。接触精度除了包括齿面接触均匀性以外,还包括接触面积和接触位置。

(4)传动侧隙的合理性

要求齿轮工作时,非工作齿面间留有一定的间隙,以储存润滑油,补偿因温度、弹性变形所引起的尺寸变化和加工、装配时的一些误差。

齿轮的制造精度和齿侧间隙主要根据齿轮的用途和工作条件而定。对于分度传动用的齿轮,主要要求齿轮的运动精度较高;对于高速动力传动用的齿轮,为了减少冲击和噪声,对工作平稳性精度有较高要求;对于重载低速传动用的齿轮,则要求齿面有较高的接触精度,以保证齿轮不致过早磨损;对于换向传动和读数机构用的齿轮,则应严格控制齿侧间隙,必要时须消除间隙。

2)齿轮材料的选择

38CrMoAlA 渗氮钢,硬度高,比渗碳后的材料具有更高的耐磨性和耐腐蚀性,热处理变形小。适合应用于线速度高、受力后齿面易产生疲劳蚀点的齿轮。

18CrMnTi,经渗碳淬火,芯部具有良好的韧性、硬度(可达 56 ~ 62HRC)、机械强度等综合力学性能。适用于低速重载的传力齿轮、有冲击载荷的传力齿轮齿面受压产生塑性变形或磨损,且易折断的齿轮。

非淬火钢、铸铁、夹布胶木、尼龙适用于非传力齿轮。

45 钢等中碳结构钢和低碳结构钢(如 20Cr、40Cr、20CrMnTi)适用于一般用途的齿轮。

3)齿轮毛坯种类及选择

常见毛坯的种类有棒料、锻件和铸件。钢制齿轮的毛坯选择取决于齿轮的选材、结构形状、尺寸大小、使用条件及生产批量等因素。

①尺寸较小且性能要求不高,可直接采用热轧棒料。

②直径较大且性能要求高,一般都采用锻造毛坯。生产批量较小或尺寸较大的齿轮,采用自由锻造。生产批量较大的中小尺寸的齿轮,采用模锻造。

③对于直径比较大、结构比较复杂不便于锻造的齿轮,采用铸钢或焊接组合毛坯。

4)齿轮的热处理

齿轮加工中根据不同的目的,安排两类热处理工序。

①毛坯热处理。在齿坯加工前后安排预备热处理——正火或调质。其主要目的是消除锻造及粗加工所引起的残余应力,改善材料的切削性能,提高综合力学性能。

②齿面热处理。齿形加工完毕后,为提高齿面的硬度和耐磨性,常进行渗碳淬火、高频淬火、碳氮共渗和氮化处理等热处理工序。

三、齿轮齿形加工及加工方案分析

1. 滚齿

1)滚齿运动

滚齿加工是在滚齿机上进行的。图 4.21 所示为 Y3150E 型滚齿机外形图。滚刀安装在刀架的滚刀杆上,刀架可沿着立柱垂直导轨上下移动;工件则安装在心轴上。

滚齿时滚齿机必须有以下几个运动。

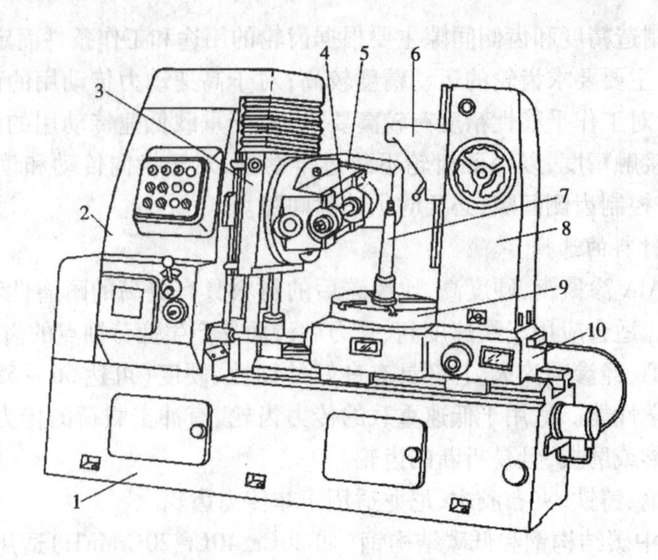

图 4.21 Y3150E 型滚齿机外形

1—床身;2—立柱;3—刀架溜板;4—刀杆;5—刀架体;
6—支架;7—心轴;8—后立柱;9—工作台;10—床鞍

切削运动(主运动)——即滚刀的旋转运动,其切削速度由变速齿轮的传动比决定。

分齿运动——即工件的旋转运动,其运动的速度必须和滚刀的旋转速度保持齿轮与齿条的啮合关系。其运动关系由分齿挂轮的传动比来实现。对于单线滚刀,当滚刀每转一转时,齿坯须转过一个齿的分度角度,即 $1/z$ 转(z 为被加工齿轮的齿数)。

垂直进给运动——即滚刀沿工件轴线自上而下的垂直移动,这是保证切出整个齿宽所必需的运动,由进给挂轮的传动比再通过与滚刀架相连接的丝杠螺母来实现。

2)滚齿加工方案分析

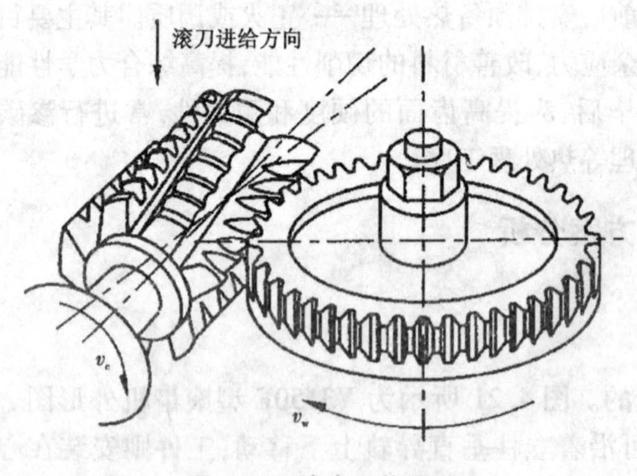

图 4.22 滚齿工作原理

图 4.22 所示为在滚齿机上用齿轮滚刀加工齿轮的原理,它相当于一对螺旋齿轮做无侧隙强制性的啮合,滚齿加工的通用性较好,既可加工圆柱齿轮,又能加工蜗轮;既可加工渐开线齿形,又可加工圆弧、摆线等齿形;既可加工大模数齿轮,又可加工大直径齿轮。滚齿可直接加工 8 ~9 级精度齿轮,也可用作 7 级以上齿轮的粗加工及半精加工。

滚齿可以获得较高的运动精度，但因滚齿时齿面是由滚刀的刀齿包络而成，参加切削的刀齿数有限，因而齿面的表面粗糙度较高。为了提高滚齿的加工精度和齿面质量，宜将粗精滚齿分开。

2. 插齿

1）插齿运动

它是利用一对轴线相互平行的圆柱齿轮的啮合原理进行加工的。插齿刀的外形像一个齿轮，在每一个齿上磨出前角和后角以形成刀刃，切削时刀具做上下往复运动，从工件上切下切屑。为了保证在齿坯上切出渐开线的齿形，在刀具做上下往复运动时，通过机床内部的传动系统强制要求刀具和被加工齿轮之间保持着一对渐开线齿轮啮合的传动关系。在刀具的切削运动和刀具与工件之间的啮合运动的共同作用下，工件齿槽部位的金属被逐步切去而形成渐开线齿形。插齿加工是在插齿机上进行的。图4.23所示为插齿原理图。

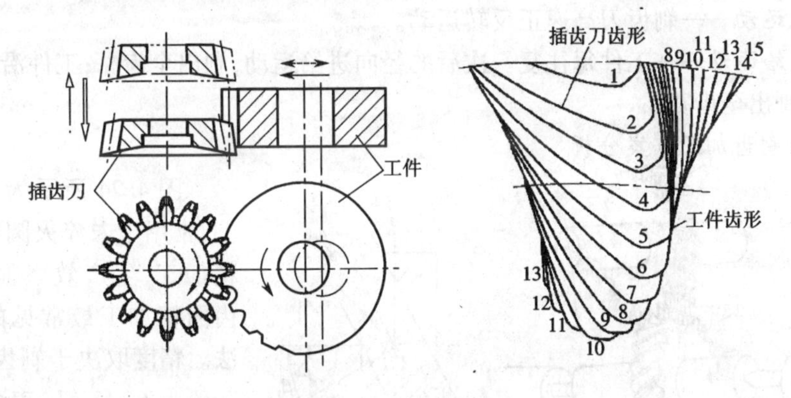

图4.23　插齿原理

插削圆柱直齿轮时，插齿机必须有以下几个运动。

切削运动（主运动）——插齿刀的往复运动，通过改变插齿机上不同齿轮的搭配获得不同的切削速度。

周向进给运动——又称圆周进给运动，它控制插齿刀转动的速度。

分齿运动——保证刀具转过一齿时工件也相应转过一齿的展成运动，它是实现渐开线啮合原理的关键。如插齿刀的齿数为z_1，被切齿轮的齿数为z_2；插齿刀的转速为n_1（r/min），被切齿轮的转速为n_2（r/min），则它们之间应保证如下的传动关系：$n_2/n_1 = z_1/z_2$。

径向进给运动——插齿时，插齿刀不能一开始就切至齿全深，需要逐步地切入，因此在分齿运动的同时，插齿刀需沿工件的半径方向作进给运动，径向进给运动由专用凸轮来控制。

退刀运动——为了避免插齿刀在回程中与工件的齿面发生摩擦，由工作台带动工件作水平退让运动；当插齿刀工作行程开始前，工作台又带动工件复位的运动。

2）插齿加工方案分析

在插齿加工中，一种模数的插齿刀可以加工出模数相同而齿数不同的各种齿轮。插齿多用于内齿轮、双联齿轮、三联齿轮等其他齿轮加工机床难于加工的齿轮加工工作 。插齿加工的精度一般为7~8级，表面粗糙度 R_a 约为1.6 μm。一次可以完成齿槽的粗加工和半精加工，齿形精度比滚齿高，运动精度低于滚齿，齿向偏差比滚齿大，生产效率比滚齿低。

3. 剃齿

1）剃齿原理及运动

剃齿加工相当于一对螺旋齿轮作双面无齿侧间隙啮合过程，如图4.23所示。其中一个是剃齿刀具，它是一个沿齿面齿高方向上开有很多容屑槽形成切削刃的斜齿圆柱齿轮；另一个被加工的是齿轮。

剃齿需要具备以下运动：

主运动——剃齿刀高速正反转运动。

进给运动——工件每往复一次后的径向进给运动，剃出全齿深；工件沿轴线往复运动，剃出全齿宽。

2）剃齿加工方案分析

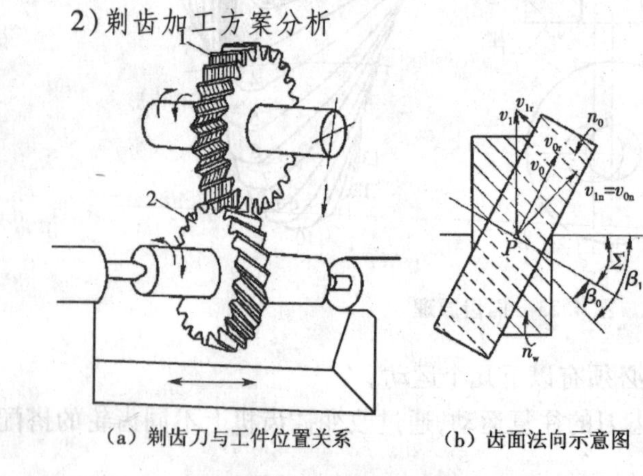

（a）剃齿刀与工件位置关系　（b）齿面法向示意图

图4.24　剃齿原理图

1—剃齿刀；2—工件

图4.24所示为剃齿原理图，常用于未淬火圆柱齿轮的精加工，生产效率很高，是软齿面精加工最常见的加工方法。精度取决于剃齿刀，精度一般为6~7级，表面粗糙度为 R_a0.32~1.25 μm。剃齿齿形误差和基节误差修正能力强，齿轮切向修正能力差。剃齿效率高，一般2~4 min便可完成一个齿轮的加工，平均成本比磨齿低90%，剃齿刀刃磨一次可加工1 500多个齿轮，一把剃齿刀大约可以加工10 000个齿轮。

4. 磨齿

1）磨齿原理及运动

磨削方法有成形法和展成法，展成法在生产中常用。它是利用齿轮与齿条啮合原理进行加工的方法，由砂轮的工作面构成假想齿条的单侧或双侧齿面，在砂轮与工件的啮合运动中砂轮的磨平面包络出齿轮的渐开线齿面。片蝶形砂轮磨齿、锥形砂轮磨齿、蜗杆砂轮磨齿等磨齿方法都是按展成法原理加工轮齿。砂轮作主运动，齿轮作进给运动，如图4.25、图4.26、图4.27、图4.28所示。

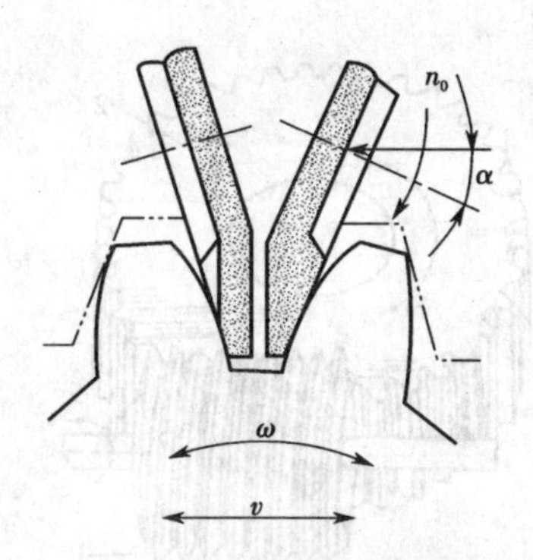

图 4.25　双碟片磨齿原理图

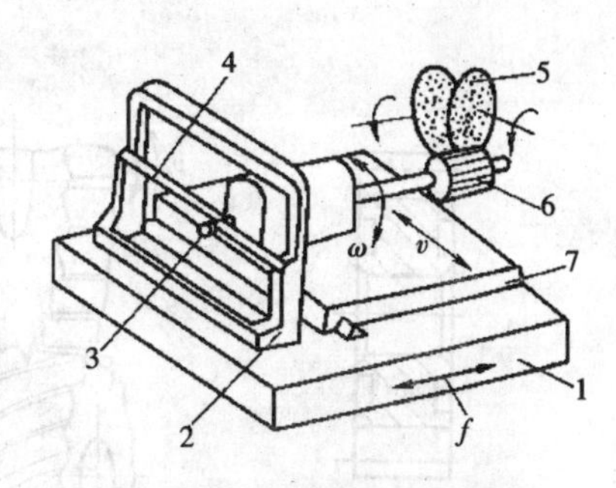

图 4.26　双碟片形砂轮磨齿

1—工作台;2—框架;3—滚圆盘;4—钢带;5—蝶形砂轮;6—被磨削齿轮;7—滑座

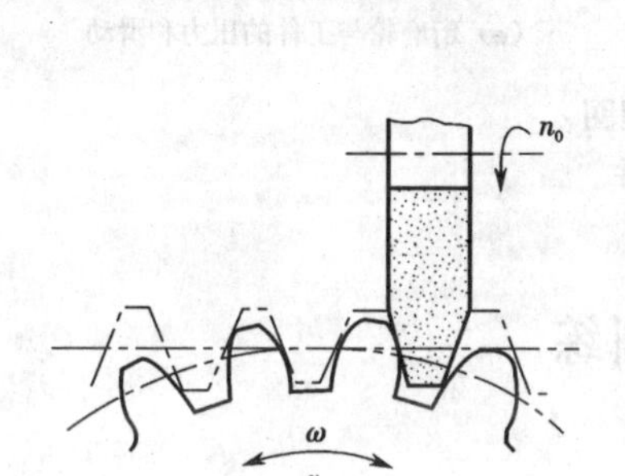

图 4.27　锥形齿轮磨削原理

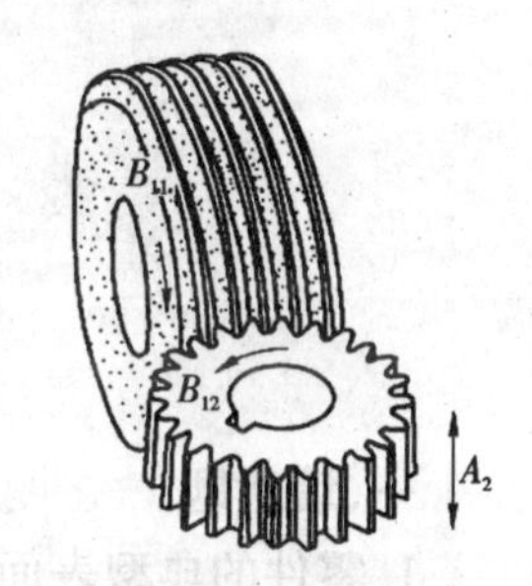

图 4.28　蜗杆齿轮磨削原理

2)磨齿加工方案分析

磨齿加工适用于淬硬齿面的精加工,是齿形精加工中精度最高的一种方法。一般条件下加工精度可达 4 ~6 级,最高可达 3 级。表面粗糙度为 R_a0.2 ~0.8 μm.。由于采用的是强制啮合的方式,对磨前齿形误差和热处理变形有较强的修正能力,故多用于高精度硬齿面齿轮、插齿刀、剃齿刀的加工。同时它存在生产效率低、机床复杂、调整困难、加工成本高等缺点。

5.珩齿

1)珩齿原理及运动

图 4.29 所示为珩齿原理及运动。珩齿也是用于加工淬硬齿面的齿轮光整加工方法,加工原理及运动与剃齿基本相同,其不同之处在于珩齿刀具(珩轮)是含有磨料的塑料齿轮。切削是在珩轮与齿轮之间的“自由啮合”过程中,靠齿面间的压力和相对滑动来进行的。

2)珩齿加工方案分析

珩齿的修正能力不强,主要用来去除齿轮热处理后齿面的氧化皮及毛刺,降低表面粗糙度,一般为 R_a0.4 ~1.6 μm,加工精度等级 6 ~8 级。通常,珩齿用于大批量淬火齿轮精加工。由于珩齿加工具有表面质量好、效率高、成本低、设备简单、操作方便等优点,因此,目前齿轮加工工艺常采用“滚齿—热处理—珩齿”。

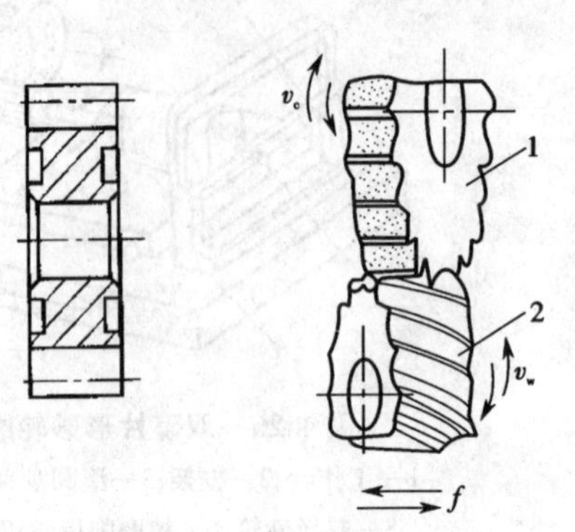

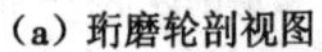
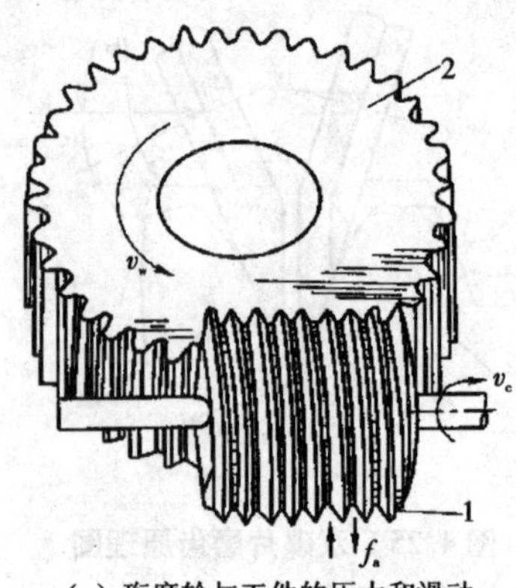

(a) 珩磨轮剖视图　(b) 珩磨轮与工件啮合运动　(c) 珩磨轮与工件的压力和滑动

图 4.29　珩齿原理图

1—珩磨轮;2—工件

课后思考与训练

一、填空题

1. 零件的典型表面包括______、______、______和________。

2. 齿轮的切削加工方法主要包括______、______、______、______、______、______和______等多种方法。

3. 插齿运动包括________、________、________、________和______。

4. 外圆表面最常用的切削加工方法是________和________;当精度及表面质量要求很高时,还要进行________。

5. 机械加工中常用的平面加工方法包括______、______、______、______、______、______和______等。

6. 精密外圆表面的加工:粗车—半精车—粗磨—精磨—精密加工(或光整加工)。此方案适用于______________的外圆表面,不宜用于__________。

7. 珩磨主要用于加工______、______和______,不宜加工______金属材料。不适合加工带槽的______表面。

8. 内孔表面的形状精度包括______、________、______和轴线的________。

二、简答题

1. 机械加工中的典型表面有怎样的技术要求?

2. 典型表面在加工过程中为什么要粗精分开?

3. 外圆表面的车削加工方法有几种? 各有什么特点?

4. 外圆表面的加工精度与加工方案有什么关系?

5. 内孔表面的加工方法有几种? 各有什么特点?

6. 平面加工精度及方法有几种？各有什么特点？

7. 齿轮齿形常用哪些加工方法实现？试比较滚齿和插齿加工原理、工艺特点及适用场合。

8. 齿轮齿形的精加工方法有哪些？试述它们的异同。

9. 在不同生产类型条件下，齿坯加工是怎样进行的？怎样选择齿轮的毛坯？齿轮加工过程中如何安排热处理？目的是什么？

10. 试分析珩齿和磨齿有什么异同点。

三、应用题

加工模数 $m=3$ mm 的直齿圆柱齿轮，齿数 $z_1=26$、$z_2=34$，试选择盘形齿轮铣刀的刀号。在相同切削条件下，哪个齿轮的加工精度高，为什么？

四、知识拓展

1. 查阅资料谈谈为何剃齿和珩齿时，没有像滚齿、插齿、磨齿那样对刀具与工件之间的传动比必须有恒定的严格要求？

2. 查阅资料熟悉如何安装齿轮滚刀。

单元五　机械加工工艺规程的制定

教学目标

①根据不同生产类型的工艺特征,掌握零件结构工艺性分析方法。

②合理选择毛坯类型;熟悉各类零件的典型加工路线及定位基准的选择;能合理确定零件的加工顺序及基准重合与不重合时工序尺寸的计算。

③能比较合理地制定中等复杂程度的零件的工艺规程。

工作任务

图5.1所示为一个输出轴,要求编写轴的加工工艺过程。生产类型:小批量生产。

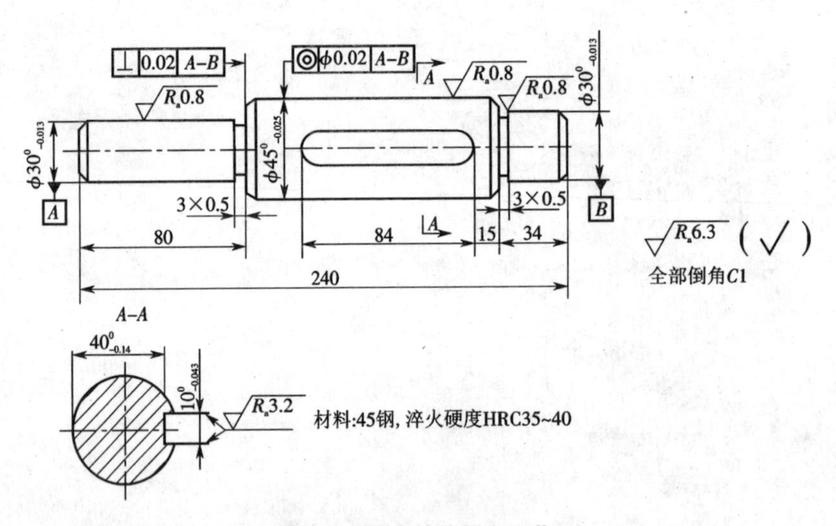

图5.1　输出轴的加工工艺

学习任务一　机械加工基本概念

一、生产过程

生产过程是指从原材料或半成品到成品加工制造出来的全过程。就机械制造而言,生产过程包括:

①原材料(或半成品、元器件、标准件、工具、工装、设备)的购置、运输、检验、

保管；

②生产技术准备工作，如编制工艺文件、专用工装及设备的设计与制造等；

③毛坯制造；

④零件的机械加工及热处理；

⑤产品装配与调试、性能试验以及产品的包装、发运等工作。

生产过程往往由许多工厂或工厂的许多车间联合完成，这有利于专业化生产，提高生产效率，保证产品质量，降低生产成本。

二、机械加工工艺过程及其组成

1. 工艺过程

在生产过程中凡是直接改变生产对象的尺寸、形状、性能（包括物理性能、化学性能、力学性能等）以及相对位置关系的过程，统称为工艺过程。如毛坯制造、机械加工、热处理、装配等过程，均为工艺过程，都是生产过程的重要组成部分。

用机械加工的方法直接改变毛坯形状、尺寸和力学性能等，使之成为合格零件的过程，称为机械加工工艺过程，又称工艺路线或工艺流程。

2. 组成

机械加工工艺过程由若干个按一定顺序排列的工序组成。每个工序又分安装、工位、工步和走刀。

工序——一个（或一组）工人在一个工作地点（如一台机床或一个钳工台），对一个（或同时对几个）工件连续完成的那部分工艺过程。

它包括在这个工件上连续进行的直到转向加工下一个工件为止的全部动作。

区分工序的主要依据是：工作地点固定和工作连续。例如图 5.2 所示的阶梯轴，其工艺过程见表 5.1 和表 5.2。

表 5.1　阶梯轴加工工艺过程（单件小批生产）

工序号	工序内容	设　备
1	车端面、钻中心孔、车全部外圆、车槽与倒角	车床
2	铣键槽、去毛刺	铣床
3	磨外圆	外圆磨床

表 5.2　阶梯轴加工工艺过程（中批生产）

工序号	工序内容	设　备
1	铣端面、钻中心孔	车床、铣床
2	车外圆、车槽与倒角	车床
3	铣键槽	铣床

续表

工序号	工序内容	设　备
4	去毛刺	钳工台
5	磨外圆	外圆磨床

安装——工件加工前,使其在机床或夹具中相对刀具占据正确位置并给予固定的过程。装夹包括定位和夹紧两过程,使工件在整个加工过程中始终保持正确位置的过程称为夹紧,定位是使同一批工件的各件放置到机床(或夹具)中都能获得同一位置。安装是指工件通过一次装夹后所完成的那一部分工序。

表5.2所示的第1道工序,若对工件的两端连续进行车端面、钻中心孔,就需要两次安装(分别进行加工),每次安装有两个工步(车端面和钻中心孔)。

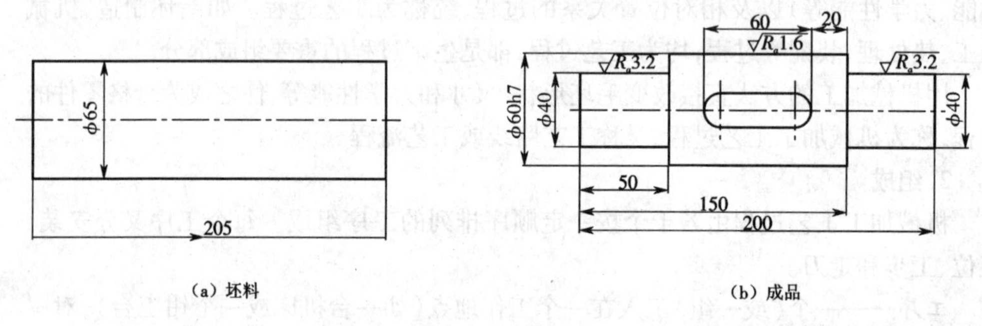

图5.2　阶梯轴

工位——在一次装夹中,工件在机床上所占的每个位置所完成的那一部分工序。

图5.3所示为在三轴钻床上利用回转工作台,按4个工位连续完成每个工件的装夹、钻孔、扩孔和铰孔多个工位加工的实例。采用多工位加工,可以减少安装次数,提高生产效率和保证被加工表面的相互位置精度。

工步——当加工表面、切削刀具、切削速度和进给量都不变的情况下所完成的那部分工序。

工步是构成工序的基本单元。为了提高生产率,常常用几把刀具同时加工几个表面,这样的工步称为复合工步,如图5.4所示。

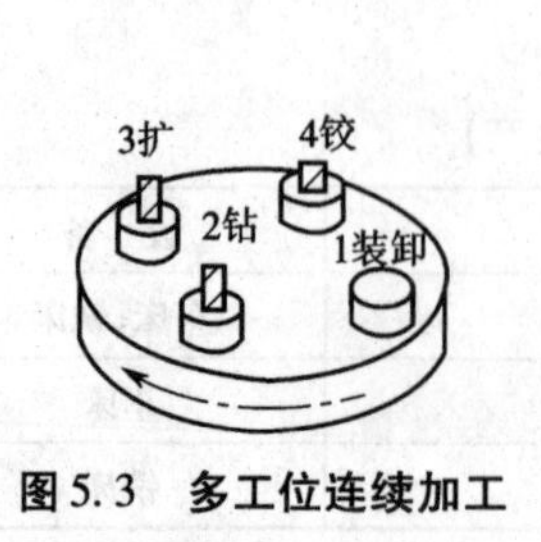

图5.3　多工位连续加工

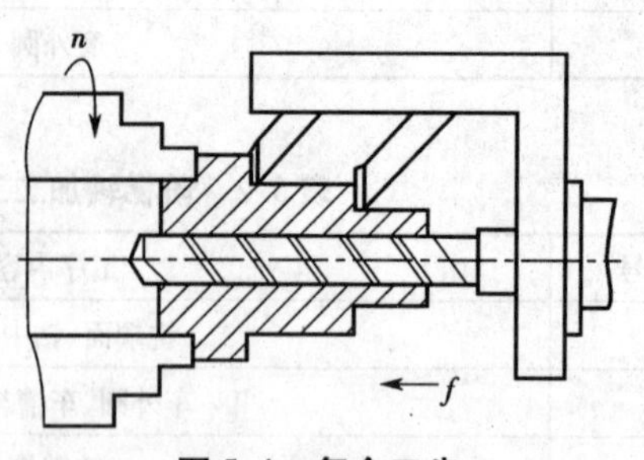

图5.4　复合工步

走刀(又称工作行程)——刀具相对工件加工表面进行一次切削所完成的那部分工作。每个工步可包括一次或几次走刀。

不同的生产类型,其生产过程和生产组织、车间的机床布置、毛坯的制造方法、采用的工艺装备、加工方法以及工人的熟练程度等都有很大的不同,因此在制定工艺路线时必须明确该产品的生产类型。

3. 生产纲领

生产纲领是指包括备品、备件在内的该产品的年产量。产品的年生产纲领就是产品的年生产量。零件的年生产纲领由下式计算:

$$N = Qn(1 + a)(1 + b)$$

式中:N——零件的生产纲领(件/年);

Q——产品的年产量(台/年);

n——单台产品该零件的数量(件/年);

a——备品率,以百分数计;

b——废品率,以百分数计。

4. 生产类型

根据生产纲领的大小,生产可分为以下三种类型。

①单件生产:单个生产不同结构和不同尺寸的产品,年产量小,生产极少重复,甚至完全不重复。

②成批生产:一年中分批、分期地制造同一产品。生产品种较多,每种品种均有一定数量,各种产品分批、分期轮番进行生产。

小批生产——生产特点与单件生产基本相同。

中批生产——生产特点介于小批生产和大批生产之间。

大批生产——生产特点与大量生产相同。

③大量生产:全年中重复制造同一产品。产品品种少、产量大,长期重复进行同一产品的加工。

各种生产类型的规范和工艺过程的主要特点见表5.3、表5.4。

表5.3　各种生产类型的规范

生产类型		零件的年生产纲领/(件/年)		
		重型机械	中型机械	小型机械
单件生产		<5件	<20件	<100件
成批生产	小批生产	5~100件	20~200件	100~200件
	中批生产	100~300件	200~500件	500~5 000件
	大批生产	300~1 000件	500~5 000件	5 000~50 000件
大量生产		>1 000件	>5 000件	>50 000件

注:小型机械、中型机械和重型机械可分别以缝纫机、机床和轧钢机为代表。

表 5.4 各种生产类型工艺过程的主要特点

工艺过程特点	生产类型		
	单件生产	成批生产	大批量生产
工件的互换性	一般是配对制造，没有互换性，广泛用钳工修配	大部分有互换性，少数用钳工修配	全部有互换性。某些精度较高的配合件用分组选择装配法
毛坯的制造方法及加工余量	铸件用木模手工造型；锻件用自由锻。毛坯精度低，加工余量大	部分铸件用金属模；部分锻件用模锻。毛坯精度中等，加工余量中等	铸件广泛采用金属模机器造型，锻件广泛采用模锻，以及其他高生产率的毛坯制造方法。毛坯精度高，加工余量小
机床设备	通用机床，或数控机床，或加工中心	数控机床加工中心或柔性制造单元。设备条件不够时，也采用部分通用机床、部分专用机床	专用生产线、自动生产线、柔性制造生产线或数控机床
夹具	多用标准附件，极少采用夹具，靠划线及试切法达到精度要求	广泛采用夹具或组合夹具，部分靠加工中心一次安装	广泛采用高生产率夹具，靠夹具及调整法达到精度要求
刀具与量具	采用通用刀具和万能量具	可以采用专用刀具及专用量具或三座标测量机	广泛采用高生产率刀具和量具，或采用统计分析法保证质量
对工人的要求	需要技术熟练的工人	需要一定熟练程度的工人和编程技术人员	对操作工人的技术要求较低，对生产线维护人员要求有高的素质
工艺规程	有简单的工艺路线卡	有工艺规程，对关键零件有详细的工艺规程	有详细的工艺规程

学习任务二 工艺规程制定的原则和步骤

将合理的工艺过程和操作方法按一定的格式写出来用以指导生产的文件称为工艺规程。它是在具体的生产条件下，以最合理或较合理的工艺过程和操作方法，并按规定的形式书写成工艺文件，经审批后用来指导生产的。工艺规程中包括各个工序的排列顺序，加工尺寸、公差及技术要求，工艺设备及工艺措施，切削用量及工时定额等内容。

一、工艺规程的作用

1. 指导生产的主要技术文件

一切生产人员必须严格按照工艺规程进行生产，以保证产品质量，并具有良好的经济性和较高的生产率。

2. 生产组织和生产管理的依据

工艺规程是生产计划、调度、工人操作和质量检验等的依据。

3. 新建、扩建或改建厂房（车间）的依据

有产品的工艺规程和生产纲领后，才能正确地决定设备种类、型号和数量，车间面积和布置，才能确定对各类人员的要求和数量以及投资金额等。

二、制定工艺规程的原则

制定工艺规程应遵循下列原则。

①必须保证零件图纸上所有技术要求的实现：既保证质量，又要提高效率。

②保证经济上的合理性：即成本要低，消耗要小。

③保证良好的安全工作条件：尽量减轻工人的劳动强度，保障生产安全，创造良好的工作环境。

④要从本厂实际出发：所制定的工艺规程应立足于本企业实际条件，并具有先进性，尽量采用新工艺、新技术 、新材料。

⑤所制定的工艺规程随着实践的检验和工艺技术的发展与设备的更新，应能不断地修订完善。

三、制定工艺规程的原始资料

制定工艺规程应具有下列原始资料：

①零件工作图及产品装配图；

②产品验收的质量标准；

③零件的生产纲领；

④现场的生产条件（毛坯制造能力、机床设备、工艺装备、工人技术水平、专用设备和工装的制造能力）；

⑤国内外有关的先进制造工艺及今后生产技术的发展方向等；

⑥有关的工艺、图纸、手册及技术书刊等资料。

四、制定工艺规程的步骤

制定工艺规程的步骤如下：

①分析零件图和产品装配图；

②对零件图和装配图进行工艺审查；

③由零件生产纲领确定零件生产类型；

④确定毛坯种类；

⑤拟定零件加工工艺路线；

⑥确定各工序所用机床设备和工艺装备（含刀具、夹具、量具、辅具等）；

⑦确定各工序的加工余量，计算工序尺寸及公差；

⑧确定各工序的技术要求及检验方法；

⑨确定各工序的切削用量和工时定额；

⑩填写工艺文件。

1. 分析零件图和产品装配图

制定工艺规程时，首先应对产品的零件图和与之相关的装配图进行研究分析，明确该零件在产品中的位置和作用,了解各项技术条件制定的依据,找出其主要技术要求和技术关键。具体分析内容有以下方面。

①零件的视图、尺寸、公差和技术要求等是否齐全。

②结合产品装配图分析判断零件图所规定的加工要求是否合理。

【例1】 图5.5所示为汽车钢板弹簧吊耳,原设计吊耳内侧面的表面粗糙度要求为R_a3.2 μm,但查阅装配图后发现工作中钢板弹簧与吊耳的内侧面是不接触的,可以确定该表面粗糙度的要求不合理,可将其增大到R_a12.5 μm,这样就可以在铣削时增大进给量,提高生产率。

③零件的选材是否恰当,热处理要求是否合理。

【例2】 图5.6所示为小方头销,所选材料T8A,方头部分要求淬火硬度为HRC55~60,零件上有一个孔ϕ2H7要求装配时配作。由于零件全长只有15 mm,方头部分长为4 mm,所以很容易发生零件全长均被淬硬的情况,致使装配时ϕ2H7孔无法加工。若将材料改用20Cr钢,采用局部渗碳淬火,问题即可得到解决。

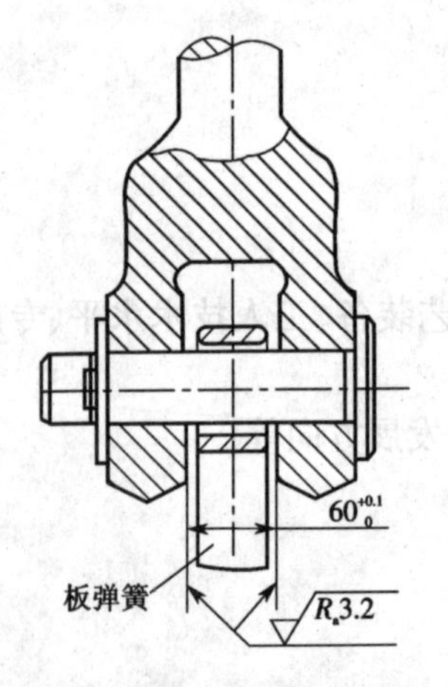

图5.5 汽车钢板弹簧吊耳

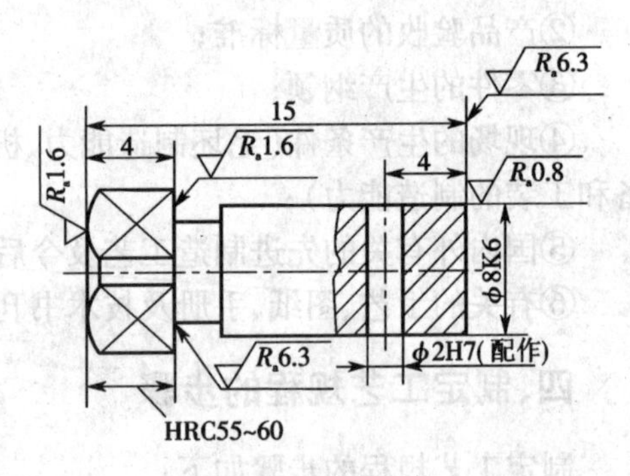

图5.6 小方头销

2. 结构分析

1)零件结构工艺性

零件结构工艺性是指所设计的零件在能满足使用要求的前提下制造的可行性和经济性。它包括零件的各个制造过程中的工艺性,即零件结构的铸造、锻造、冲压、焊接、热处理、切削加工等工艺性。良好的结构工艺性就是指在满足使用性能的前提下,能以较高的生产率和最低的成本方便地加工出来。

2)机械加工对零件局部结构工艺性的要求

①便于刀具的趋进和退出,如表5.5中1所列边缘孔的钻削。

②保证刀具正常工作,如表5.5中2所列孔的加工。

③保证能以较高的生产率加工。

a. 被加工表面形状应尽量简单。

b. 尽量减少加工面积。

c. 尽量减少加工过程的装夹次数。

d. 尽量减少工作行程次数。

e. 应统一或减少尺寸种类。

f. 避免深孔加工。

g. 以外表面连接代替内表面连接。

h. 零件的结构应与生产类型相适应。

i. 有位置要求或同方向的表面能在一次装夹中加工出来。

l. 零件要有足够的刚性，便于采用高速和多刀切削。

3. 零件的技术要求分析

①加工表面的尺寸精度。

②主要加工表面的形状精度。

③主要加工表面的相互位置精度。

④表面质量要求。

⑤热处理要求。

零件上的尺寸公差、形位公差和表面粗糙度的标注，应根据零件的功能经济合理地决定。过高的要求会增加加工难度，过低的要求会影响工作性能，两者都是不允许的。

表 5.5　结构工艺性示例

序号	不合理	合理	说明
1	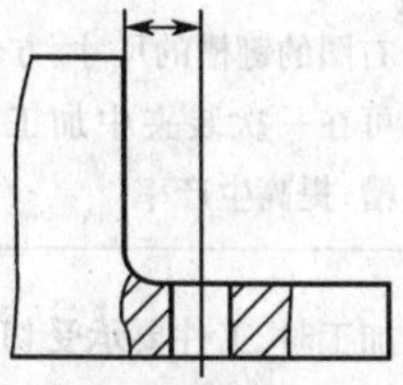	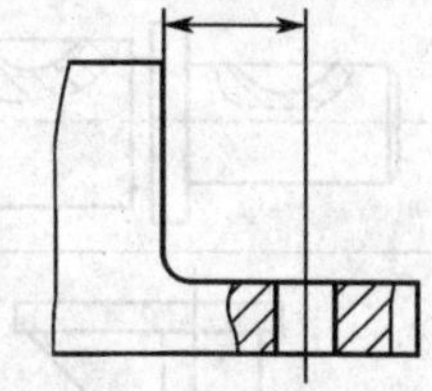	左图孔位置靠近箱体壁，不便于刀具的引进；采用右图结构，增大孔中心距离箱体壁的位置尺寸，方便刀具进入
2	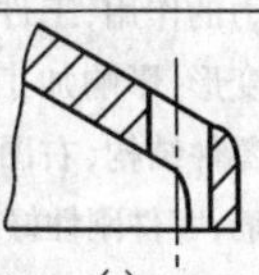 (a) 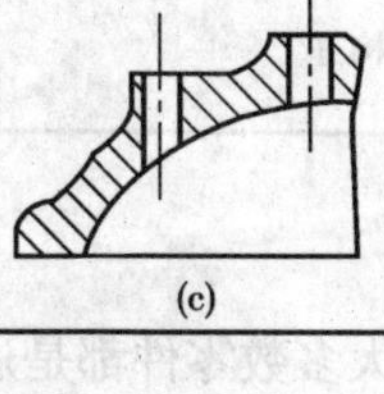 (c)	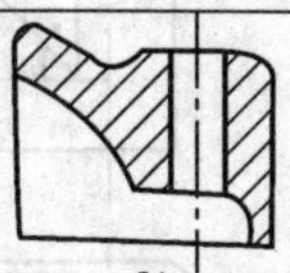 (b) 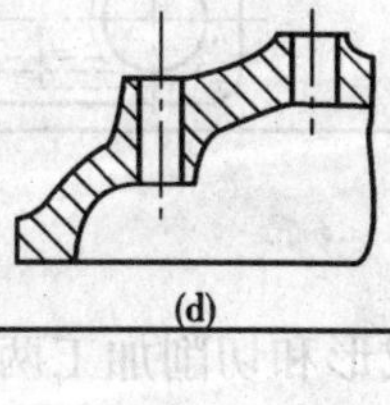 (d)	图(a)所示结构，孔的入口端和出口端都是斜面或曲面，钻孔时钻头两个刃受力不均，容易引偏，而且钻头也容易损坏，宜改用图(b)所示结构。图(c)所示孔结构，入口是平的，但出口都是曲面，宜改用图(d)所示结构

续表

序　号	不合理	合　理	说　明
3	a=1	a=3~5	非加工面与加工面应该分开，且凸台高度应一致，以便于一次加工完成，提高生产效率
4			箱体零件连接孔，左图加工面过大，右图合理，且生产效率高
5	5　3　2	3　3　3	右图轴上槽宽尺寸统一，可减少刀具种类，减少换刀时间
6			左图为深孔加工，工艺难；采用右图结构，避免深孔加工，还节约了零件材料
7			右图的键槽的尺寸、方位相同，则可在一次装夹中加工出全部键槽，提高生产率
8			加工时，工件要承受切削力和夹紧力的作用，工件刚性不足易发生变形，影响加工精度。图示两种零件结构，右图所示结构有加强筋，零件刚性好，加工时不易产生变形，其工艺性比左图所示结构好

4. 毛坯的选择

机械零件的制造包括毛坯成形和切削加工两个阶段，大多数零件都是通过铸造、锻造、焊接或冲压等方法制成毛坯，再经过切削加工制成。因此，正确选择零件毛坯和合理选择机械加工方法是机械零件生产过程控制的关键,选择得正确与否不仅影响每个机械零件乃至整个机械制造的质量和使用性能,而且对于生产周期和成本也有重大的影响。

1)毛坯的种类

铸件:适合做形状复杂零件的毛坯。

锻件:适合做强度要求高,形状简单零件的毛坯。

型材:有热轧、冷轧两种,热轧适用于尺寸较大、精度较低的毛坯;冷轧适用于尺寸较小、精度较高的毛坯。

焊接件:适合作板料、框架类零件的毛坯。

其他毛坯:冲压、粉末冶金、冷挤、塑料压制等毛坯。

2)毛坯选择应考虑的因素

(1)零件材料及力学性能要求

零件材料和对材料性能的要求决定了毛坯的种类。例如铸铁和青铜的零件应选择铸件毛坯;钢质零件当形状不复杂、力学性能要求不太高时可选型材;重要的钢质零件,应选择锻件毛坯。

(2)零件的结构形状与尺寸

零件的结构形状和尺寸在很大程度上决定了毛坯的制造方法。大型且结构简单的零件毛坯多用砂型铸造或自由锻;结构复杂的毛坯多用铸造;小型零件可用模锻或压力铸造;板状钢质零件多用锻件;轴类零件,如直径和台阶相差不大可用棒料,如台阶尺寸相差较大宜选择锻件。

(3)生产纲领的大小

对于大批量生产,应选择高精度的毛坯制造方法,以减少机械加工,节省材料。

(4)现有生产条件

既要考虑现有的毛坯制造水平和设备能力,又要结合产品的发展,积极创造条件,采用先进的毛坯制造方法。

五、常用机械加工工艺规程格式

1.机械加工工艺过程卡片

机械加工工艺过程卡片是以工序为单位简要说明零部件的加工过程的一种工艺文件,是编制其他工艺文件的基础,也是生产准备、编制作业计划和组织生产的依据。工艺过程卡片仅在单件小批生产中指导工人的加工操作,示例见表5.6。

表 5.6 机械加工工艺过程卡片

工厂名		产品图号			零(部)件图号			第 页
		产品名称			零(部)件图号	'		共 页
机械加工工艺过程卡片		毛坯外形尺寸			每料可制件数		数量	
毛坯种类		材料牌号			质量		备注	
工序号	工序名称	工序内容	车间	工段	设备	工艺装备	工时(h)	
							准终	单件
编制		校核		批准		会签(日期)		

2. 机械加工工艺卡片

机械加工工艺卡片是按产品或零件的某一工艺阶段编制的工艺文件。它以工序为单元,详细说明产品(或零部件)在某一工艺阶段中的工序号、工序名称、工序内容、工艺参数操作要求以及采用的设备和工艺装备等。工艺卡片是指导工人生产和帮助车间技术人员掌握零件加工过程的一种主要工艺文件。广泛用于成批生产或重要零件的单件小批生产中,示例见表 5.7。

表 5.7 机械加工工艺卡片

工厂名			产品型号		零部件型号				第 页	
			产品名称		零部件名称				共 页	
机械加工工艺卡片			毛坯外形尺寸		每料可制件数			数量		
毛坯种类			材料牌号		质量			备注		
工序	安装	工步		切削用量				工艺装备		工时(h)	
				最大切深(mm)	切速(m·min^{-1})	转速(r·min^{-1})	进给量(mm·r^{-1})	设备名称	刀具夹具量具	准终	单件
更改内容											
编制		校核		批准		会签(日期)					

3. 机械加工工序卡片

机械加工工序卡片是在工艺过程卡片或工艺卡片的基础上，按每道工序所编制的一种工艺文件。一般具有工序简图，并详细指出该工序的每个工步的加工内容、工艺参数、操作要求以及所有设备和工艺装备。多用于大批量生产及重要零件的成批生产，示例见表5.8。

表5.8　机械加工工序卡片

<table>
<tr><td colspan="2" rowspan="2">工厂名</td><td colspan="4">产品名称及型号</td><td colspan="2">零件名称</td><td colspan="2">零件图号</td><td colspan="3">工序名称</td><td colspan="2">工序号</td><td colspan="3">第　页</td></tr>
<tr><td colspan="4"></td><td colspan="2"></td><td colspan="2"></td><td colspan="3"></td><td colspan="2"></td><td colspan="3">共　页</td></tr>
<tr><td colspan="6">机械加工工序卡片</td><td colspan="2">车间：</td><td colspan="2">工段：</td><td colspan="3">材料名称：</td><td colspan="2">材料牌号：</td><td colspan="3">机械性能：</td></tr>
<tr><td colspan="6" rowspan="6">工序图</td><td colspan="2">同时加工件数</td><td colspan="2">每料件数</td><td colspan="3">件数等级</td><td colspan="2">单位时间(min)</td><td colspan="3">准终时间(min)</td></tr>
<tr><td colspan="2"></td><td colspan="2"></td><td colspan="3"></td><td colspan="2"></td><td colspan="3"></td></tr>
<tr><td colspan="2">设备名称</td><td colspan="2">设备编号</td><td colspan="3">夹具名称</td><td colspan="2">夹具编号</td><td colspan="3">冷却液</td></tr>
<tr><td colspan="2"></td><td colspan="2"></td><td colspan="3"></td><td colspan="2"></td><td colspan="3"></td></tr>
<tr><td colspan="9" rowspan="2">更改内容</td><td colspan="3"></td></tr>
<tr><td colspan="3"></td></tr>
<tr><td rowspan="2">工步号</td><td rowspan="2">工步内容</td><td colspan="3">计算数据</td><td rowspan="2">走刀次数</td><td colspan="4">切削用量</td><td colspan="3">工时定额</td><td colspan="5">刀具及辅具</td></tr>
<tr><td>直径或长度</td><td>走刀长度</td><td>单边余量</td><td>切深/mm</td><td>进给量/mm·r⁻¹</td><td>转速/r·min⁻¹</td><td>切速/m·min⁻¹</td><td>基本时间</td><td>辅助时间</td><td>布置时间</td><td>工具号</td><td>名称</td><td>规格</td><td>编号</td><td>数量</td></tr>
<tr><td></td><td></td><td></td><td></td><td></td><td></td><td></td><td></td><td></td><td></td><td></td><td></td><td></td><td></td><td></td><td></td><td></td><td></td></tr>
<tr><td></td><td></td><td></td><td></td><td></td><td></td><td></td><td></td><td></td><td></td><td></td><td></td><td></td><td></td><td></td><td></td><td></td><td></td></tr>
<tr><td colspan="2">编号</td><td colspan="2"></td><td colspan="2">校核</td><td colspan="2"></td><td colspan="2">批准</td><td></td><td colspan="3">会签(日期)</td><td colspan="4"></td></tr>
</table>

学习任务三　零件机械加工工艺规程的制定

一、工艺路线的拟定

拟定工艺路线是设计工艺规程最为关键的一步，需顺序完成以下方面的工作。

1. 各种加工方法的经济加工精度和表面粗糙度

不同的加工方法如车、磨、刨、铣、钻、镗等，其选用各不相同，所能达到的精度和表面粗糙度也大不一样。即使是同一种加工方法，在不同的加工条件下所得到的精度和表面粗糙度也大不一样，这是因为在加工过程中将有各种因素对精度和粗糙度产生影响，如工人的技术水平、切削用量、刀具的刃磨质量、机床的调整质量等。

某种加工方法的经济加工精度：是指在正常的工作条件下（包括完好的机床设

备、必要的工艺装备、标准的工人技术等级、标准的耗用时间和生产费用）所能达到的加工精度。在该条件下获得的表面粗糙度称为经济粗糙度。

2. 加工方法和加工方案的选择

加工方法和加工方案要按以下原则选择。

①根据加工表面的技术要求，确定加工方法和加工方案。所选方案必须在保证零件达到图纸要求方面是稳定而可靠的，并且在生产率和加工成本方面是最经济合理的。表 5.9、表 5.10、表 5.11 分别列出了外圆表面、内孔表面和平面加工方案及其经济精度。（R_z 为表面粗糙度的另一种表示方法，在“极限配合与技术测量”、“机械制图”等相关课程中进行讲解）

②要考虑被加工材料的性质。例如：淬火钢用磨削的方法加工；而有色金属则磨削困难，一般采用金刚镗或高速精密车削的方法进行精加工。

③要考虑零件的结构形状和加工表面的尺寸。例如：箱体上有一内孔，精度为 IT7 级，粗糙度为 R_a2.5 ~ 1.6 μm，由于受结构限制，不能用拉、磨加工，适宜于用镗、铰的方法。

④要考虑生产纲领，即考虑生产率和经济性的问题。

⑤应考虑本厂的现有设备和生产条件，即充分利用本厂现有设备和工艺装备。

在选择加工方法时，首先根据零件主要表面的技术要求和工厂具体条件，先选定它的最终工序方法，然后再逐一选定该表面各有关前道工序的加工方法。

表 5.9　外圆表面加工方案

序号	加工方法	经济加工精度（公差等级表示）	经济粗糙度 R_a/μm	适用范围
1	粗车	IT11 ~ 13	12.5 ~ 50	适用于淬火钢以外的各种金属
2	粗车—半精车	IT8 ~ 10	3.2 ~ 6.3	
3	粗车—半精车—精车	IT7 ~ 8	0.8 ~ 1.6	
4	粗车—半精车—精车—滚压（或抛光）	IT7 ~ 8	0.025 ~ 0.2	
5	粗车—半精车—磨削	IT7 ~ 8	0.4 ~ 0.8	主要用于淬火钢，也可用于未淬火钢，但不宜加工有色金属
6	粗车—半精车—粗磨—精磨	IT6 ~ 7	0.1 ~ 0.4	
7	粗车—半精车—粗磨—精磨—超精加工（或轮式超精磨）	IT5	0.012 ~ 0.1（或 R_z0.1）	
8	粗车—半精车—精车—精细车（金刚车）	IT6 ~ 7	0.025 ~ 0.4	主要用于要求较高的有色金属加工
9	粗车—半精车—粗磨—精磨—超精磨（或镜面磨）	IT5 以上	0.006 ~ 0.025（或 R_z0.05）	精度极高的外圆加工
10	粗车—半精车—粗磨—精磨—研磨	IT5 以上	0.006 ~ 0.1（或 R_z0.05）	

表5.10　平面加工方案

序　号	加工方法	经济加工精度（公差等级表示）	经济粗糙度 $R_a/\mu m$	适用范围
1	粗车	IT11～13	12.5～50	端面
2	粗车—半精车	IT8～10	3.2～6.3	
3	粗车—半精车—精车	IT7～8	0.8～1.6	
4	粗车—半精车—磨削	IT6～8	0.2～0.8	
5	粗刨（或粗铣）	IT11～13	6.3～25	一般不淬硬平面（端铣表面粗糙度 R_a 较小）
6	粗刨（或粗铣）—精刨（或精铣）	IT8～10	1.6～6.3	
7	粗刨（或粗铣）—精刨（或精铣）—刮研	IT6～7	0.1～0.8	精度要求较高的不淬硬平面，批量较大时宜采用宽刃精刨
8	以宽刃精刨代替上述刮研	IT7	0.2～0.8	
9	粗刨（或粗铣）—精刨（或精铣）—磨削	IT7	0.2～0.8	精度要求高的淬硬平面或不淬硬平面
10	粗刨（或粗铣）—精刨（或精铣）—粗磨—精磨	IT6～7	0.025～0.4	
11	粗铣—拉	IT7～9	0.2～0.8	大量生产，较小的平面
12	粗铣—精铣—磨削—研磨	IT5以上	0.006～0.1（或 R_Z0.05）	高精度平面

表5.11　孔加工方案

序　号	加工方法	经济加工精度（公差等级表示）	经济粗糙度 $R_a/\mu m$	适用范围
1	钻	IT11～13	12.5	加工未淬火钢及铸铁的实心毛坯，也可加工有色金属。孔径小于40 mm的中小孔
2	钻—铰	IT8～10	1.6～6.3	
3	钻—粗铰—精铰	IT7～8	0.8～1.6	
4	钻—扩	IT10～11	6.3～12.5	加工未淬火钢及铸铁的实心毛坯，也可加工有色金属。孔径小于40 mm的中小孔
5	钻—扩—铰	IT8～9	1.6～3.2	
6	钻—扩—粗铰—精铰	IT7	0.8～1.6	
7	钻—扩—机铰—手铰	IT6～7	0.2～0.4	
8	钻—扩—拉	IT7～9	0.1～1.6	大批量生产
9	粗镗（或扩孔）	IT11～13	6.3～12.5	除淬火钢外各种材料，毛坯有铸出孔或锻出孔
10	粗镗（粗扩）—半精镗（精扩）	IT9～10	1.6～3.2	
11	粗镗（粗扩）—半精镗（精扩）—精镗（铰）	IT7～8	0.8～31.6	
12	粗镗（粗扩）—半精镗（精扩）—精镗—浮动镗刀精镗	IT6～7	0.4～0.8	

续表

序号	加工方法	经济加工精度（公差等级表示）	经济粗糙度 $R_a/\mu m$	适用范围
13	粗镗（扩）—半精镗—磨孔	IT7～8	0.2～0.8	主要用于淬火钢，也可用于未淬火钢，但不宜用于有色金属
14	粗镗（扩）—半精镗—粗磨—精磨	IT6～7	0.1～0.2	
15	粗镗—半精镗—精镗—精细镗（金刚镗）	IT6～7	0.05～0.04	主要用于精度要求高的有色金属加工
16	钻—（扩）—粗铰—精铰—珩磨；钻—（扩）—拉—珩磨；粗镗—半精镗—精镗—珩磨	IT6～7	0.025～0.2	精度要求很高的孔
17	以研磨代替上述方法中的珩磨	IT5～6	0.006～0.1	

【例3】 加工一个精度等级为IT6、表面粗糙度为 $R_a0.2\ \mu m$ 的钢质外圆表面，其最终工序选用精磨，则其前道工序可分别选为粗车、半精车和粗磨。主要表面的加工方案和加工工序选定之后，再选定次要表面的加工方案和加工工序。

具有一定技术要求的加工表面，一般都不是只通过一次加工就能达到图纸要求的，对于精密零件的主要表面，往往要通过多次加工才能逐步达到要求。

二、定位基准的选择

在编制工艺规程中，正确选择定位基准对保证加工表面的尺寸精度和相互位置精度的要求，以及合理安排加工顺序都有重要的影响。图5.7所示为各种类型基准，其中图(a)、(b)、(c)、(d)为同一零件不同阶段的4种不同类型的基准，图(e)中的工艺台阶为加工平面时的辅助基准，基准的表示如图5.8所示。

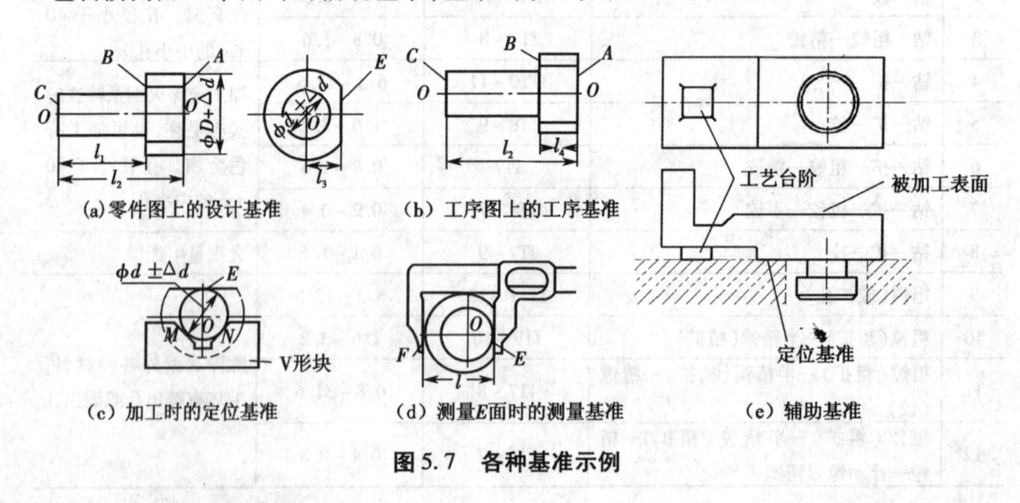

图5.7 各种基准示例

1. 基准的概念和分类

基准是零件图上或零件上，用来确定其他点、线、面位置时所依据的那些点、线、面。它是计算、测量或标注尺寸的起点。根据基准功用的不同，分为设计基准和工艺基准。

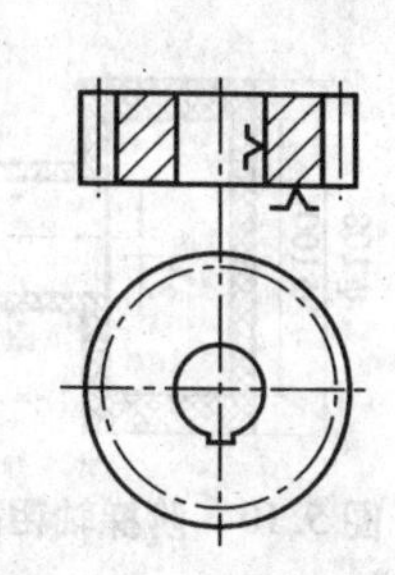

图 5.8 定位基准的表示方法

1)设计基准

设计基准是零件工作图上用来确定其他点、线、面位置的基准。

2)工艺基准

工艺基准是加工、测量和装配过程中使用的基准。按用途不同又分定位基准、工序基准、测量基准和装配基准。

定位基准——加工过程中，使工件相对机床或刀具占据正确位置所使用的基准。根据工件上定位基准的表面状态不同，定位基准又分为粗基准和精基准。精基准是指已经过机械加工的定位基准，而没有经过机械加工的定位基准为粗基准。当工件上没有能作为定位基准的合适表面时，可以在工件上加工出专门用于定位的基准面，这种基准称为辅助基准或工艺基准。

工序基准——在工序图上，用来确定加工表面位置的基准。它与加工表面有尺寸、位置的要求。

测量基准(度量基准)——用来测量加工表面位置和尺寸而使用的基准。

装配基准——装配过程中用以确定零部件在产品中位置的基准。

2. 定位基准的选择

1)粗基准的选择

若工件必须首先保证某重要表面的加工余量均匀，则应选择该表面为粗基准。例如图 5.9 所示，床身导轨面是床身最重要的表面，要求硬度高而均匀，因此加工时应选导轨表面作为粗基准加工导轨表面。

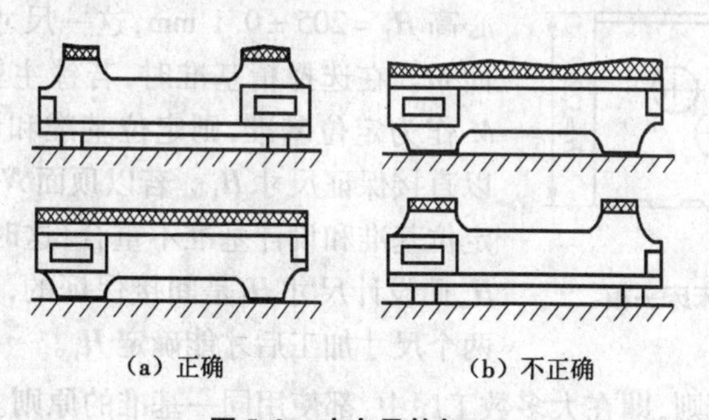

(a) 正确　　(b) 不正确

图 5.9 床身导轨加工

在没有要求保证重要表面加工余量均匀的情况下，若零件的所有表面都要加工，则应以加工余量最小的表面作为粗基准。如图 5.10 所示的阶梯轴锻件，两段不同轴，应以加工余量少的表面为粗基准。

在没有要求保证重要表面加工余量均匀的情况下，若零件有的表面不需要加工，则应以不加工表面中与加工表面的位置精度要求较高的表面为粗基准。图 5.11 所

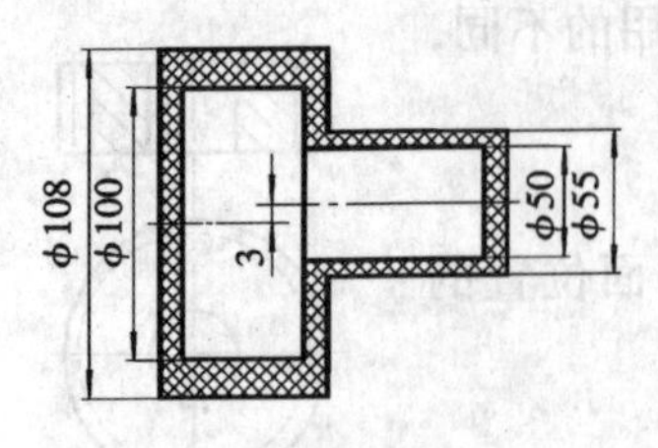

图 5.10 阶梯轴粗基准的选择

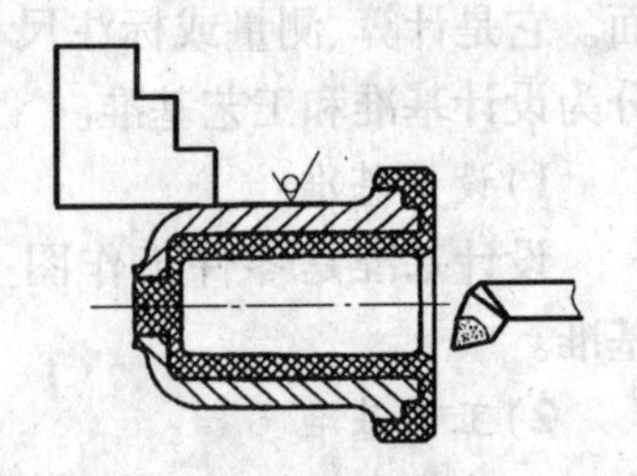

图 5.11 以不加工表面作粗基作

示为套筒法兰零件,表面为不加工表面,为保证镗孔后零件的壁厚均匀,应选表面作粗基准镗孔、车外圆、车端面。

选作粗基准的表面,应尽可能平整和光洁,不能有飞边、浇口、冒口及其他缺陷,以便定位准确、装夹可靠。

一般只使用毛坯表面作一次粗基准,以后不再重复使用。即同一尺寸方向上粗基准通常只允许使用一次,这是因为粗基准一般都很粗糙,重复使用同一粗基准所加工的两组表面之间位置误差会相当大,因此粗基准一般不得重复使用。

2)精基准的选择

选择精基准时,应从整个工艺过程来考虑,如何能保证工件的尺寸精度和位置精度,并使工件装夹方便可靠。

确定精基准时应遵循以下原则。

①基准重合原则是指利用设计基准作为定位基准,即为基准重合原则。遵循这一原则可以避免基准不重合而引起的定位误差。

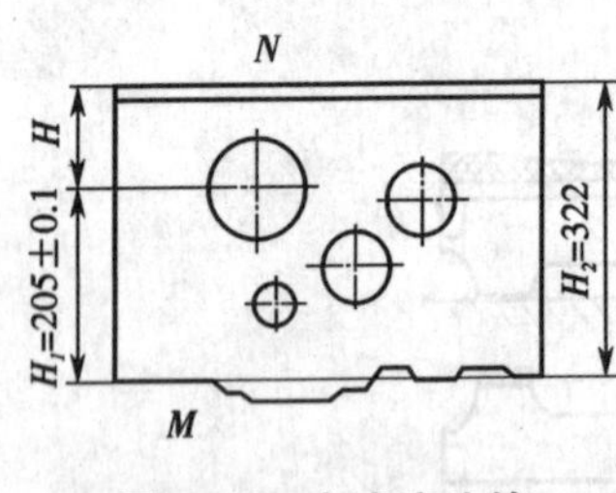

图 5.12 车床床头箱

图 5.12 所示的车床床头箱,箱体上主轴孔的中心高 $H_1=205\pm0.1$ mm,这一尺寸的设计基准是底面 M。在选择精基准时,若镗主轴孔工序,以底面 M 作为定位基准,则定位基准和设计基准重合,可以直接保证尺寸 H_1。若以顶面 N 作为定位基准,则定位基准和设计基准不重合,这时能直接保证尺寸 H,而设计尺寸 H_1 是间接保证的,即只有当 H 和 H_2 两个尺寸加工后才能确定 H_1。

②基准统一原则,即在大多数工序中,都使用同一基准的原则。这样容易保证各加工表面的相互位置精度,避免基准变换所产生的误差。

【例 4】 加工轴类零件时,一般都采用两个顶尖孔作为统一精基准来加工轴类零件上的所有外圆表面和端面,这样可以保证各外圆表面间的同轴度和端面对轴心线的垂直度。

③互为基准原则,即加工表面和定位表面互相转换的原则,一般适用于精加工和光磨加工中。

【例5】　车床主轴前后支撑轴颈与主轴锥孔间有严格的同轴度要求,常先以主轴锥孔为基准磨主轴前、后支撑轴颈表面,然后再以前、后支撑轴颈表面为基准磨主轴锥孔,最后达到图纸上规定的同轴度要求。

④自为基准原则是指以加工表面自身作为定位基准的原则,如浮动镗孔、拉孔磨削车床床身导轨面(见图5.13)等。此准则只能提高加工表面的尺寸精度,而不能提高表面间的位置精度。

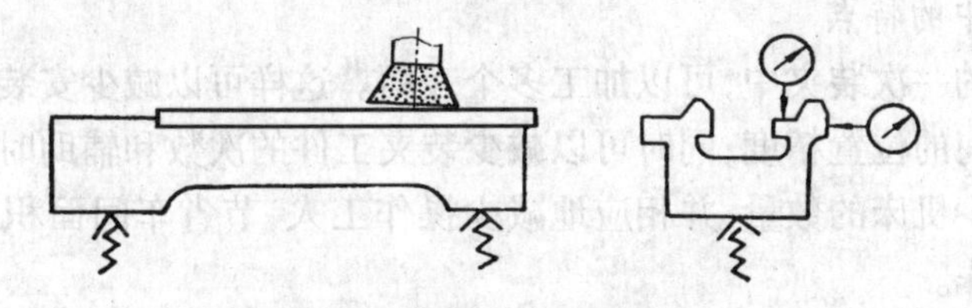

图5.13　在自为基准条件下磨削车床床身导轨面

3)辅助基准的应用

通常选用的定位基准都是零件上的设计表面。有时会遇到一些结构特殊的零件,在它的设计表面中没有可作定位基准的面,此时需要在工件上专为定位做出辅助性的表面,这种表面用作辅助基准。如大多数轴类零件的中心孔,纯粹是为了定位、测量、维修等工艺的需要而加工的,它在零件工作中毫无用处。

三、加工顺序的安排

各表面加工方法选定后,必须把切削加工、热处理和辅助工序一起考虑,合理安排。

1.加工阶段划分

①粗加工阶段:在此阶段主要是尽量切除大部分余量,主要考虑生产率。

②半精加工阶段:在此阶段主要是为主要表面的精加工做准备,并完成次要表面的终加工(钻孔、攻丝、铣键槽等)。

③精加工阶段:在此阶段主要是保证各主要表面达到图纸要求,主要任务是保证加工质量。

④光整加工阶段:在此阶段主要是为了获得高质量的主要表面和尺寸精度。

划分加工阶段的作用如下。

①保证零件加工质量(因为工件有内应力变形、热变形和受力变形,精度、表面质量只能逐步提高)。

②有利于及早发现毛坯缺陷并得到及时处理。

③有利于合理利用机床设备。

④便于穿插热处理工序:穿插热处理工序必须将加工过程划分成几个阶段,否则很难充分发挥热处理的效果。

此外,将工件加工划分为几个阶段,还有利于保护精加工过的表面少受磕碰损坏。

2. 工序集中与分散

如果在每道工序中所安排的加工内容多,则一个零件的加工就集中在少数几道工序里完成,即工序集中。相反,如果在每道工序中所安排的加工内容少,把零件的加工内容分散在很多工序里完成,即工序分散。

1)工序集中的特点

①在工件的一次装夹中,可以加工多个表面。这样可以减少安装误差,较好地保证这些表面之间的位置精度;同时可以减少装夹工件的次数和辅助时间。

②可以减少机床的数量,并相应地减少操作工人,节省车间面积,简化生产计划和生产组织工作。

③由于要完成多种加工,机床结构复杂,精度高,成本也高。

2)工序分散的特点

①机床设备、工装、夹具等工艺装备的结构比较简单,调整比较容易,能较快地更换、生产不同的产品。

②对工人的技术水平要求较低。

3. 加工顺序的安排

1)机械加工工序的安排原则

①基面先行。先把基准面加工出来,再以基准面定位来加工其他表面,以保证加工质量。

②先主后次。主要表面是指装配表面、工作表面,次要表面是指键槽、连接用的光孔等。

③先粗后精。即粗加工在前、精加工在后,粗精分开。

④先面后孔。平面轮廓尺寸较大,平面定位安装稳定,通常均以平面定位来加工孔。

2)热处理工序的安排

①预备热处理:为了改善工件材料机械性能和切削加工性能的热处理(正火、退火、调质),应安排在粗加工以前或粗加工以后、半精加工之前进行。

②时效处理:为了消除工件内应力的热处理,安排在粗加工以后、精加工以前进行。

③最终热处理:为了提高工件表面硬度的淬硬处理(淬火、渗碳、渗氮等),一般都安排在半精加工之后、磨削等精加工之前进行。

当工件需要渗碳淬火时,由于高温渗碳会使工件产生较大的变形,故常将渗碳工序放在次要表面加工之前进行,待次要表面加工完毕之后再进行淬火,以减少次要表面的位置误差。

氮化、氰化等热处理工序,可根据零件的加工要求安排在粗、精磨之间或精磨之后进行。

表面装饰性镀层、发蓝、发黑处理,一般都安排在机械加工完毕之后进行。

3)辅助工序的安排

①检验工序。为保证零件制造质量,防止产生废品,需在下列场合安排检验工序:粗加工全部结束之后;送往外车间加工的前后;工时较长和重要工序的前后;最终加工之后。除了安排几何尺寸检验工序之外,有的零件还要安排探伤、密封、称重、平衡等检验工序。

②去毛刺。零件表层或内腔的毛刺对机器装配质量影响甚大,切削加工之后,应安排去毛刺工序。

③清洗。零件在进入装配之前,一般都应安排清洗工序。工件内孔、箱体内腔易存留切屑,研磨、珩磨等光整加工工序之后,微小磨粒易附着在工件表面上,要注意清洗。

④去磁。在用磁力夹紧工件的工序之后,要安排去磁工序,不让带有剩磁的工件进入装配线。

4. 拟定工艺路线举例

【例6】 图5.14所示方头小轴,中批生产,材料为20Cr,要求ϕ12h6段渗碳(深0.8~1.1 mm),淬火硬度为HRC50~55,试拟定其工艺路线。

解:方头小轴制造工艺路线见表5.12。下料采用20Cr钢棒φ 22 mm×40 mm若干段。

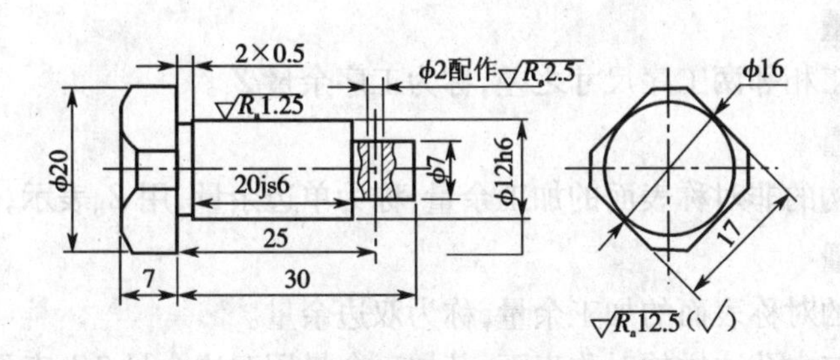

图5.14　方头小轴

表5.12　方头小轴制造工艺路线

工艺步骤			加工目标
粗加工	1	车	车右端面及右端外圆,留磨余量每面0.2 mm(φ 7 mm不车),按长度切断,每段切留余量2~3mm
	2	车	夹右端圆柱段,车左端面,留余量2 mm;车左端外圆至φ 20 mm
	3		检验
4			渗碳

续表

工艺步骤			加工目标
半精加工	5	车	夹左端 φ 20 mm 段,车右端面,留余量 1 mm,打中心孔;车 φ 7 mm、φ 12 mm 圆柱段
	6	车	夹 φ12 部分,车左端面至尺寸,打中心孔
	7	铣	铣削 17 mm×17 mm 方头
	8		检验
9			淬火 HRC50~60
	10		研磨中心孔 粗糙度 R_a0.4 μm
	11	磨	磨 φ 12h6 外圆,达到图纸要求
	12	检验	
	13		清洗、油封、包装

四、加工余量的确定

工艺路线拟定后,需要确定工艺内容以及各工序加工尺寸与公差。确定工序尺寸需要先确定加工余量。

1. 加工余量的概念

为了保证零件的质量(精度和粗糙度值),在加工过程中需要从工件表面上切除的金属层厚度,称为加工余量。加工余量又有总余量和工序余量之分。

2. 工序余量

该表面加工相邻两工序尺寸之差,称为工序余量 Z_i。

1)单边余量

非对称结构的非对称表面的加工余量,称为单边余量,用 Z_b表示, $Z_b = l_a - l_b$。

2)双边余量

对称结构的对称表面的加工余量,称为双边余量。

对于外圆与内孔这样的对称表面,其加工余量用双边余量 $2Z_b$表示。

对于外圆表面有:$2Z_b = d_a - d_b$;对于内圆表面有:$2Z_b = D_b - D_a$。

式中:Z_b——本工序的工序余量;

l_b——本工序的基本尺寸;

l_a——上工序的基本尺寸;

d_b——本工序的外圆基本尺寸;

d_a——上工序的外圆基本尺寸;

D_b——本工序的内圆基本尺寸;

D_a——上工序的内圆基本尺寸。

如图 5.15 所示,(a)为单边余量,(b)、(c)为双边余量。

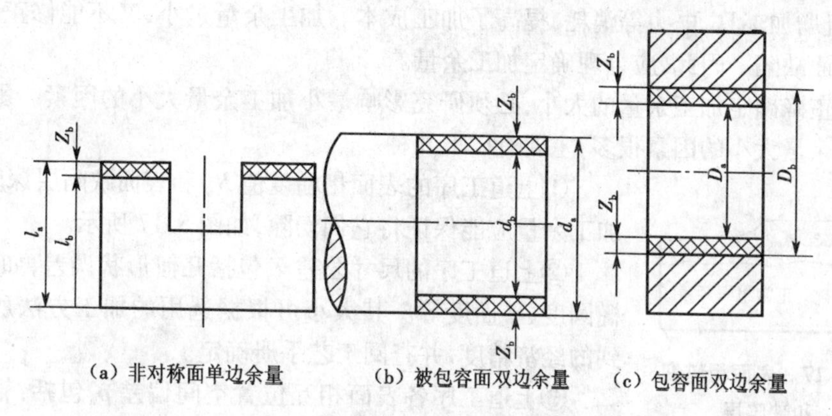

(a) 非对称面单边余量　　(b) 被包容面双边余量　　(c) 包容面双边余量

图 5.15　加工余量

3. 公称余量(简称余量)、最大余量 Z_{max}、最小余量 Z_{min}

由于毛坯制造和各个工序尺寸都存在着误差,因此,加工余量也是个变动值。当工序尺寸用基本尺寸计算时,所得的加工余量称为基本余量或公称余量。

最小余量是保证该工序加工表面的精度和质量所需切除的金属层最小厚度。最大余量是该工序余量的最大值。图 5.16 所示为被包容面加工余量与公差关系。

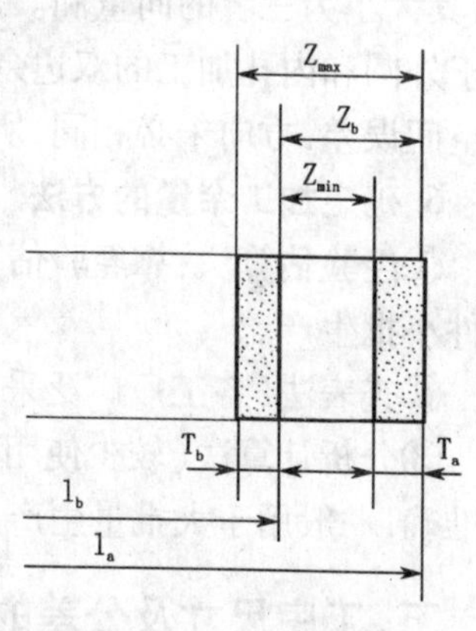

图 5.16　加工余量与公差

本工序加工的公称余量:$Z_b = l_a - l_b$

公称余量的变动范围:$T_Z = Z_{max} - Z_{min} = T_b + T_a$

式中:T_b——本工序工序尺寸公差;

T_a——上工序工序尺寸公差。

工序尺寸公差一般按“入体原则”标注。对被包容尺寸(轴径),上偏差为 0,其最大尺寸就是基本尺寸;对包容尺寸(孔径、键槽),下偏差为 0,其最小尺寸就是基本尺寸。对于工序尺寸为中心距或其他尺寸时取对称偏差即 $\pm T_z/2$。

4. 总加工余量

某一表面毛坯尺寸与零件设计尺寸之差称为总余量,以 $Z_总$ 表示。总余量 $Z_总$ 与工序余量 Z_i 的关系可用下式表示:

$$Z_{总} = \sum_{1}^{n} Z_i$$

式中:Z_i——第 i 道工序的工序余量;

n——某一表面所经历的工序数。

5. 影响加工余量的因素

加工余量的大小,应按加工要求来定。加工余量过大,不仅浪费材料,降低生产率,而且增加工具、电力等消耗,提高了加工成本。加工余量过小,又不能修正误差,消除表面缺陷。因此,应合理确定加工余量。

要正确确定加工余量的大小,必须研究影响最小加工余量大小的因素。影响最小加工余量大小的因素很多,主要有以下几种。

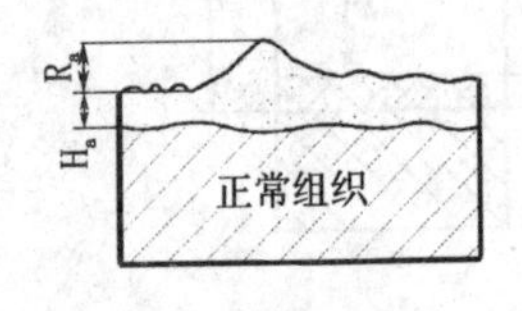

图 5.17 表面粗糙度和缺陷层

①上道工序的表面粗糙度值 R_a 和表面缺陷层深度 H_a,加工余量应能保证将它们切除,如图 5.17 所示。

②上道工序的尺寸公差 T_i 包括几何形状误差,如锥度、椭圆度、平面度等。其大小可根据选用的加工方法所能达到的经济精度,并查阅工艺手册确定。

③上道工序各表面相互位置空间偏差 ρ_a 包括:轴线的直线度、位移和平行度,轴线与表面的垂直度,阶梯轴内外圆的同轴度,平面的平面度等。ρ_a 的数值与上道工序的加工方法和零件的结构有关,可用近似计算法或查有关资料确定。

④本工序的装夹误差 ε_b 除包括定位和夹紧误差外,还包括夹具本身的制造误差,其大小为三者的向量和。对于平面加工的单边余量,$Z \geqslant T_a + R_a + H_a + |\varepsilon_b + \rho_a|$;对于外圆和内孔加工的双边余量,$Z \geqslant T_a + 2(R_a + H_a) + 2|\varepsilon_b + \rho_a|$,式中 ε_b、ρ_a 均是空间误差,方向未必相同,所以用绝对值。

6. 确定加工余量的方法

①经验估算法:靠经验估算确定,从实际使用情况看,余量选择都偏大,一般用于单件小批生产。

②查表法(各工厂广泛采用查表法):根据手册中表格的数据确定,应用较多。

③分析计算法(较少使用):根据实验资料和计算公式综合确定,比较科学,数据较准确,一般用于大批量生产。

五、工序尺寸及公差的确定

1. 基准重合时工序尺寸与公差的确定

工艺基准与设计基准重合,同一表面需要经过多道工序加工才能达到图样的要求。这时各工序的加工尺寸取决于各工序的加工余量。其公差则由该工序所采用加工方法的经济精度决定。根据设计尺寸和各工序余量,从后向前推算各工序基本尺寸,直到毛坯尺寸。再将各工序尺寸的公差按"入体原则"标注。

【例 7】 图 5.18 所示的小轴零件,其毛坯为普通精度的热轧圆钢,装夹在车床前、后顶尖间加工,主要工序:下料—车端面—钻中心孔—粗车外圆—精车外圆—磨削外圆。

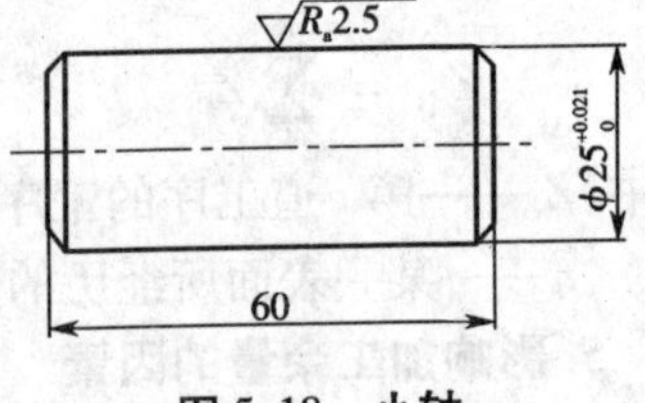

图 5.18 小轴

表 5.13　小轴工序尺寸及公差

工序名称	工序余量	工序经济加工精度	工序基本尺寸	工序尺寸及偏差 J_z	
磨削	0.3	IT7 $T=0.021$	25.00	$\phi25.0$	0 −0.021
半精车	0.8	IT10 $T=0.084$	25 + 0.3 = 25.3	$\phi25.3$	0 −0.084
粗车	1.9	IT12 $T=0.210$	25.3 + 0.8 = 26.1	$\phi26.1$	0 −0.210
毛坯	3.0	IT14 $T=1.0$	26.1 + 1.9 = 28.0	$\phi28\pm0.5$	

【例 8】　某箱体零件有一孔，孔径为 $\phi60_{0}^{+0.03}$，表面粗糙度为 $R_a0.8\ \mu m$，毛坯是铸件，需淬火处理。加工工序为粗镗—半精镗—磨孔。

首先，通过查表或凭经验确定工序余量、经济精度和公差，然后计算工序基本尺寸，结果列于表 5.14 中。

表 5.14　工序尺寸及公差计算

工序名称	工序余量	工序经济加工精度	工序基本尺寸	工序尺寸
磨孔	0.4	H7　$T=0.030$	60	$\phi60_{0}^{+0.03}$
半精镗	1.6	H9　$T=0.074$	60 − 0.4 = 59.6	$\phi59.6_{0}^{+0.074}$
粗镗	7	H12　$T=0.3$	59.6 − 1.6 = 58	$\phi58_{0}^{+0.3}$
毛坯	9	$T=4$	58 − 7 = 51	$\phi51\pm2$

2. 基准不重合时工序尺寸与公差的确定

零件图上所标注的尺寸公差是零件加工最终所要求达到的尺寸要求，工艺过程中许多中间工序的尺寸公差必须在设计工艺过程中予以确定。工序尺寸及其公差一般都是通过解算工艺尺寸链确定的，为掌握工艺尺寸链计算规律，这里先介绍尺寸链的概念及尺寸链计算方法，然后再就工序尺寸及其公差的确定方法进行论述。

1）工艺尺寸链

(1)尺寸链的定义

在工件加工和机器装配过程中，由相互联系的尺寸按一定顺序排列成的封闭尺寸组，称为尺寸链。

如图 5.19 所示的工件，如先以 A 面定位加工 C 面，得尺寸 A_1，然后再以 A 面定位，用调整法加工台阶面 B，得尺寸 A_2，要求保证 B 面与 C 面间尺寸 A_0。A_1、A_2 和 A_0 这三个尺寸构成了一个封闭尺寸组，就成了一个尺寸链。组成尺寸链的各尺寸称为尺寸链的环。

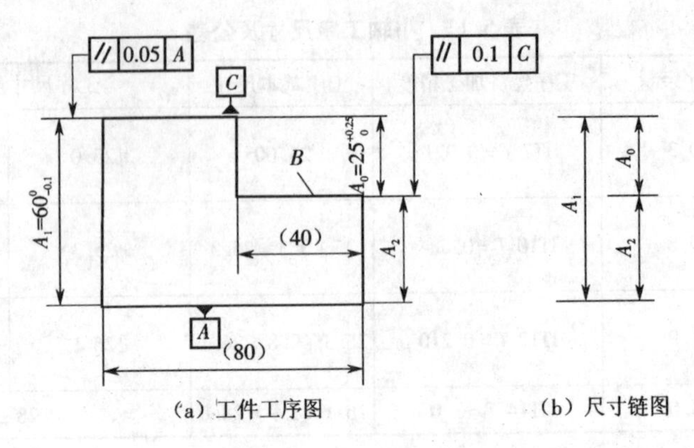

(a) 工件工序图　　(b) 尺寸链图

图 5.19　尺寸链示例

①封闭环:在加工过程中间接获得的尺寸,称为封闭环。在图 5.19(b)所示的尺寸链中,A_0是间接得到的尺寸,它就是尺寸链的封闭环。

②组成环:在加工过程中直接获得的尺寸,称为组成环。在图 5.19(b)所示的尺寸链中,A_1与 A_2都是组成环。它又分为增环和减环。

增环——在尺寸链中,自身增大(或减小)会使封闭环随之增大(或减小)的组成环。增环用$\overrightarrow{A_i}$表示。如图 5.19(*b*)所示,A_2不变,A_1增大引起 A_0增大,所以 A_1为增环。

减环——在尺寸链中,自身增大(或减小)会使封闭环随之减小(或增大)的组成环。减环用$\overleftarrow{A_j}$ 表示。如图 5.19(b)所示,A_1不变,A_2增大引起 A_0减小,所以 A_2为减环。

(2)工艺尺寸链的建立

①封闭环的确定:在工艺尺寸链中,封闭环是加工过程中自然形成的尺寸。

②组成环的查找:从构成封闭环的量表明开始,按工艺过程的顺序,分别向前查找该表面最近一次加工的加工尺寸,之后再进一步查找此加工尺寸的工序基准的最近一次加工时的加工尺寸,如此继续查找,直到两条路线最后得到加工尺寸的工序基准重合。

③增、减环的判断:对环数较少的尺寸链可按增减环的定义来判别是增环还是减环。当环数较多时,有时很难确定,则可采用单向箭头循环图来判别。在画尺寸链简图时,先给封闭环 A_0任定一个方向并画出箭头(假设 A_0向左),然后沿着此箭头方向顺着尺寸链回路依次画出每一组成环的箭头方向,形成封闭环形式。凡是组成环的箭头方向与封闭环箭头方向相反的为增环,方向相同的为减环。如图 5.20 所示的尺寸链,增环为 A_1、A_2、A_4、A_6、A_9、A_{11},减环是 A_3、A_5、A_7、A_8、A_{10}。对于线性尺寸链采用此种方法能方便地确定增减环。

2)计算工艺尺寸链的基本公式

尺寸链的计算是指计算封闭环与组成环的基本尺寸、公差及极限偏差之间的关系,其计算方法有极值法和概率法。生产中多采用极值法。下面介绍极值法计算的基本公式。机械制造中的尺寸公差通常用基本尺寸(A)、上偏差(ES)、下偏差(EI)表示,还可以用最大极限尺寸(A_{max})与最小极限尺寸(A_{min})或基本尺寸(A)、中间偏差(Δ)与公差(T)表示,它们的关系如图5.21所示。

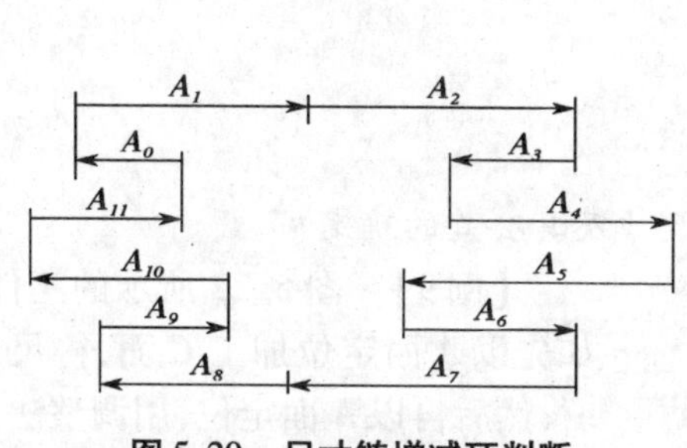

图5.20　尺寸链增减环判断

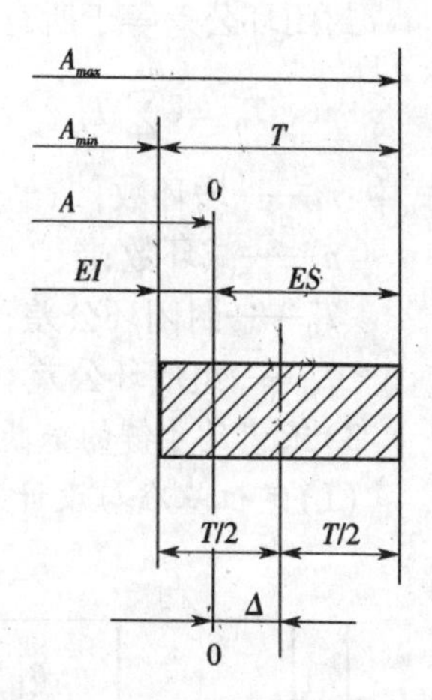

图5.21　基本尺寸、极限偏差、公差与中间偏差

(1)封闭环基本尺寸

封闭环基本尺寸A_0等于所有增环基本尺寸($\vec{A}_i$)之和减去所有减环基本尺寸($\overleftarrow{A}_i$)之和。

$$A_0 = \sum_{i=1}^{m} \overrightarrow{A_i} - \sum_{j=m+1}^{n-1} \overleftarrow{A_j} \tag{5-1}$$

式中:m——增环环数;

$\overrightarrow{A_i}$——增环基本尺寸;

n——尺寸链总环数;

$\overleftarrow{A_j}$——减环基本尺寸。

(2)封闭环的上下偏差

封闭环的上偏差等于所有增环的上偏差之和减去所有减环下偏差之和。

$$ES(A_0) = \sum_{i=1}^{m} ES(\overrightarrow{A_i}) - \sum_{j=m+1}^{n-1} EI(\overleftarrow{A_j}) \tag{5-2}$$

封闭环的下偏差等于所有增环的下偏差之和减去所有减环上偏差之和。

$$EI(A_0) = \sum_{i=1}^{m} EI(\overrightarrow{A_i}) - \sum_{j=m+1}^{n-1} ES(\overleftarrow{A_j}) \tag{5-3}$$

(3)封闭环的极限尺寸

封闭环的最大值等于所有增环的最大值之和减去所有减环最小值之和。

$$A_{0\max} = \sum_{i=1}^{m} \overrightarrow{A}_{i\max} - \sum_{j=m+1}^{n-1} \overleftarrow{A}_{j\min} \tag{5-4}$$

封闭环的最小值等于所有增环的最小值之和减去所有减环最大值之和。

$$A_{0\min} = \sum_{i=1}^{m} \overrightarrow{A}_{i\min} - \sum_{j=m+1}^{n-1} \overleftarrow{A}_{j\max} \tag{5-5}$$

(4)封闭环的公差

封闭环公差等于所有组成环公差之和。

$$T_0 = \sum_{i=1}^{m+1} T_i \tag{5-6}$$

式中:m——增环数;

n——减环数;

T_0——封闭环公差;

T_i——组成环公差。

3)工艺尺寸链的分析和解算

(1)定位基准与设计基准不重合时工序尺寸及其公差的确定

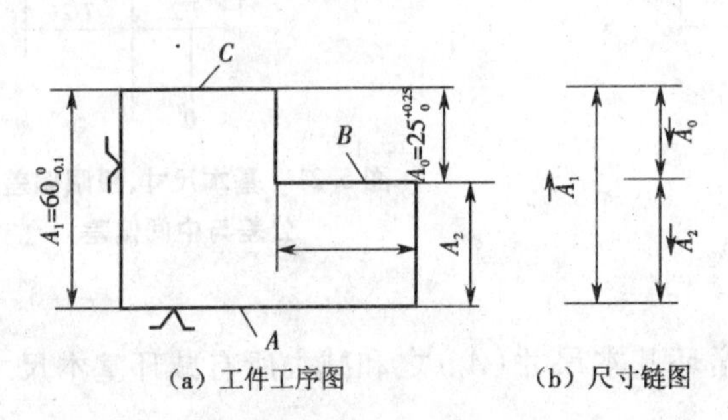

图 5.22 定位基准与设计基准不重合的尺寸换算

【例 9】 图 5.22 所示的工件,如先以 A 面定位加工 C 面,得尺寸 A_1;然后再以 A 面定位,用调整法加工台阶面 B,得尺寸 A_2,要求保证 B 面与 C 面间尺寸 A_0。试求工序尺寸 A_2。

解:当以 A 面定位加工 B 面时,将按工序尺寸 A_2 进行加工,设计尺寸 A_0 是本工序间接保证的尺寸,为封闭环,尺寸链如图 5.22(b)所示。A_1 为增环,A_2 为减环。

基本尺寸:$25 = 60 - A_2$

$A_2 = 35$ mm

下偏差:$+0.25 = 0 - EI(A_2)$

$EI(A_2) = -0.25$ mm

上偏差:$0 = -0.1 - ES(A_2)$

$ES(A_2) = -0.1$ mm

故 $A_2 = 35^{-0.1}_{-0.25}$。

(2)测量基准与设计基准不重合时的尺寸换算

在零件加工中,有时按设计尺寸测量时不方便,需在零件上另选一个易于测量的表面作为测量基准,以控制加工尺寸,从而间接保证设计尺寸的要求。

【例 10】 图 5.23 所示为套筒零件,根据装配要求,标注了尺寸 $50^{0}_{-0.17}$ 和尺寸 $10^{0}_{-0.36}$,大孔深度无明确要求。加工时直接测量 $10^{0}_{-0.36}$ 比较困难,而常用深度游标卡尺直接测量大孔深度,间接保证尺寸 $10^{0}_{-0.36}$,这时出现了测量基准与设计基准不重合,需进行工艺尺寸链换算大孔深度这一工序尺寸。

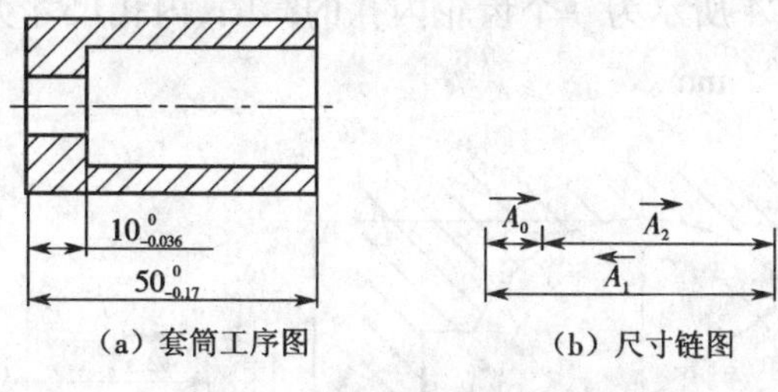

（a）套筒工序图　（b）尺寸链图

图 5.23　测量尺寸的计算

解:画尺寸链图如图 5.23(b)所示。A_1 为增环,A_2 为减环。

基本尺寸:$10 = 50 - A_2$

$$A_2 = 40 \text{ mm}$$

下偏差:$0 = 0 - EI(A_2)$

$$EI(A_2) = 0 \text{ mm}$$

上偏差:$-0.36 = -0.17 - ES(A_2)$

$$ES(A_2) = +0.19 \text{ mm}$$

所以测量尺寸:$A_2 = 40_{0}^{+0.19}$ mm。

通过分析以上计算结果,由于基准不重合而进行尺寸换算,将带来两个问题:

①提高了组成环尺寸的测量精度要求和加工精度要求;

②出现假废品问题。

如上例中,对零件测量时,A_2 的实际尺寸在 $40_{0}^{+0.19}$ 范围内,A_1 的实际尺寸在 $50^{0}_{-0.17}$之间时,A_0必然在设计尺寸 $10^{0}_{-0.36}$以内,零件为合格产品。

如果 A_2的实际尺寸为 39.83 mm,比换算的最小尺寸 40 mm 还小 0.17 mm,这时这个工件将被认为是废品。如果再测量一下 A_1,假如 A_1的实际尺寸恰巧也最小,为 49.83 mm,此时 A_0的实际尺寸为 $A_0 = 49.83 - 39.83 = 10$ mm,零件实际是合格品。

同样,如果 A_2的实际尺寸为 40.36 mm,比换算的最小尺寸 40.19 mm 还大 0.17 mm,如果这时 A_1的实际尺寸恰巧也最大,为 50 mm,此时 A_0的实际尺寸为 $A_0 = 50 - 40.36 = 9.64$ mm,零件实际仍是合格品。

通过上述两种情况分析可以看出,只有实测尺寸的超差量小于另一组成环的公差时,就可能出现假废品。因此,对换算后的测量尺寸超差的零件,应重新测量其他组成环的尺寸,再计算出封闭环的尺寸,以判断是否为废品。

(3)中间工序的工序尺寸换算

在零件加工中,有些加工表面的定位基准或测量基准是一些尚需继续加工的表面。当加工这些表面时,不仅要保证本工序对该加工表面的尺寸要求,同时还要保证原加工表面的要求,即一次加工后要同时保证两个尺寸的要求,此时需进行工序尺寸换算。

【例 11】 图 5.24 所示为一个齿轮内孔的简图,内孔尺寸为 $\phi85_{0}^{+0.035}$ mm,键槽的深度尺寸为 $90.4_{0}^{+0.2}$ mm。

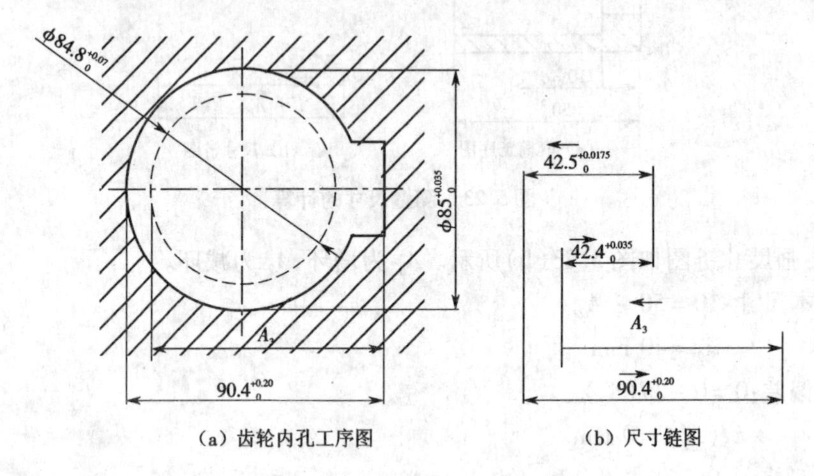

图 5.24 内孔与键槽加工尺寸换算

内孔和键槽加工顺序如下:

①精镗孔至 $\phi84.8_{0}^{+0.07}$ mm。

②插键槽至尺寸 A_3。

③热处理。

④磨内孔至尺寸 $\phi85_{0}^{+0.035}$ mm,同时保证键槽深度尺寸 $90.4_{0}^{+0.2}$ mm。

解:由加工顺序可以看出,磨孔后必须保证内径尺寸,同时还应保证键槽的深度。为此需计算出精镗后作为测量基准的键槽深度——加工工序尺寸 A_3。如图 5.24(b)所示尺寸链,$A_1=42.5_{0}^{+0.0175}$ mm 为增环,$A_2=42.4_{0}^{+0.035}$ mm 为减环,A_3 为增环。磨孔所得的键槽深度尺寸 $A_0=90.4_{0}^{+0.2}$ mm 是自然形成的,为封闭环。

画尺寸链图如图 5.24(b)所示:

基本尺寸:$A_0=A_1+A_3-A_2$ 则 $A_3=90.4+42.4-42.5=90.3$ mm;

上偏差:$ES_0=ES_1+ES_3-EI_2$ 则 $ES_3=0.2+0-0.0175=+0.1825$ mm;

下偏差:$EI_0=EI_1+EI_3-ES_2$ 则 $EI_3=0+0.035-0=+0.035$ mm;

所以测量尺寸 $A_3=90.3_{+0.035}^{+0.1825}$ mm。

学习任务四 工艺过程的生产率及经济性分析

一、时间定额

1. 时间定额的定义

时间定额指在一定生产条件(生产规模、生产技术和生产组织)下规定生产一件产品或完成一道工序所需消耗的时间。时间定额是安排作业计划、进行成本核算、确定设备数量、人员编制等的重要依据。

2. 时间定额的组成

时间定额由基本时间(T_b)、辅助时间(T_a)、布置工作地时间(T_s)、休息与生理需要时间(T_r)以及准备与终结时间(T_e)组成。

①基本时间 T_b:直接改变生产对象的尺寸、形状、相对位置以及表面状态等工艺过程所消耗的时间。对机机加工而言,基本时间就是切削金属所消耗的时间。

②辅助时间 T_a:各种辅助动作所消耗的时间。主要指装卸工件、启停机床、改变切削用量、测量工件尺寸、进退刀等动作所消耗的时间。可通过查表确定。

③布置工作地时间 T_s。主要指换刀、修整刀具、润滑机床、清理切屑、收拾工具等所消耗的时间。计算方法:一般按操作时间的 2% ~7% 进行计算。

④休息时间 T_r:为恢复体力和满足生理卫生需要所消耗的时间。计算方法:一般按操作时间的 2% 进行计算。

⑤准备与终结时间 T_e:为生产一批零件,进行准备和结束工作所消耗的时间。主要指熟悉工艺文件、领取毛坯、安装夹具、调整机床、拆卸夹具等所消耗的时间。计算方法:根据经验进行估算。

综上所述:单件时间 $T_d = T_j + T_a + T_s + T_r + T_e$;对于成批生产,单件计算时间定额 $T_h = T_b + T_a + T_s + T_r + T_e/n$,式中 n 为一批工件的数量。

对于大批量生产,$T_d = T_n$。

二、提高生产率的基本途径

提高生产率的前提是保证质量、降低成本。缩减时间定额,首先应缩减时间定额中比重较大的部分。单件小批生产中,辅助时间和准备终结时间所占比重大;在大批量生产中,基本时间所占比重大。

1. 缩减基本时间

①提高切削用量,增大切削速度、进给量和切削深度,这是机械加工中广泛采用的提高生产率的有效方法。

硬质合金车刀的切削速度可达到 200 m/min,陶瓷刀具的切削速度可达到 500 m/min。近年出现的聚晶金刚石和聚晶立方氮化硼等新型材料,切削普通钢材的速度可达 900 m/min,加工 HRC60 以上的淬火钢、高镍合金钢时,切削速度可达 90 m/min。高速滚齿机的切削速度可达 65 ~75 m/min,高速磨削速度已达 60 m/s 以上。

②减少或重合切削行程长度。例如用几把刀同时加工同一表面或几个表面,或采用切入法加工,如图 5.25 所示。

③采用多件加工,如图 5.26 所示,有三种方式。

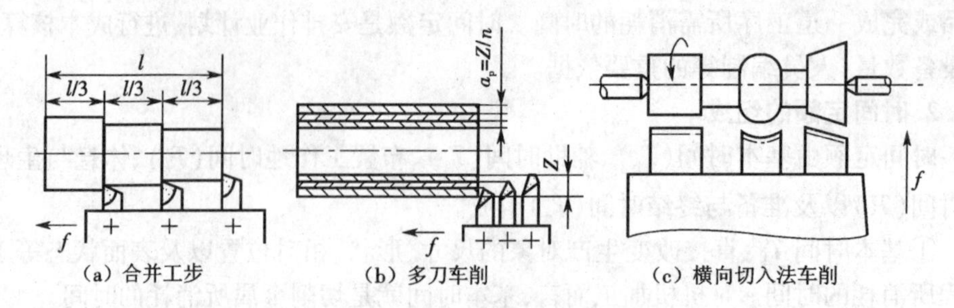

（a）合并工步 （b）多刀车削 （c）横向切入法车削

图 5.25 减少或重合切削行程长度的方法

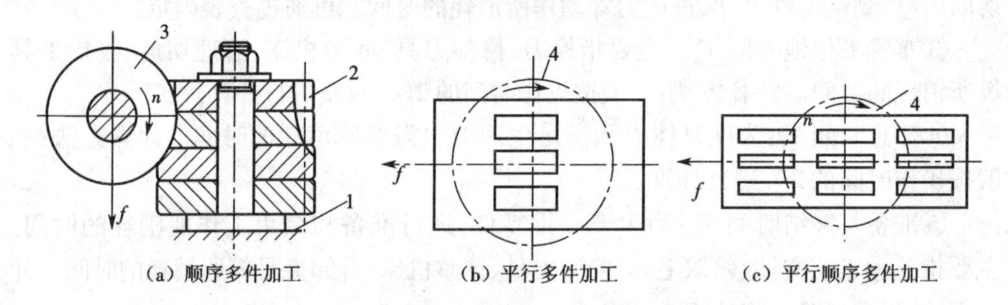

（a）顺序多件加工 （b）平行多件加工 （c）平行顺序多件加工

图 5.26 多件加工示意图

1—工作台;2—工件;3—滚刀;4—铣刀

顺序多件加工:工件顺着走刀方向一个接一个安装,减少了刀具切入和切出时间。

平行多件加工:在一次走刀中同时加工几个工件,时间减少到原来的 $1/n$。常见于铣削和磨削平面。

平行顺序多件加工:上述两种方法的综合应用,适用于工件小、批量较大的情况。

2. 缩减辅助时间

①采用先进夹具,保证加工质量,减少装卸和找正时间。采用转位夹具、转位工作台、直线往复式工作台等,使装卸工件的辅助时间和基本时间重合。图 5.27 所示为回转工作台。

②采用连续加工:采用快速换刀、自动换刀装置;采用主动检验或数字显示自动测量装置。

3. 缩减准备终结时间

①使夹具、刀具调整通用化,把结构形状、技术条件和工艺过程都比较接近的工件归类,制定典型的工艺规程,这样在更换下一批同类工件时,就减少了准备终结时间。

②采用可换刀架或刀夹。

③采用刀具的微调和快调。

④采用先进加工设备。

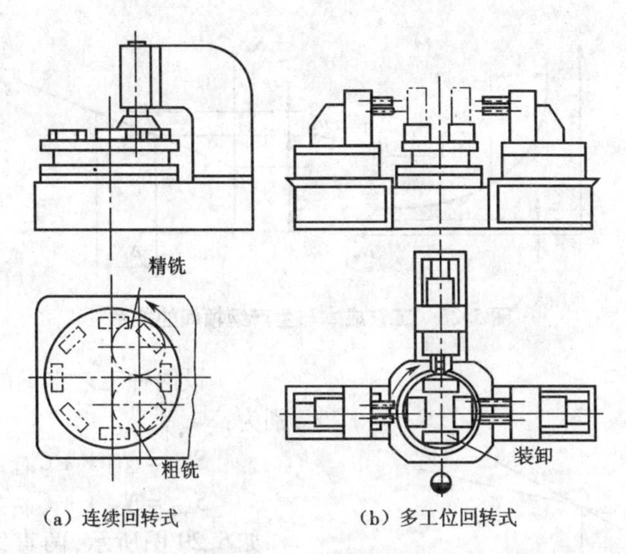

（a）连续回转式　（b）多工位回转式

图 5.27　回转工作台

此外，改进加工方法，采用新工艺、新技术，提高机械加工自动化程度都是提高生产率的重要方面。

三、工艺过程的技术经济分析

技术经济分析就是对各种工艺方案的经济效果进行分析、论证，以便从中找出最优方案。通常有两种方法，一是对不同的工艺过程进行工艺成本的分析和评比，二是按相对技术经济指标进行宏观比较。

1. 工艺成本的分析和评比

工件的实际生产成本是指制造一个零件或产品所必需的一切费用的总和。工艺成本是指与完成工序直接有关的费用。工艺成本约占零件生产成本的70% ~75%。工艺成本可分为可变费用和不变费用两部分。

可变费用 V(元/件)：与零件年产量直接有关的费用。它随产量的增长而减少。如材料和制造费、生产用电费、通用机床折旧费和维修费以及通用工装的折旧费等。

不变费用 C(元/年)：与产品年产量无直接关系的费用。其不随产量的变化而变化，如调整工人的工资、专用机床的折旧费和维修费及专用工装的折旧费和维修费等。

若工件的年产量为 N，则工件的全年工艺成本为：$S_{年} = N_{零}V + C_{年}$(元)

单件工艺成本为：$S_{单} = V + C_{年}/N_{零}$(元/件)，如图 5.28 所示。

对工艺过程不同方案进行评比时，常用工件的全年工艺成本进行比较，这是因为全年工艺成本与年产量的线性关系容易比较。

图 5.29 所示为当评比的工艺方案投资相近时两种加工方案的年度工艺成本的直线图，其中方案Ⅰ采用通用机床加工，方案Ⅱ采用数控机床加工。

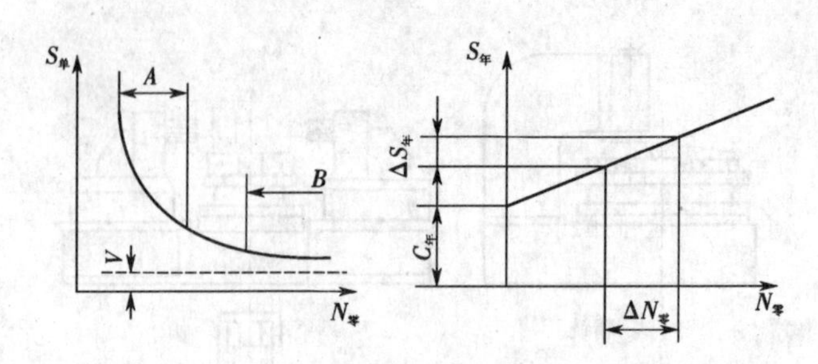

图 5.28 工艺成本与生产纲领间的关系

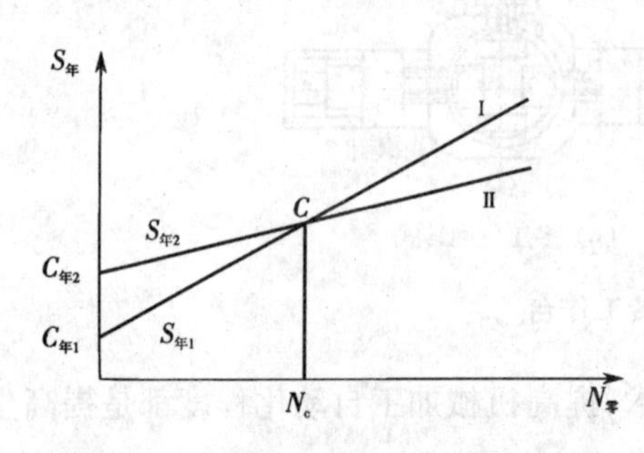

图 5.29 两种工艺方案工艺成本比较

设两种工艺方案的全年工艺成本分别为：

$$S_{年1} = N_零 V + C_{年1}$$

$$S_{年2} = N_零 V + C_{年2}$$

如 5.29 图所示，两直线相交于 C 点，N_c 为临界年产量。

比较后选择：

当 $N < N_c$ 时：宜采用方案Ⅰ。

当 $N > N_c$ 时：宜采用方案Ⅱ。

当 $N = N_c$ 时：两种加工方案经济性相同。

即当批量较小时，宜采用不变费用较小的方案；而当批量较大时，易采用不变费用较大的方案，此时用于专用设备和工装的一次性投资，分摊到每个零件上的费用较少，而可变费用（用图中直线的斜率表示）的减少，使得总的工艺成本降低。

2. 相对技术经济指标的评比

当工艺路线的不同方案进行宏观比较时，常用相对技术经济指标进行评比。

技术经济指标反映工艺过程中劳动的耗费、设备的特征和利用程度、工艺装备需求量以及各种材料和电力的消耗情况。常用的技术经济指标有：每个生产工人的平均年产量、每台机床的平均年产量、每平方米生产面积的平均产量，以及设备利用率、材料利用率和工艺装备系数等。利用这些指标能概括和方便地进行技术经济评比。

课后思考与训练

一、填空题

1. 制定零件工艺过程时，首先研究和确定的基准是____________。

2. 零件在加工过程中使用的基准叫________________。

3. 车床主轴轴颈和锥孔的同轴度要求很高，常采用________________来保证。

4. 机械加工中直接改变工件的形状、尺寸和表面性能使之变成所需零件的过程为______________。

5. 零件装夹中由于__________基准和__________基准不重合而产生的加工误差,称为基准不重合误差。

6. 装配时用来确定该零件、部件在产品中的相对位置所采用的基准叫__________。

7. 组成尺寸链的基本单元是__________。

8. 粗基准、精基准、辅助基准属于__________。

9. 粗基准是用__________表面作为定位基准,精基准是用__________表面作为定位基准。

10. 在同一工序中采用多把刀具同时加工多个表面而完成的工艺内容称为__________。

三、问答题

1. 什么是机械产品生产过程?

2. 什么是机械加工工艺过程? 机械加工工艺过程的组成包括哪些?

3. 简述制定工艺规程的步骤。

4. 简述机械加工中安排热处理的目的及顺序。

5. 什么是基准? 基准的类型有哪些?

6. 什么是工艺基准? 工艺基准包括哪些? 定位粗基准、精基准的选择原则及含义是什么? 辅助基准的应用场合有哪些?

7. 什么叫工艺成本? 工艺成本有哪些组成部分? 如何对不同的工艺方案进行技术经济分析?

8. 有如图 5.30 所示的工件,请选择正确的机械加工工艺结构,并说明理由。

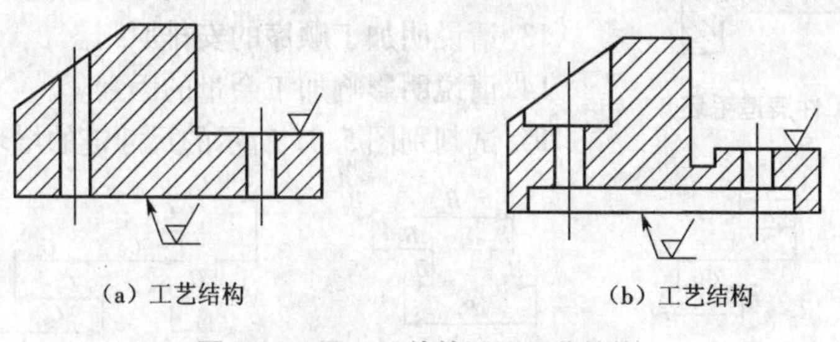

(a) 工艺结构　　(b) 工艺结构

图 5.30　同一工件的不同工艺结构

9. 判断图 5.31 所示零件结构工艺性是否合理,如不合理请加以改正。

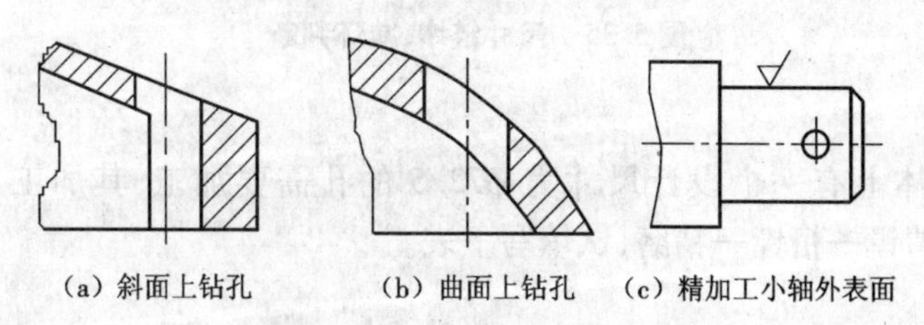

(a) 斜面上钻孔　　(b) 曲面上钻孔　　(c) 精加工小轴外表面

图 5.31　零件结构工艺性

10. 图 5. 32 所示零件，若其中间孔和底面 B 已加工完毕，在加工导轨平面 A 时，应选择哪个面作为定位基准较合理？试列出两种可能的定位方案进行比较。

11. 图 5. 33 所示支架的 A、B、C 面，孔 ϕ10H7 及 ϕ30H7 均已加工。试分析加工孔 ϕ12H7 时，选用哪些表面定位最合理？为什么？并说明各定位表面采用的定位元件。

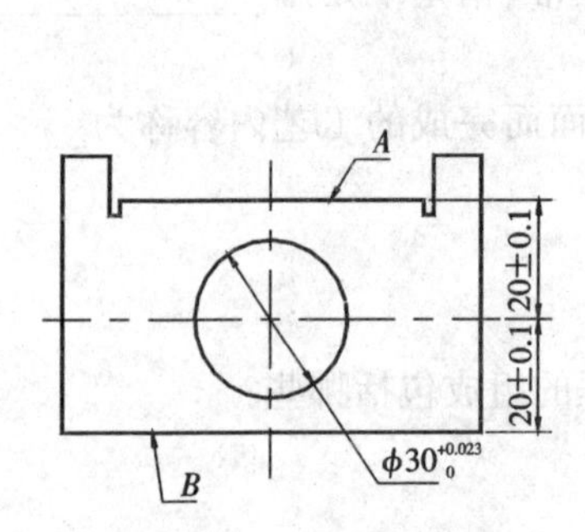

图 5. 32 导轨平面加工

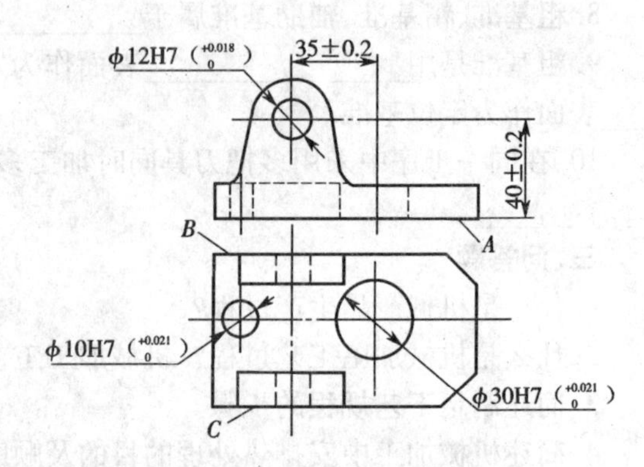

图 5. 33 支架上 ϕ12H7 孔的加工

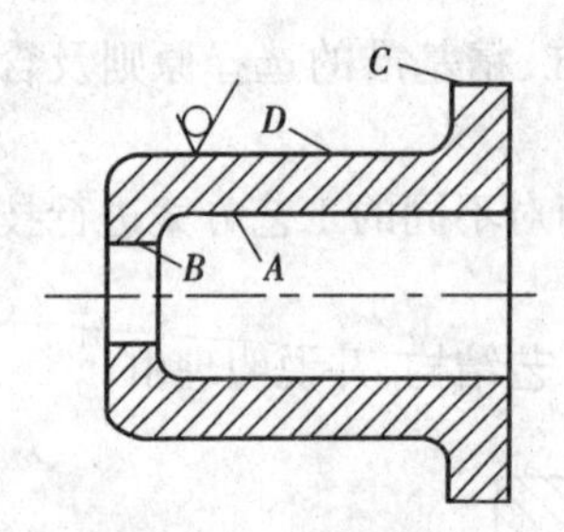

图 5. 34 工件铸造毛坯

12. 图 5. 34 所示工件为铸造毛坯，外圆表面 D 不加工，在下列两种情况下应选择哪个面为定位粗基准？并说明理由。

（1）要求加工后工件壁厚均匀。

（2）要求加工内孔 A 和 B 时加工余量均匀。

13. 请说明加工顺序的安排原则。

14. 请说明影响加工余量的因素。

15. 试判别图 5. 35 所示的尺寸链的增环、减环。

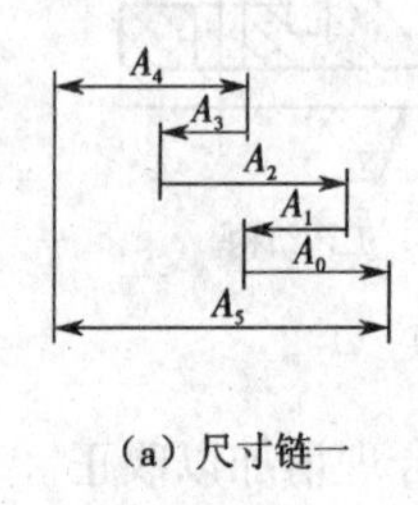

（a）尺寸链一

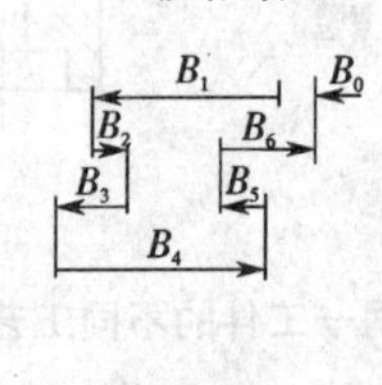

（b）尺寸链二

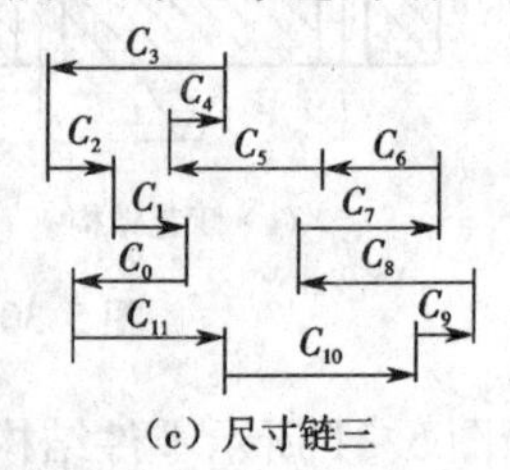

（c）尺寸链三

图 5. 35 尺寸链增、减环判断

16. 计算题

（1）某箱体上有一个设计尺寸为 ϕ72. 5 的孔需要加工，其加工工艺过程为：扩—粗镗—半精镗—精镗—精磨，试填写下表。

单位：mm

工序名称	加工余量	工序所能达到精度等级	工序基本尺寸/mm	工序尺寸及公差
精磨孔	0.7	IT7($^{+0.03}_{0}$)		
精镗孔	1.3	IT8(($^{+0.046}_{0}$)		
半精镗孔	2.5	IT11(($^{+0.19}_{0}$)		
粗镗孔	4	IT12(($^{+0.40}_{0}$)		
扩孔	5	IT13(($^{+0.40}_{0}$)		
毛坯孔		($^{+1}_{-2}$)		

(2)有一工件内孔为 $\phi20_{0}^{+0.013}$ mm,表面粗糙度为 $R_a0.2$ μm,现采用的加工工艺为:钻孔、扩孔、铰孔、研磨。试求:

①内孔加工的各工序尺寸及偏差;

②内孔加工的各工序余量及其变动范围;

③绘制内孔加工的各工序余量、工序尺寸及其公差关系图。

工序名称	加工余量	工序所能达到精度等级	加工余量公差	工序尺寸	工序尺寸偏差
钻孔		IT13(0.33 mm)			
扩孔	4.50	IT9(0.052 mm)			
铰孔	0.20	IT7(0.021 mm)			
研磨内孔	0.05	IT6(0.013 mm)			

(3)一批工件其部分工艺过程为:车内孔至 $\phi39.5^{0}_{-0.06}$ mm;渗碳淬火;磨内孔至 $\phi40^{0}_{-0.03}$ mm。为了保证工件内孔表面最终渗碳层深度为0.7～1 mm,求渗碳工序渗入深度 t 的范围,并画出工艺尺寸链图。

(4)如图5.36所示,加工主轴时,要求保证键槽深度 $t=4_{0}^{+0.16}$ mm,有关加工工艺过程如下:

①车外圆至 $\phi28.5^{0}_{-0.1}$;

②在铣床上按尺寸 $H^{\delta H}$ 铣键槽;

③热处理;

④磨削外圆至 $\phi28^{+0.024}_{+0.008}$。

试用极值法求铣槽工序尺寸 $H^{\delta H}$。

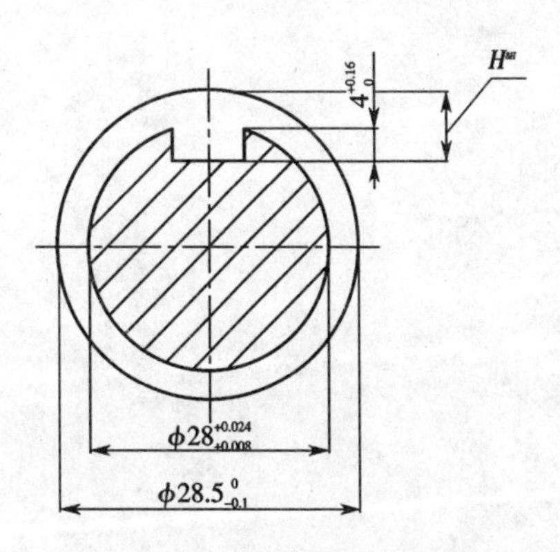

图5.36　主轴键槽加工工序图

17. 图5.37所示为铣削加工工序图,求 A 和 H 的基本尺寸及上下偏差。

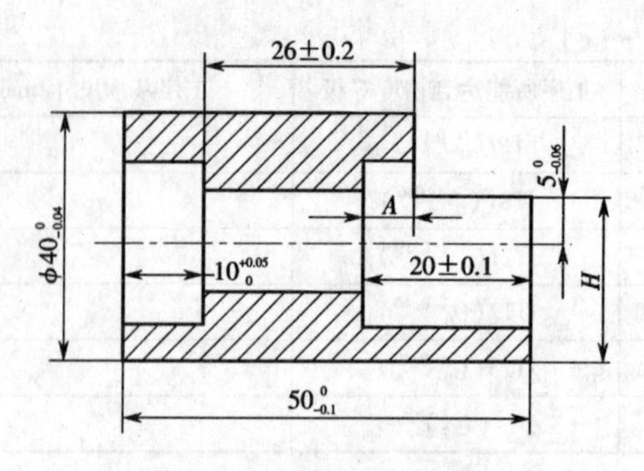

图 5.37 铣削加工工序图

18. 图 5.38 所示为环套零件除 ϕ25H7 孔外，其他各表面均已加工，试求：以 A 面定位加工 ϕ25H7 孔的工序尺寸。

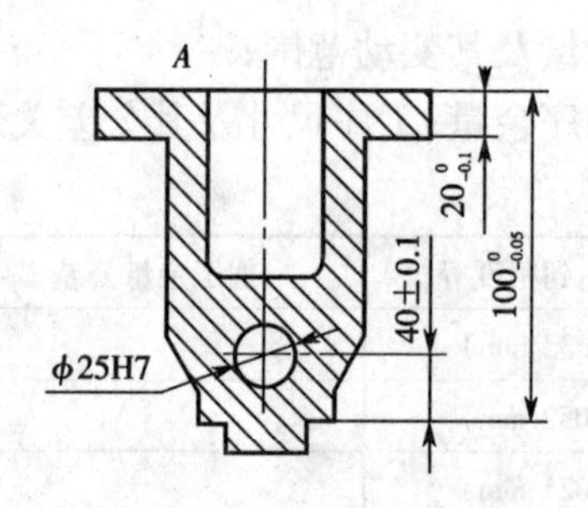

图 5.38 套环零件工序图

单元六　零件机械加工精度和表面质量

教学目标

①熟悉机械加工精度和表面质量的基本概念。

②掌握影响机械加工精度的各种因素及其存在的规律，从而找出减小加工误差、提高加工精度的合理途径。

工作任务

参考图 5.1 所示的输出轴，要求保证尺寸精度、形状位置精度及表面粗糙度等技术要求，得到合格产品。

学习任务一　概　述

一、机械加工精度的概念

机械产品的质量与零件的质量和装配质量有密切的关系，它直接影响着机械产品的使用性能和寿命。零件的加工质量包括加工精度和表面质量两个方面。

机械加工精度是指零件加工后的实际几何参数（尺寸、形状和位置）与理想几何参数的符合程度。符合程度越高，加工精度越高。一般机械加工精度是在零件工作图上给定的。实际几何尺寸与理想几何尺寸的偏离程度称为加工误差。

随着机器速度的提高、负载的增加以及自动化生产的需要，对机器性能的要求也在不断提高，因此保证机器零件具有更高的加工精度也越来越重要。研究机械加工精度的目的是研究加工系统中各种误差的物理实质，掌握其变化的基本规律，分析工艺系统中各种误差与加工精度之间的关系，寻求提高加工精度的途径，以保证零件的机械加工质量。

二、获得机械加工精度的方法

工件规定的加工精度包括尺寸精度、几何形状精度和表面间相互位置精度三个方面。

1. 获得尺寸精度的方法

1)试切法

通过试切—测量—调整刀具—再试切,反复进行,直到符合规定尺寸,然后以此尺寸切出要加工的表面。

2)定尺寸刀具法

使用具有一定形状和尺寸精度的刀具对工件进行加工,并以刀具相应尺寸获得规定尺寸精度。例如用麻花钻头、铰刀、拉刀、槽铣刀和丝锥等刀具加工,以获得规定的尺寸精度。

3)调整法

按零件图规定的尺寸和形状,预先调整好机床、夹具、刀具与工件的相对位置,经试加工测量合格后,再连续成批加工工件。目前广泛应用于半自动机床、自动机床。

4)主动测量法

在加工过程中,采用专门的测量装置主动测量工件的尺寸并控制工件尺寸精度的方法。在外圆磨床和珩磨机上采用主动测量装置以控制加工的尺寸精度。

2. 获得几何形状精度的方法

1)轨迹法

轨迹法是依靠刀具与工件的相对运动轨迹来获得工件形状,如图 6.1 所示。

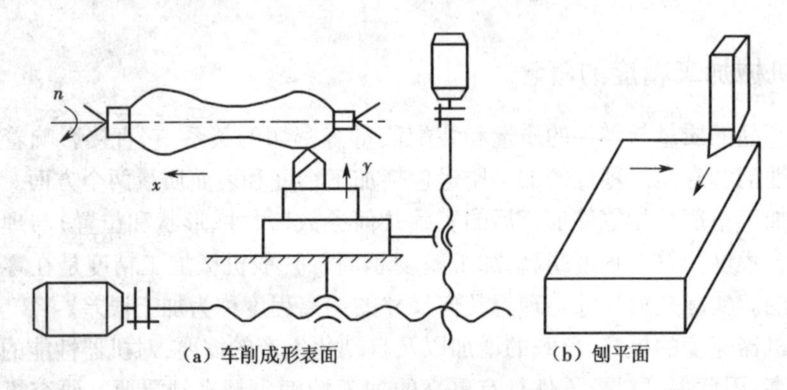

图 6.1 用轨迹法获得工件形状

2)成形法

成形法是采用成形刀具加工工件的成形表面以得到所需求的形状精度。

3)展成法

展成法主要用于齿轮上各种齿形的加工,如滚齿、插齿。

3. 获得相互位置精度的方法

工件各加工表面相互位置的精度主要与机床、夹具及工件的定位精度有关。

学习任务二 影响加工精度的因素

机械加工中,零件的尺寸、形状和表面相互位置的形成,归根到底取决于工件与刀具在切削过程中的相互位置关系。而工件和刀具又分别安装在夹具和机床上,因此机械加工时,机床—夹具—刀具—工件组成了一个加工系统,称工艺系统。工艺系统会有各种各样的误差产生,这些误差在各种不同的具体工作条件下都会以各种不同的方式(或扩大,或缩小)反映为工件的加工误差。

工艺系统中凡是能直接引起加工误差的因素都称为原始误差。原始误差包括以下三种。

①加工前的误差:原理误差、调整误差、工艺系统的几何误差和定位误差。

②加工过程中的误差:工艺系统的受力、受热变形引起的加工误差,刀具磨损引起的加工误差。

③加工后的误差:工件内应力重新分布引起的变形以及测量误差等。

下面分别研究它们的特点、产生的根源以及它们与加工误差的关系。

一、原理误差

由于采用近似的加工运动或近似的刀具轮廓所产生的加工误差,为加工原理误差。

①采用近似的刀具轮廓形状:例如用模数铣刀铣齿轮。

②采用近似的加工运动:例如车削蜗杆时,由于蜗杆螺距 $P_g = \pi m$,而 $\pi = 3.141\,592\,6\cdots$是无理数,所以螺距值只能用近似值代替。因此,刀具与工件之间的螺旋轨迹是近似的加工运动。

二、工艺系统的几何误差

加工中刀具相对于工件的成形运动一般都是通过机床完成的,因此,工件的加工精度在很大程度上取决于机床的精度。机床制造误差对工件加工精度影响较大的有主轴回转误差、导轨导向误差和传动链传动误差。

1)主轴回转误差

机床主轴是装夹工件或刀具的基准,并将运动和动力传给工件或刀具,主轴回转误差将直接影响被加工工件的精度。

主轴回转误差是指主轴各瞬间的实际回转轴线相对其平均回转轴线的变动量。它可分解为径向跳动、轴向窜动和角度摆动三种基本形式。

产生主轴径向回转误差的主要原因有:主轴几段轴颈的同轴度误差、轴承本身的各种误差、轴承之间的同轴度误差、主轴挠度等。它们对主轴径向回转精度的影响大小随加工方式的不同而不同。

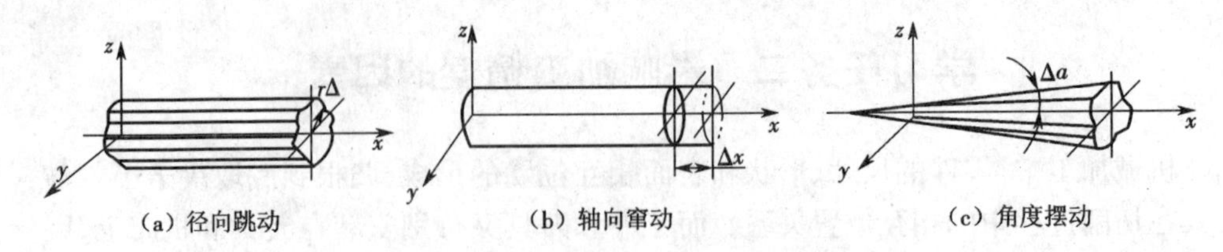

(a) 径向跳动　(b) 轴向窜动　(c) 角度摆动

图 6.2　主轴回转误差的三种形式

图 6.2 所示为主轴回转误差的三种形式。

主轴纯径向跳动——主轴回转轴线相对于平均回转轴线在径向的变动量。车外圆时它使加工面产生圆度和圆柱度误差。产生径向圆跳动误差的主要原因是主轴支撑轴颈的圆度误差、轴承工作表面的圆度误差等。

例如:在采用滑动轴承结构为主轴的车床上车削外圆时,切削力 F 的作用方向可认为大体上是不变的,如图 6.3 所示。在切削力 F 的作用下,主轴颈以不同的部位和轴承内径的某一固定部位相接触,此时主轴颈的圆度误差对主轴径向回转精度影响较大,而轴承内径的圆度误差对主轴径向回转精度的影响不大;在镗床上镗孔时,由于切削力 F 的作用方向随着主轴的回转而回转,在切削力 F 的作用下主轴总是以其轴颈某一固定部位与轴承内表面的不同部位接触,因此,轴承内表面的圆度误差对主轴径向回转精度影响较大,而主轴颈圆度误差的影响不大。图 6.3 中的 δ_d 表示径向跳动量。

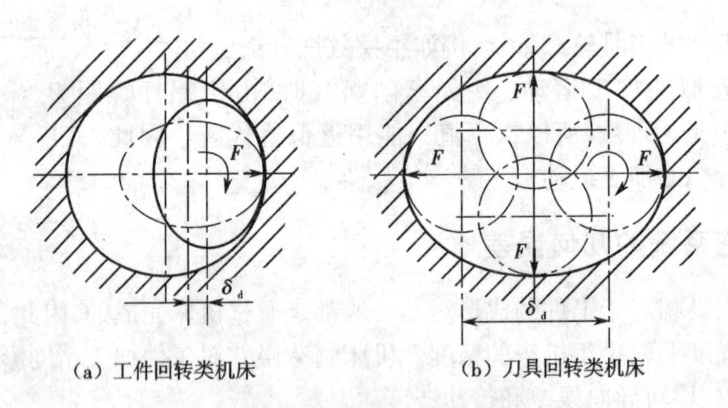

(a) 工件回转类机床　(b) 刀具回转类机床

图 6.3　采用滑动轴承时主轴的径向圆跳动

主轴轴线轴向窜动——主轴回转轴线沿平均回转轴线方向的变动量。车端面时它使工件端面产生垂直度和平面度误差。产生轴向窜动的原因是主轴轴肩端面和推力轴承承载端面对主轴回转轴线有垂直度误差。

角度摆动——主轴回转轴线相对平均回转轴线成一倾斜角度的运动。车削时,它使加工表面产生圆柱度误差和端面的形状误差。

提高主轴及箱体轴承孔的制造精度,选用高精度的轴承,提高主轴部件的装配精度,对主轴部件进行平衡,对滚动轴承进行预紧等,均可提高机床主轴的回转精度。

2)导轨误差

导轨是机床中确定各主要部件相对位置关系的基准,也是运动的基准,它的各项误差直接影响被加工零件的精度。

(1)导轨在水平面内的直线度误差对加工精度的影响

如图6.4所示,导轨在水平面内有直线度误差Δy时,在导轨全长上刀具相对于工件的正确位置将产生Δy的偏移量,使工件半径产生$\Delta R=\Delta y$的误差。导轨在水平面内的直线度误差将直接反映在被加工工件表面的法线方向(误差敏感方向)上,对加工精度的影响最大。

(2)导轨在垂直平面内的直线度误差对加工精度的影响

如图6.5所示,导轨在垂直平面内有直线度误差Δz时,也会使车刀在水平面内发生位移,使工件半径产生误差ΔR。与Δz值相比,ΔR属微小量,由此可知,导轨在垂直平面内的直线度误差对加工精度影响很小,一般可忽略不计。

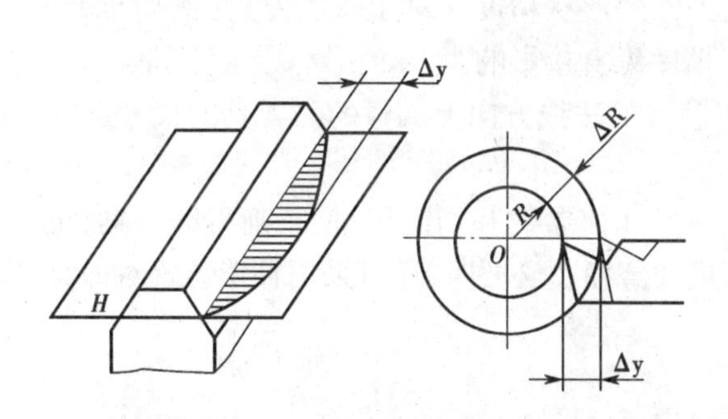

图6.4　导轨水平面的直线度误差对加工精度的影响

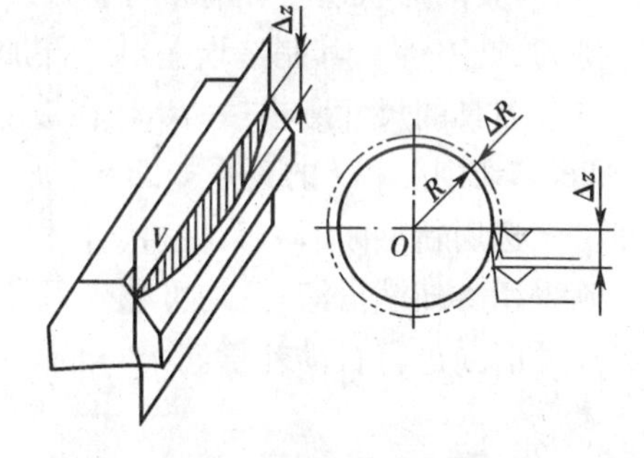

图6.5　导轨垂直面的直线度误差对加工精度的影响

(3)导轨间的平行度误差对加工精度的影响

如图6.6所示,当前后导轨在垂直平面内有平行度误差(扭曲误差)时,刀架将产生摆动,刀架沿床身导轨作纵向进给运动时,刀尖的运动轨迹是一条空间曲线,使工件产生圆柱度误差。

导轨间在垂直方向有平行度误差时,将使工件与刀具的正确位置在误差敏感方向产生偏移量,使工件半径产生$\Delta R=H\cdot\Delta/B$的误差,对加工精度影响较大。

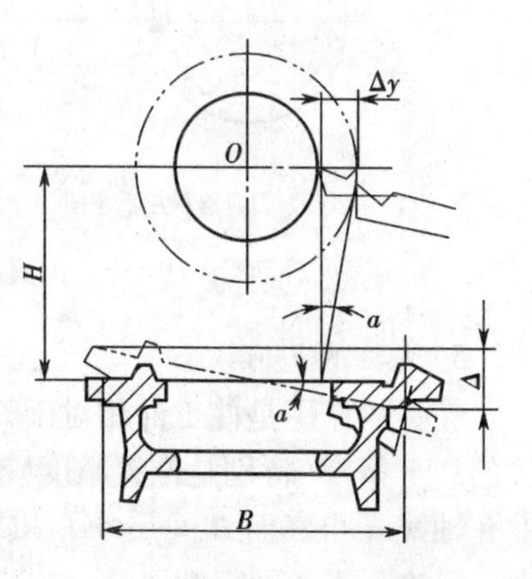

图6.6　车床导轨面平行度误差

除了导轨本身的制造误差之外,导轨磨损是造成机床精度下降的主要原因。选用合理的导轨形状和导轨组合形式,采用耐磨合金铸铁导轨、镶钢导轨、贴塑导轨、滚动导轨以及对导轨进行表面淬火处理等措施均可提高导轨的耐磨性。

3)传动链误差

传动链误差是指传动链始末两端传动元件相对运动的误差。一般用传动链末端元件的转角误差来衡量。机床传动链误差是影响表面加工精度的主要原因之一。

例如:车削螺纹的加工,主轴与刀架的相对运动关系不能严格保证时,将直接影响螺距的精度。

减小传动链传动误差的措施有:提高传动元件的制造精度和装配精度;减少传动件的数目,缩短传动链;传动比越小,传动元件的误差对传动精度的影响越小。

4)刀具的几何误差

刀具误差对加工精度的影响随刀具种类的不同而不同。采用定尺寸刀具(例如钻头、铰刀、键槽铣刀、圆拉刀等)加工时,刀具的尺寸误差和磨损将直接影响工件尺寸精度。采用成形刀具(例如成形车刀、成形铣刀、齿轮模数铣刀、成形砂轮等)加工时,刀具的形状误差和磨损将直接影响工件的形状精度。对于一般刀具(例如车刀、刨刀、铣刀等),其制造误差对工件加工精度无直接影响。

刀具的尺寸磨损量 NB 是在被加工表面的法线方向上测量的。刀具的尺寸磨损 NB 与切削路程 l 的关系如图 6.7 所示。

选用新型耐磨刀具材料、合理选用刀具几何参数和切削用量、正确刃磨刀具、正确采用冷却润滑液等,均可减少刀具的尺寸磨损。必要时,还可采用补偿装置对刀具尺寸磨损进行自动补偿。

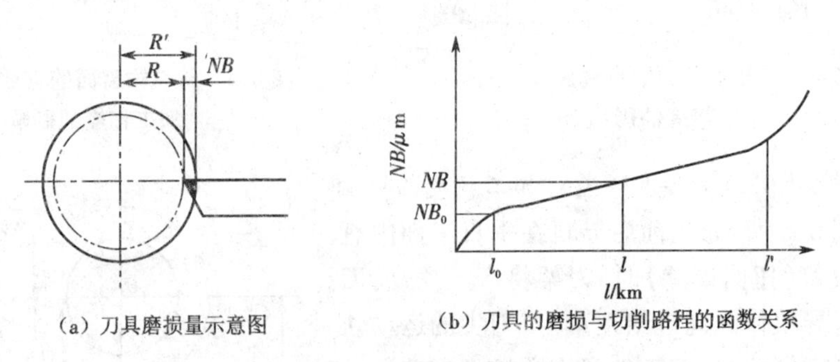

(a) 刀具磨损量示意图　　(b) 刀具的磨损与切削路程的函数关系

图 6.7　刀具的尺寸磨损与切削路程的关系图

5)夹具的几何误差

夹具的作用是使工件相对于刀具和机床占有正确的位置,夹具的几何误差对工件的加工精度(特别是位置精度)有很大影响。在图 6.8 所示的钻床夹具中,影响工件孔轴线 a 与底面 B 间尺寸 L 和平行度的因素有:钻套轴线与夹具定位元件支撑平面 c 间的距离和平行度误差;夹具定位元件支撑平面 c 与夹具体底面 d 的垂直度误差;钻套孔的直径误差等。在设计夹具时,对夹具上直接影响工件加工精度的有关尺寸的制造公差一般取为工件上相应尺寸公差的 1/5 ~ 1/2。

夹具元件磨损将使夹具的误差增大。为保证工件加工精度,夹具中的定位元件、导向元件、对刀元件等关键易损元件均需选用高性能耐磨材料制造。

6)调整误差

零件加工的每一道工序中,为了获得被加工表面的形状、尺寸和位置精度,必须对机床、夹具和刀具进行调整。而采用任何调整方法及使用任何工具都难免带来一些原始误差,这就是调整误差。

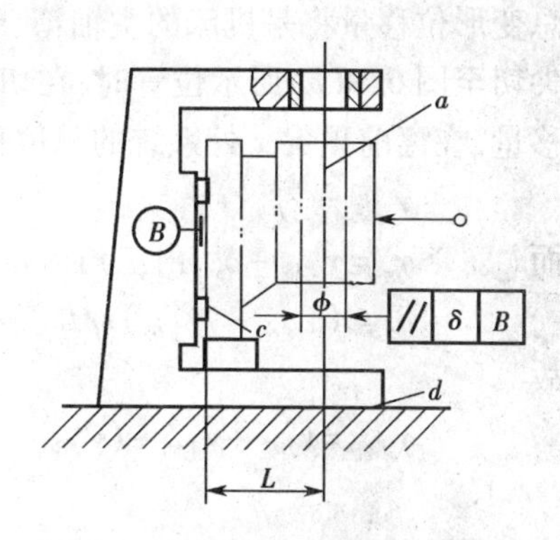

图6.8　工件在夹具中装夹示意图

三、工艺系统的受力变形

1.工艺系统刚度

机械加工中,工艺系统在切削力、夹紧力、传动力、惯性力和重力等的作用下,将产生相应变形,使工件产生加工误差。工艺系统在外力作用下产生变形的大小,不仅取决于作用力的大小,还取决于工艺系统的 刚度。

垂直作用于工件加工表面的背向力 F_P与工艺系统在该方向上的变形 y 的比值,称为工艺系统刚度 $k_{系统}$,即

$$k_{系统}=F_P/y_{系统}(\mathrm{N/mm}) \tag{6-1}$$

工艺系统在某一位置受力作用产生的变形量 $y_{系}$应为工艺系统各组成环节在此位置受该力作用产生的变形量的代数和,即

$$y_{系统}=y_{机床}+y_{刀具}+y_{夹具}+y_{工件} \tag{6-2}$$

而　$k_{系统}=F_P/y_{系统}$;$k_{机床}=F_P/y_{机床}$;$k_{刀具}=F_P/y_{刀具}$;$k_{夹具}=F_P/y_{夹具}$;$k_{工件}=F_P/y_{工件}$

故

$$1/k_{系统}=1/k_{机床}+1/k_{刀具}+1/k_{夹具}+1/k_{工件} \tag{6-3}$$

由式(6-3)知,工艺系统刚度的倒数等于系统各组成环节刚度的倒数之和。若已知各组成环节的刚度,即可由式(6-3)求得工艺系统刚度。工艺系统刚度主要取决于薄弱环节的刚度。

2.工艺系统刚度对加工精度的影响

1)加工过程中由于工艺系统刚度发生变化引起的误差

例如,在车床上用两顶尖装夹棒料车外圆,工件的变形可按简支梁计算,如图6.9(a)所示。

根据材料力学计算公式,这时有 $y_{工件}=F_P(L-x)^2x^2/3\mathrm{eil}$,则 $k_{工件}=3\mathrm{eil}/(L-x)^2x^2$。其中:$E$ 为弹性模量;I 为惯性矩。

对于车刀,因变形甚微,可忽略不计。

夹具按机床部件处理,不再单独计算。

考虑机床床身及工件、刀具的刚度很大,受力后变形位移量可忽略不计,故机床

总变形位移量将是机床的主轴箱、尾座及刀架等部件变形位移量的综合反映。当刀尖切至图6.9(b)所示位置时,在切削力的作用下,主轴箱、尾座和刀架都有一定的位移量,在离前顶尖 x 处系统的总位移

$$y_{系统} = y_{刀架} + y_x \tag{6-4}$$

而 $y_x = y_{主轴} + \delta_x$,由三角形相似原理得:

$$\delta_x = (y_{尾座} - y_{主轴})x/L \tag{6-5}$$

故

$$y_{系统} = y_{刀架} + y_{主轴} + (y_{尾座} - y_{主轴})x/L \tag{6-6}$$

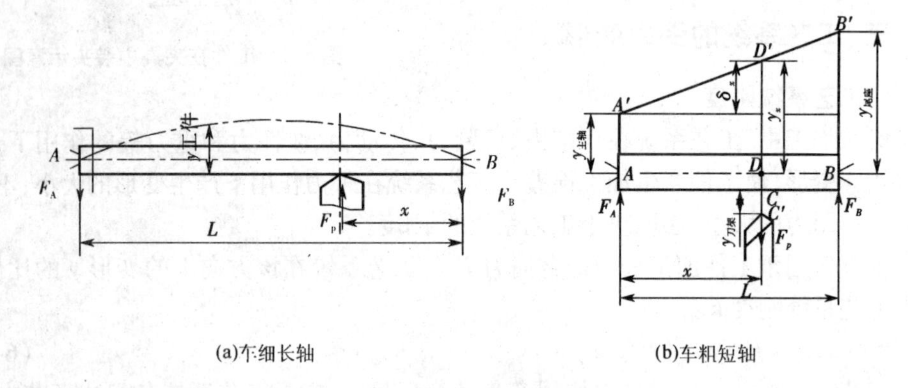

图6.9 车削外圆时工艺系统的受力变形

若作用在刀架上的力为 F_P,由力的平衡关系得 $F_{主轴}$(即 F_A) $= F_P(L-x)/L$,$F_{尾座}$(即 F_B) $= F_P x/L$。

而刀架、主轴、尾座的位移量分别为

$y_{刀架} = F_P/k_{刀架}$,$y_{主轴} = F_{主轴}/k_{主轴}$,

$y_{尾座} = F_{尾座}/k_{尾座}$

将它们代入式(6-6),可得工艺系统的位移量为

$$y_{系统} = F_P/k_{刀架} + F_P(L-x)/(L \cdot k_{主轴}) + x/L[F_P x/(L k_{尾座}) - F_P(L-x)/(L k_{主轴})]\ (\text{mm})$$

将上式代入式(6-1)便可得系统刚度。

可知,工艺系统的刚度随进给位置 x 的改变而改变;刚度大则位移小,刚度小则位移大。由于工艺系统的位移量是 x 的二次函数,故车成的工件母线不直,两头大、中间小,呈鞍形。

假设工件细长、刚度很低,工艺系统的刚度完全等于工件的变形量。

由此可见,工艺系统的刚度随切削力作用点的位置变化而变化,加工后的工件各截面的直径也不相同,可能造成锥形、鞍形、鼓形等形状误差。

2)由于切削力变化引起的误差

加工过程中,由于毛坯加工余量和工件材质不均等因素,会引起切削力变化,使

工艺系统变形发生变化，从而产生加工误差。

车削一个具有锥形误差的毛坯，加工表面上必然有锥形误差；待加工表面上有什么样的误差，加工表面上必然也有同样性质的误差，这就是切削加工中的误差复映现象。加工前后误差之比值，称为误差复映系数，它代表误差复映的程度。

如图6.10所示，车削一个有圆度误差的毛坯，将刀尖调整到要求的尺寸（图中双点画线圆），在工件每一转过程中，刀具切削深度不同，引起的位移量也不同，这就使毛坯的圆度误差复映到工件已加工表面上。

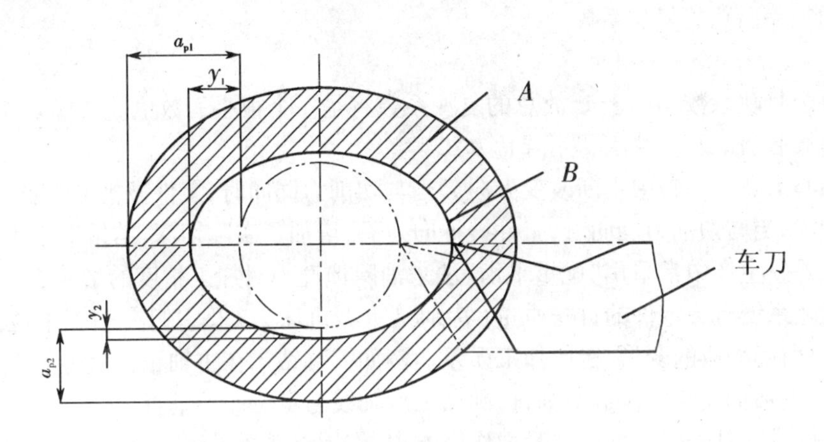

图6.10　毛坯形状的误差复映
（A为毛坯，B为工件）

根据切削原理公式有

$$F_P = \lambda C_p a_p f^{0.75} \tag{6-7}$$

$$\lambda = F_P / F_z$$

式中：λ——系数，一般取入 $\lambda = 0.4$；

F_c——主切削力；

F_p——背向力；

C_p——与工件材料和刀具几何角度有关的系数，可在切削量手册中查到；

a_p——背吃刀量（切削深度）；

f——进给量。

毛坯上最大误差 $\Delta_{毛坯} = a_{p1} - a_{p2}$，工件上的最大误差 $\Delta_{工件} = y_1 - y_2$。

而 $y_1 = \lambda C_p a_{p1} f^{0.75} / k_{系统}$，

$y_2 = \lambda C_p a_{p2} f^{0.75} / k_{系统}$，

所以：

$$\Delta_{工件} = y_1 - y_2 = \lambda C_p f^{0.75} \Delta_{毛坯} / k_{系统} \tag{6-8}$$

令　$\varepsilon = \lambda C_p f^{0.75} / k_{系统}$，

故得：

$$\Delta_{工件} = \varepsilon\Delta_{毛坯} \tag{6-9}$$

由上述公式可知，误差复映系数 ε 与 $k_{系}$ 成反比，这表明工艺系统刚度愈大，误差复映系数愈小，加工后复映到工件上的误差值就愈小。

尺寸误差和形位误差都存在复映现象。如果我们知道某加工工序的复映系数，就可以通过测量待加工表面的误差统计值来估算加工后工件的误差统计值。

当工件表面加工精度要求高时，须经多次切削才能达到加工要求。第一次切削的复映系数 $\varepsilon_1 = \varepsilon_{加工表面1}/\varepsilon_{待加工表面}$；第二次切削的复映系数 $\varepsilon_2 = \varepsilon_{加工表面2}/\varepsilon_{加工表面1}$；……则该加工表面总的复映系数

$$\varepsilon_{总} = \varepsilon_1\varepsilon_2\varepsilon_3\cdots\varepsilon_n$$

因为每个复映系数均小于1，故总的复映系数将是一个很小的数值。

3）惯性力、重力、夹紧力引起的加工误差

离心力在每一转中不断改变方向。当与切削力同向时，工件被推离刀具，减少了实际切深；当与切削力反向时，工件被推向刀具，增加了实际切深，结果造成工件产生圆度误差。生产中常采用“配重平衡”法来消除惯性力对加工精度的影响。

工艺系统有关零件的自身质量（特别是重型机床）以及它们在加工中位置的移动，也可引起相应的变形，造成加工误差。例如摇臂钻床在主轴箱自重影响下发生变形，导致主轴轴线与工作台不垂直，则加工后轴线与定位面不垂直。

工件或夹具刚度过低或夹紧力作用方向、作用点选择不当，都会使工件或夹具产生变形，造成加工误差。例如图6.11所示，用三爪自定心卡盘装夹薄壁套筒镗孔时，夹紧前薄壁套筒的内外圆是圆的，夹紧后工件呈三棱圆形；镗孔后，内孔呈圆形；但松开三爪卡盘后，外圆弹性恢复为圆形，所加工孔变成为三棱圆形，使镗孔孔径产生加工误差。为减少由此引起的加工误差，可在薄壁套筒外面套上一个开口薄壁过渡环，使夹紧力沿工件圆周均匀分布。

3. 减小工艺系统受力变形的途径

由工艺系统刚度表达式可知，减少工艺系统变形的途径为：提高工艺系统刚度；减小切削力及其变化。具体可归纳为以下几方面。

1）设计机械制造装备时应切实保证关键零部件的刚度

在机床和夹具中应保证支撑件（如床身、立柱、横梁、夹具体等）、主轴部件和传动件有足够的刚度。

2）提高接触刚度

提高接触刚度是提高工艺系统刚度的关键。减少组成件数，提高接触面的表面质量，均可减少接触变形，提高接触刚度。对于相配合零件，可以通过适当预紧消除间隙，增大实际接触面积。

3）采用合理的装夹方式和加工方法

提高工件的装夹刚度，应从定位和夹紧两个方面采取措施。例如在卧式铣床上铣一个三角形零件的端面，若采用图6.12（a）所示方法，工艺系统刚度较差；若将零

件倒放,改用端铣刀加工,如图 6.12(b)所示,则工艺系统刚度提高。

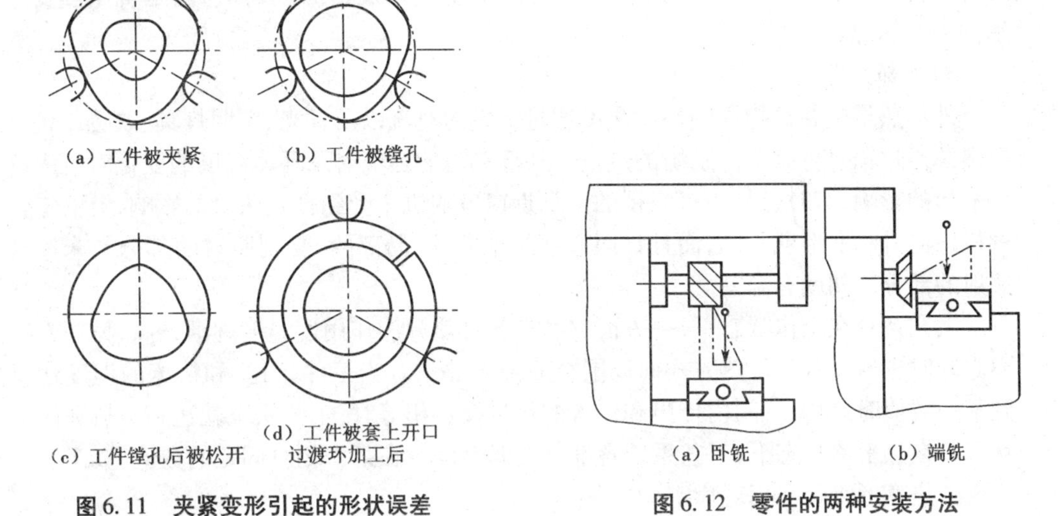

图 6.11　夹紧变形引起的形状误差

图 6.12　零件的两种安装方法

4)减小切削力及其变化

改善毛坯制造工艺,减小加工余量,适当增大前角和后角,改善工件材料的切削性能等均可减小切削力。为控制和减小切削力的变化幅度,应尽量使一批工件的材料性能和加工余量保持均匀。

四、工艺系统受热变形引起的误差

工艺系统在热作用下产生的局部变形,会破坏刀具与工件的正确位置关系,使工件产生加工误差。热变形对加工精度影响较大,特别是在精密加工和大件加工中,热变形所引起的加工误差通常会占到工件加工总误差的 40% ~70%。随着高精度、高效率及自动化加工技术的发展,工艺系统热变形问题日益突出。

1. 工艺系统的热源

1)切削热

切削加工过程中,消耗于切削层弹、塑性变形及刀具与工件、切屑间摩擦的能量,绝大部分转化为切削热。切削热将传入工件、刀具、切屑和周围介质。切削热是工艺系统中工件和刀具热变形的主要热源。在车削加工中,传给工件的热量占总切削热的 30% 左右,切削速度越高,切屑带走的热量越多,传给工件的热量就越少;在铣削、刨削加工中,传给工件的热量占总切削热的比例小于 30%;在钻削和刨削加工中,因为大量的切屑滞留在所加工孔中,传给工件的热量往往超过 50%;磨削加工中传给工件的热量有时多达 80% 以上,磨削区温度可高达 800 ~1 000 ℃。

2）摩擦热和动力装置能量损耗发出的热量

机床运动部件（如轴承、齿轮、导轨等）为克服摩擦所做机械功转变的热量，机床动力装置（如电动机、液压马达等）工作时因能量损耗发出的热量，它们是机床热变形的主要热源。

3）外部热源

外部热量主要是指周围环境温度通过空气的对流以及日光、照明灯具、取暖设备等热源通过辐射传到工艺系统的热量。外部热源的热辐射及环境温度的变化对机床热变形的影响，有时也是不可忽视的。靠近窗口的机床受到日光照射的影响，上下午的机床温升和变形就不同，而且日照通常是单向的、局部的，受到照射的部分与未经照射的部分之间就有温差。

工艺系统在工作状态下，一方面它经受各种热源的作用使温度逐渐升高，另一方面它同时也通过各种传热方式向周围介质散发热量。当工件、刀具和机床的温度达到某一数值时，单位时间内传出和传入的热量接近相等时，工艺系统就达到了热平衡状态。在热平衡状态下，工艺系统各部分的温度保持在某一相对固定的数值上，工艺系统的热变形将趋于相对稳定。

2. 工艺系统热变形对加工精度的影响

1）工件热变形对加工精度的影响

机械加工过程中，使工件产生热变形的热源主要是切削热。对于精密零件，环境温度变化和日光、取暖设备等外部热源对工艺系统的局部辐射等也不容忽视。

车削或磨削轴类工件外圆时，可近似看成是均匀受热的情况。工件均匀受热主要影响工件的尺寸精度，否则还会产生圆柱度误差。

对于精密加工，热变形是一个不容忽视的重要问题。热变形对精密加工件的影响是很大的。磨削加工薄片类工件的平面（如图 6.13 所示），就属于不均匀受热的情况，上、下表面间的温差将导致工件中部凸起，加工中凸起部分被切去，冷却后加工表面呈中凹形，产生形状误差。工件凸起量与工件长度的平方成正比，且工件越薄，工件的凸起量越大。

2）刀具热变形对加工精度的影响

使刀具产生热变形的热源主要是切削热。切削热传入刀具的比例虽然不大（车削时约为 5%），但由于刀具体积小，热容量小，所以刀具切削部分的温升仍较高。

粗加工时，刀具热变形对加工精度的影响一般可以忽略不计；对于加工要求较高的零件，刀具热变形对加工精度的影响较大，将使加工表面产生尺寸误差或形状误差。

3）机床热变形对加工精度的影响

使机床产生热变形的热源主要是摩擦热、传动热和外界热源传入的热量。

由于机床内部热源分布不均匀和机床结构的复杂性，机床各部件的温升是不相同的，机床零部件间会产生不均匀的变形，这就破坏了机床各部件原有的相互位置关系。不同类型的机床,其主要热源各不相同,热变形对加工精度的影响也不相同。磨床的主要热源是砂轮主轴的摩擦热及液压系统的发热,车床、铣床、钻床、镗床的主要热源来自主轴箱。车床主轴箱的温升将使主轴升高,如图6.14所示。由于主轴前轴承的发热量大于后轴承的发热量,故主轴前端比后端高,主轴箱的热量传给床身,还会使床身和导轨向上凸起。

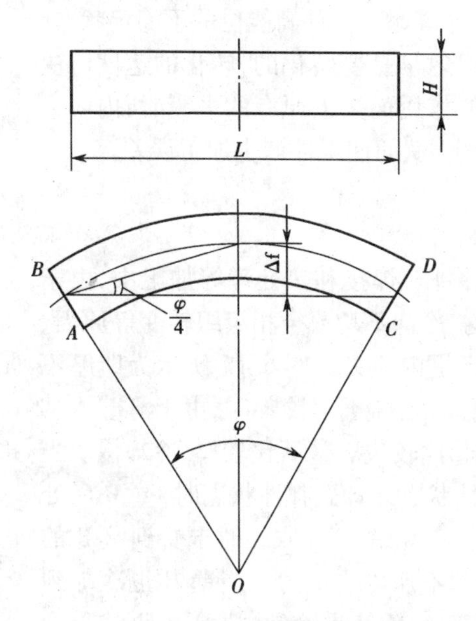

图6.13　不均匀受热引起的热变形

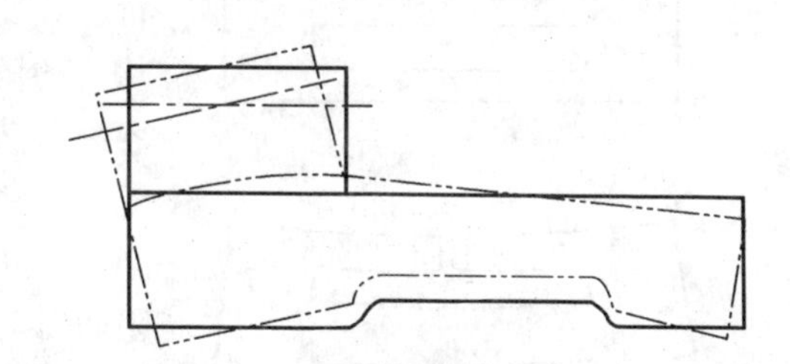

图6.14　车床受热变形示意图

3. 减小工艺系统热变形的途径

1)减少发热量

机床内部的热源是产生机床热变形的主要热源。凡是有可能从主机分离出去的热源,如电动机、液压系统和油箱等,应尽量放在机床外部。

为了减少热源发热,在相关零部件的结构设计时应采取措施改善摩擦条件。例如,选用发热较少的静压轴承或空气轴承作主轴轴承,在润滑方面也可改用低黏度的润滑油、锂基油脂或油雾润滑等。

通过控制切削用量和刀具几何参数,可减少切削热。

2)改善散热条件

向切削区加注冷却润滑液,可减少切削热对工艺系统热变形的影响。有些加工中心机床采用冷冻机对冷却润滑液进行强制冷却,效果明显。

3)均衡温度场

在外移热源时,还应注意考虑均衡温度场的问题。

4)改进机床结构

五、工件内应力引起的误差

1. 内应力及其对加工精度的影响

1)内应力

内应力亦称残余应力,是指在没有外力作用下或去除外力作用后残留在工件内部的应力。工件一旦有内应力产生,就会使工件材料处于一种高能位的不稳定状态,它本能地要向低能位转化,转化速度或快或慢,但迟早是要转化的,转化的速度取决于外界条件。当带有内应力的工件受到力或热的作用而失去原有的平衡时,内应力就将重新分布以达到新的平衡,并伴随有变形发生,从而使工件产生加工误差。

2)内应力产生的原因

(1)热加工中产生的内应力

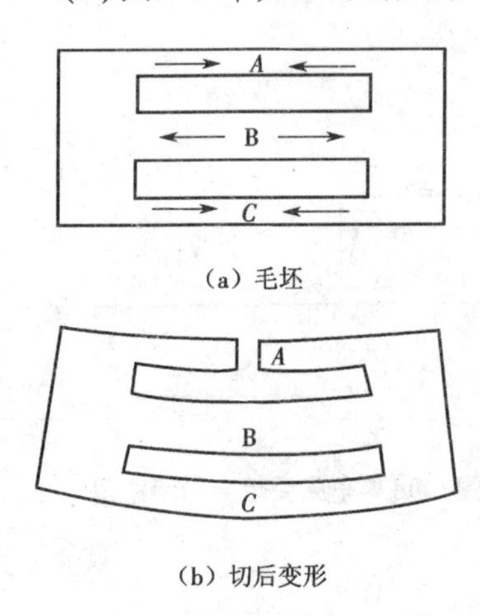

图 6.15 铸件内应力及其变形

在铸造、锻压、焊接和热处理等加工中,由于工件壁厚不均、冷却不均或金相组织转变等原因,都会使工件产生内应力。图 6.15 所示为壁厚不均匀的铸件毛坯,在浇铸后冷却时,由于薄壁 A、C 容易散热,冷却比较快。壁 B 比较厚,冷却慢。当壁 A、C 从塑性状态冷却到弹性状态时,壁 B 尚处于塑性状态,这时壁 A、C 在收缩时未受到壁 B 的阻碍,铸件内部不产生内应力。当壁 B 也冷却到弹性状态时,壁 A、C 基本冷却,故壁 B 收缩受到壁 A、C 的阻碍,使壁 B 内部产生残余拉应力,壁 A、C 产生残余压应力,拉、压应力处于平衡状态。此时若在壁 A 上开一个缺口,则壁 A 压应力消失,壁 B、C 在各自应力作用下产生伸长和收缩变形,工件弯曲,直到内应力重新分布到新的平衡。

(2)冷校直产生的内应力

一些刚度较差、容易变形的轴类零件,常采用冷校直方法使之变直。冷校后的工件,直线度误差减小了,却产生了内应力,如图 6.16 所示。

2. 减小或消除内应力变形误差的途径

1)合理设计零件结构

在设计零件结构时,应尽量做到壁厚均匀、结构对称,以减小内应力的产生。

2)合理安排工艺过程

工件中如有内应力产生,必然会有变形发生,但迟变不如早变,应使内应力重新分布引起的变形能在进行机械加工之前或在粗加工阶段尽早完成,而不让内应力变形发生在精加工阶段或精加工之后。铸件、锻件、焊接件在进入机械加工之前,应安排退火、回火等热处理工序;对箱体、床身等重要零件,在粗加工之后尚需适当安排时

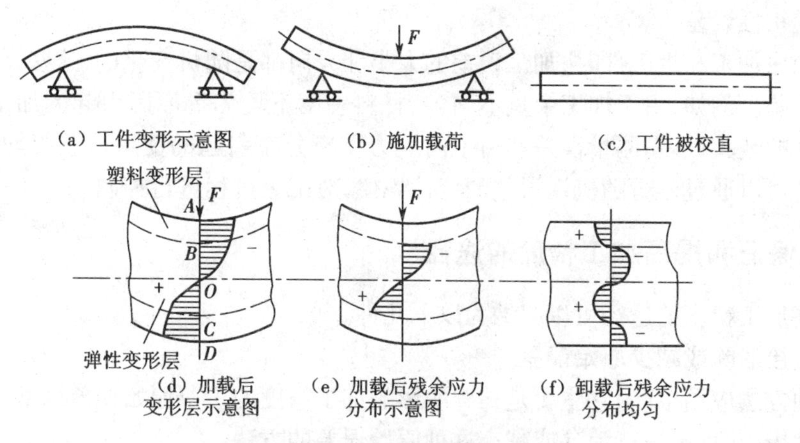

图 6.16　冷校直引起的内应力

效工序;工件上一些重要表面的粗、精加工工序宜分阶段安排,使工件在粗加工之后能有更多的时间通过变形使内应力重新分布,待工件充分变形之后再进行精加工,以减小内应力对加工精度的影响。

学习任务三　加工误差的性质及提高加工精度的途径

在实际生产中,影响加工精度的因素很多,工件的加工误差是多种因素综合作用的结果,且其中不少因素的作用往往带有随机性。对于一个受多种随机因素综合作用的工艺系统,只有用概率统计的方法分析加工误差,才能得到符合实际的结果。加工误差的统计分析方法,不仅可以客观评定工艺过程的加工精度,评定工序能力系数,而且还可以用来预测和控制工艺过程的精度。

一、加工误差的性质

按照加工误差的性质,加工误差可分为系统性误差和随机性误差。

1. 系统性误差

当顺次加工一批零件时,误差的大小和方向基本保持不变或误差随时间按一定规律变化,都称为系统性误差。系统性误差可分为常值性系统误差和变值性系统误差两种。加工误差的大小和方向皆不变,此误差称为常值性系统误差,例如原理误差、定尺寸刀具的制造误差等。按一定规律变化的加工误差,称为变值性系统误差,例如当刀具处于正常磨损阶段车外圆时,由于车刀尺寸磨损所引起的误差。常值性系统误差与加工顺序无关,变值性系统误差与加工顺序有关。对于常值性系统误差,若能掌握其大小和方向,可以通过调整消除;对于变值性系统误差,若能掌握其大小和方向随时间变化的规律,也可通过采取自动补偿措施加以消除。

2. 随机性误差

在顺序加工一批工件时，加工误差的大小和方向都是随机变化的，这些误差称为随机性误差。例如，由于加工余量不均匀、材料硬度不均匀等原因引起的加工误差，以及工件的装夹误差、测量误差和由于内应力重新分布引起的变形误差等均属随机性误差。可以通过分析随机性误差的统计规律，对工艺过程进行控制。

二、保证和提高加工精度的途径

提高加工精度的途径可以归纳为以下几种。

1. 直接消除或减少原始误差

这种方法应用很广，它主要是在查明影响加工精度的主要原始误差因素之后，采取针对性措施，直接进行消除或减小这种原始误差的方法。

例如：加工细长轴时，主要原始误差因素是工件刚性差，因而采用反向进给切削法，并加跟刀架，使工件受拉伸，从而达到减小变形的目的。

2. 补偿和抵消原始误差

有时虽然找到了影响加工精度的主要原始误差，但却不允许采取直接消除或减小的方法（代价太高或时间太长），而需要采取补偿和抵消原始误差的方法。

1）误差补偿的方法

误差补偿是人为地制造一个大小相等、方向相反的误差去补偿原始误差。

例如，龙门铣床的横梁，在两个铣头的重力作用下会产生向下的弯曲变形，严重影响了加工精度。若用加强横梁刚度和减轻铣头质量的方法去消除或减小原始误差，显然是有困难的。此时可将横梁导轨故意制成向上凸的误差，以补偿铣头受重力引起的向下垂的变形。

2）误差抵消的方法

误差抵消是利用这部分原始误差去抵消另一部分原始误差。

例如，车细长轴时常因切削推力的作用造成工件弯曲变形，若采用前后刀架，使两把车刀粗、精相对车削，就能使推力相互抵消一大部分，从而减小工件变形和加工误差。

3. 转移变形和转移误差

把影响加工精度的原始误差转移到不影响或少影响加工精度的方向上。

1）转移变形

例如，将龙门铣床上铣头受重力引起的横梁弯曲变形转移到附加梁上，而附加梁的受力变形对加工精度毫无影响。

2）转移误差

例如，成批生产中，当机床精度达不到加工精度要求时，常采用专用夹具加工，此时工件的加工精度靠夹具保证，机床的原始误差则被转移到不影响加工精度的方向去了。

转移变形和转移误差实质上没有什么区别，前者转移的是工艺系统受力或受热变形，后者转移的是工艺系统的几何误差，即转移的都是原始误差。

4. 均分与均化原始误差

1）均分原始误差法

采用分组调整，把误差均分，即把工件按误差大小分组，若分成 n 组，则每组零件的误差就减至 $1/n$，然后按各组调整刀具与工件的相对位置，或采用适当的定位元件以减少上道工序加工误差对本工序加工精度的影响。

2）均化原始误差

均化是通过加工，使被加工表面的原始误差不断缩小和平均化的过程。

例如，精密内孔的研磨，是利用工件表面与研具表面间复杂的相对运动进行的。加工时，首先是接触面间的高点间相互进行微量切削，使高点和低点差距减小，接触面积逐渐增大，即误差逐渐减小和趋于平均化，最后达到很高的形状精度和很低的表面粗糙度。

5. "就地加工"保证精度

在机械制造中，有些精度问题涉及到很多零件的相互关系，如果仅仅从提高零部件本身的精度着手，有些精度指标不能达到，或即使达到，成本也很高。

"就地加工"的要点是要保证部件间什么样的位置关系，就在这样的位置关系上，用一个部件上的刀具去加工另一部件，这是一种达到最终精度的简捷方法。

例如，车床尾架顶尖孔的轴线要求与主轴轴线重合，采用就地加工把尾架装配到机床上后，进行最终精加工。

学习任务四　机械加工表面质量

机器零件的破坏，一般都是从表面层开始的，这说明零件的表面质量至关重要，它对产品质量有很大影响。

研究表面质量的目的，就是要掌握机械加工中各种工艺因素对表面质量影响的规律，以便应用这些规律控制加工过程，最终达到提高表面质量、提高产品使用性能的目的。

一、加工表面质量的概念

加工表面质量包含以下两个方面的内容。

1. 表面粗糙度与波度

根据加工表面轮廓的特征（波距 L 与波高 H 的比值），可将表面轮廓分为以下三种：$L_1/H_1 > 1\,000$ 称为宏观几何形状误差，例如圆度误差、圆柱度误差等，它们属于加工精度范畴；$L_2/H_2 = 50 \sim 1\,000$，称为波纹度，它是由机械加工振动引起的；$L_3/H_3 < 50$，称为微观几何形状误差，亦称表面粗糙度。表面粗糙度、波度与宏观几何形状误

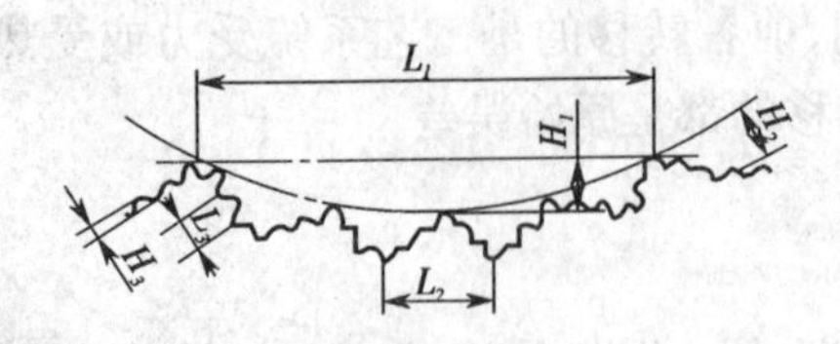

图 6.17 表面粗糙度、波度与宏观几何形状

差如图 6.17 所示。

2. 表面层材料的物理力学性能和化学性能

表面层材料的物理力学性能,包括表面层的冷作硬化、残余应力以及金相组织的变化。

1)表面层的冷作硬化

机械加工过程中表面层金属产生强烈的塑性变形,使晶格扭曲、畸变,晶粒间产生剪切滑移,晶粒被拉长,这些都会使表面层金属的硬度增加,塑性减小,统称为冷作硬化。

2)表面层残余应力

机械加工过程中由于切削变形和切削热等因素的作用在工件表面层材料中产生的内应力,称为表面层残余应力。在铸、锻、焊、热处理等加工过程产生的内应力与这里介绍的表面残余应力的区别在于:前者是在整个工件上平衡的应力,它的重新分布会引起工件的变形;后者则是在加工表面材料中平衡的应力,它的重新分布不会引起工件变形,但它对机器零件表面质量有重要影响。

3)表面层金相组织变化

机械加工过程中,在工件的加工区域,温度会急剧升高,当温度升高到超过工件材料金相组织变化的临界点时,就会发生金相组织变化。例如磨削淬火钢件时,常会出现回火烧伤、退火烧伤等金相组织变化,将严重影响零件的使用性能。

二、机械加工表面质量对机器使用性能的影响

1. 表面质量对耐磨性的影响

零件的耐磨性不仅与摩擦副的材料、热处理情况和润滑条件有关,而且还与摩擦副表面质量有关。

1)表面粗糙度对耐磨性的影响

表面粗糙度值大,接触表面的实际压强增大,粗糙不平的凸峰间相互咬合、挤裂,使磨损加剧,表面粗糙度值越大越不耐磨;但表面粗糙度值也不能太小,表面太光滑,因存不住润滑油使接触面间容易发生分子粘接,也会导致磨损加剧。表面粗糙度的最佳值与机器零件的工况有关,一般在 0.8 ~0.2 μm 范围内。

2)表面冷作硬化对耐磨性的影响

加工表面的冷作硬化,一般能提高耐磨性;但是过度的冷作硬化将使加工表面金属组织变得“疏松”,严重时甚至会出现裂纹,使磨损加剧。

3)表面纹理对耐磨性的影响

在轻载运动副中,两相对运动零件表面的刀纹方向均与运动方向相同时,耐磨性好;两者的刀纹方向均与运动方向垂直时,耐磨性差,这是因为两个摩擦面在相互运动中,切去了妨碍运动的加工痕迹。但在重载时,两相对运动零件表面的刀纹方向均与相对运动方向一致时容易发生咬合,磨损量反而大;两相对运动零件表面的刀纹方

向相互垂直,且运动方向平行于下表面的刀纹方向,磨损量较小。

2. 表面质量对零件疲劳强度的影响

表面粗糙度对零件的疲劳强度影响很大。在交变载荷作用下,表面粗糙度的凹谷部位容易产生应力集中,出现疲劳裂纹,加速疲劳破坏。零件上容易产生应力集中的沟槽、圆角等处的表面粗糙度,对疲劳强度的影响更大。零件减小的表面粗糙度可以提高零件的疲劳强度。零件表面存在一定的冷作硬化,可以阻碍表面疲劳裂纹的产生,缓和已有裂纹的扩展,有利于提高疲劳强度;但冷作硬化强度过高时,可能会产生较大的脆性裂纹反而降低疲劳强度。加工表面层如有一层残余压应力产生,可以提高疲劳强度。

3. 表面质量对抗腐蚀性能的影响

大气中所含的气体和液体与零件接触时会凝结在零件表面而使其腐蚀。零件表面粗糙度越大,加工表面与气体、液体接触面积越大,腐蚀作用就越强烈。加工表面的冷作硬化和残余应力,使表层材料处于高能位状态,有促进腐蚀的作用。减小表面粗糙度、控制表面的加工硬化和残余应力,可以提高零件的抗腐蚀性能。

4. 表面质量对零件配合性质的影响

对于间隙配合,零件表面越粗糙,磨损越大,使配合间隙增大,降低配合精度;对于过盈配合,两零件粗糙表面相配时凸峰被挤平,使有效过盈量减小,将降低过盈配合的连接强度。

三、影响加工表面粗糙度的因素及改善措施

切削加工表面粗糙度的实际轮廓形状,一般都与纯几何因素形成的理论轮廓有较大的差别,这是由于切削加工中有塑性变形发生的缘故。

加工塑性材料时,切削速度对加工表面粗糙度有影响,在某一切削速度范围内,容易生成积屑瘤,使表面粗糙度增大。加工脆性材料时,切削速度对表面粗糙度的影响不大。

加工相同材料的工件,晶粒越粗大,切削加工后的表面粗糙度值越大。为减小切削加工后的表面粗糙度值,常在粗加工前或精加工前对工件进行正火、调质等热处理,目的在于得到均匀细密的晶粒组织,并适当提高材料的硬度。

适当增大刀具的前角,可以降低被切削材料的塑性变形;降低刀具前刀面和后刀面的表面粗糙度可以抑制积屑瘤的生成;增大刀具后角,可以减少刀具和工件的摩擦;合理选择冷却润滑液,可以减少材料的变形和摩擦,降低切削区的温度。采取上述各项措施均有利于减小加工表面的粗糙度。

磨削加工表面粗糙度的形成也是由几何因素和表面层材料的塑性变形决定的。表面粗糙度的高度和形状是由起主要作用的某一类因素或是某一个别因素决定的。例如,当所选取的磨削用量不至于在加工表面上产生显著的热现象和塑性变形时,几何因素就可能占优势,对表面粗糙度起决定性影响的可能是砂轮的粒度和砂轮的修

正用量;与此相反,如果磨削区的塑性变形相当显著时,砂轮粒度等几何因素就不起主要作用,磨削用量可能是影响磨削表面粗糙度的主要因素。

挤压(或滚压)法是改善内、外圆表面粗糙度的有效途径。这种方法是用硬质合金(也可用金刚石或淬火钢)作为挤压(或滚压)工具,使被加工表面均匀产生塑性变形,把半精加工遗留下来的粗糙波峰压低并填补波谷,因而能显著减小表面粗糙度。此外,挤压法生产效率较高,且表层形成残余压应力,有利于提高零件的疲劳强度。

四、影响加工表面物理性能的因素

1. 表面层材料的冷作硬化

1)冷作硬化

切削过程中产生的塑性变形,会使表层金属的晶格发生扭曲、畸变,晶粒间产生剪切滑移,晶粒被拉长,甚至破碎,这些都会使表层金属的硬度和强度提高,这种现象称作冷作硬化,亦称强化。

2)影响冷作硬化的因素

(1)刀具的影响

切削刃钝圆半径越大,已加工表面在形成过程中受挤压程度越大,加工硬化也越大;当刀具后刀面的磨损量增大时,后刀面与已加工表面的摩擦随之增大,冷作硬化程度也增加;减小刀具的前角,加工表面层塑性变形增加,切削力增大,冷作硬化程度和深度都将增加。

(2)切削用量的影响

切削速度增大时,刀具对工件的作用时间缩短,塑性变形不充分,随着切削速度的提高和切削温度的升高,冷作硬化程度将会减小。背吃刀量和进给量增大,塑性变形加剧,冷作硬化加强。

(3)加工材料的影响

被加工工件材料的硬度越低、塑性越大时,冷硬现象越严重。有色金属的再结晶温度低,容易弱化,因此切削有色合金工件时的冷硬倾向程度要比切削钢件时小。

2. 表面层材料金相组织变化

加工表面温度超过相变温度时,表层金属的金相组织将会发生相变。切削加工时,切削热大部分被切屑带走,因此影响较小,多数情况下表层金属的金相组织没有质的变化。磨削加工时,切除单位体积材料所需消耗的能量远大于切削加工,磨削加工所消耗的能量绝大部分要转化为热,磨削热传给工件,使加工表面层金属金相组织发生变化。

磨削淬火钢时,会产生三种不同类型的烧伤:如果磨削区温度超过马氏体转变温度而未超过相变临界温度(碳钢的相变温度为 723 ℃),这时工件表层金属的金相组织由原来的马氏体转变为硬度较低的回火组织(索氏体或托氏体),这种烧伤称为回火烧伤;如果磨削区温度超过了相变温度,在切削液急冷作用下,使表层金属发生二次淬火，硬度高于原来的回火马氏体，里层金属则由于冷却速度慢，出现了硬度比原先的回火马氏体低的回火组织，这种烧伤称为淬火烧伤；若工件表层温度超过相变温度，而磨削区又没有冷却液进入，表层金属产生退火组织，硬度急剧下降，称之为退火烧伤。

磨削烧伤严重影响零件的使用性能，必须采取措施加以控制。控制磨削烧伤有两个途径：一是尽可能减少磨削热的产生；二是改善冷却条件，尽量减少传入工件的热量。采用硬度稍软的砂轮、适当减小磨削深度和磨削速度、适当增加工件的回转速度和轴向进给量、采用高效冷却方式（如高压大流量冷却、喷雾冷却、内冷却）等措施，都可以降低磨削区温度，防止磨削烧伤。

3. 表面层残余应力

1）加工表面产生残余应力的原因

（1）表层材料比容增大

切削过程中加工表面受到切削刃钝圆部分与后刀面的挤压与摩擦，产生塑性变形，由于晶粒碎化等原因，表层材料比容增大。由于塑性变形只在表面层产生，表面层金属比容增大，体积膨胀，不可避免地要受到与它相连的里层基体材料的阻碍，故表层材料产生残余压应力，里层材料则产生与之相平衡的残余拉应力。

（2）切削热的影响

切削加工中，切削区会有大量的切削热产生，工件表面的温度往往很高。

（3）金相组织的变化

切削时的高温会使表面层的金相组织发生变化。不同的金相组织有不同的密度，亦即具有不同的比容。表面层金属金相组织变化引起的体积变化，必然受到与之相连的基体金属的阻碍，因此就有残余应力产生。当表面层金属体积膨胀时，表层金属产生残余压应力，里层金属产生残余拉应力；当表面层金属体积缩小时，表层金属产生残余拉应力，里层金属产生残余压应力。

加工表面的实际残余应力是以上三方面原因综合的结果。在切削加工时，切削热一般不是很高，此时主要以塑性变形为主，表面残余应力多为压应力。磨削加工时，磨削区域的温度较高，热塑性变形和金相组织变化是产生残余应力的主要因素，表面层产生残余拉应力。

2）消除或减少表面残余应力的措施

①保证刀具（或刃口）锋利，将刀具后面磨损量控制在 0.2 mm 以下，可以减少残余应力。

②用挤压（或滚压）法增大表面残余压应力，避免有害的残余拉应力。

③用去除应力处理的方法，消除或减少表面残余应力。

学习任务五 机械加工过程中的振动

机械加工过程中产生的振动,是一种十分有害的现象,这是因为:

①刀具相对于工件振动会使加工表面产生波纹,这将严重影响零件的使用性能;

②刀具相对于工件振动,切削截面、切削角度等将随之发生周期性变化,工艺系统将承受动态载荷的作用,刀具易于磨损(有时甚至崩刃),机床的连接特性会受到破坏,严重时甚至使切削加工无法进行;

③为了避免发生振动或减小振动,有时不得不降低切削用量,致使机床、刀具的工作性能得不到充分发挥,限制了生产效率的提高。

综上分析可知,机械加工中的振动对于加工质量和生产效率都有很大影响,须采取措施控制振动。

一、机械加工过程中的强迫振动

1. 强迫振动及其特征

机械加工过程中的强迫振动是指在外界周期性干扰力的持续作用下,振动系统受迫产生的振动。机械加工过程中的强迫振动与一般机械振动中的强迫振动没有本质上的区别。机械加工过程中的强迫振动的频率与干扰力的频率相同或是其整数倍;当干扰力的频率接近或等于工艺系统某一薄弱环节的固有频率时,系统都将产生共振。

2. 引起强迫振动的原因

强迫振动的振源有来自于机床内部的机内振源和来自机床外部的机外振源。机外振源甚多,但它们都是通过地基传给机床的,可以通过加设隔振地基来隔离外部振源,消除其影响。机内振源主要有:机床上的带轮、卡盘或砂轮等高速回转零件因旋转不平衡引起的振动;机床传动机构的缺陷引起的振动;液压传动系统压力脉动引起的振动;由于断续切削引起的振动等。

3. 消除或减小强迫振动的途径

如果确认机械加工过程中发生的是强迫振动,就要设法查找振源,以便消除振源或减小振源对加工过程的影响。具体措施有以下几个。

①隔振,防止振动向刀具和工件传递。对机外振源,可用橡皮垫或在机床基础四周挖防振沟阻止振源传入;或将有振源的设备隔离,防止振源外传。对机内本身的振源,也可以采取隔离的办法,如将外圆磨床上的电机通过隔振衬垫与机床弹性连接。

一般情况下应使锻压设备、冲床等远离切削加工机床;粗加工机床远离精加工机床。

②消除或减小机内的干扰力。例如平衡好电机转子、砂轮以及所有转速在600 r/min以上的机件、夹具和工件;断续切削时增加刀具同时工作的次数或降低切

削用量;磨削时恰当选择砂轮的粒度和组织,以消除砂轮因堵塞而引起的振动。

③提高机床系统刚度和阻尼。例如调整轴承间隙和零部件之间的间隙以提高刚度;加强机床与地基的联结以提高刚度。

④改变振源频率,使其远离机床系统的固有频率,避免出现共振现象。例如变动铣床转速和刀齿数;采用不同齿距的铣刀或从镶片铣刀中取出若干刀齿等,往往可以改变振动频率,使其不出现共振。

二、机械加工过程中的自激振动(颤振)

1. 自激振动及其特征

图6.18所示为自激振动封闭系统。它是一种不衰减振动,维护振动的交变干扰力是由振动系统本身在振动过程中激发产生的。因此即使不受到任何外界周期性的干扰力作用,振动也会发生。

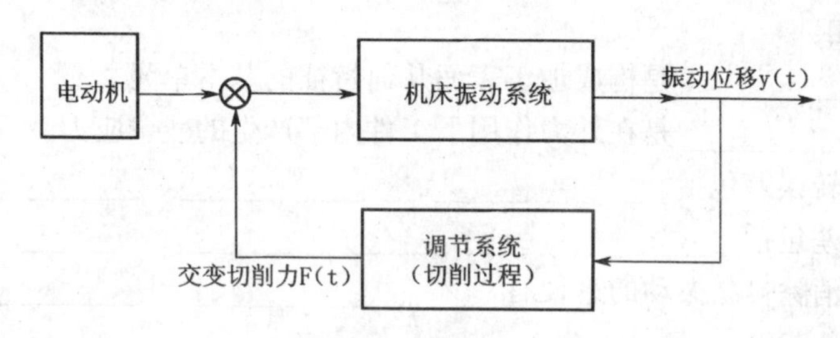

图6.18　自激振动封闭系统

与强迫振动相比,自激振动具有以下特征:

①机械加工中的自激振动是指在没有周期性外力(相对于切削过程而言)干扰下产生的振动运动;

②自激振动的频率接近于系统某一薄弱振型的固有频率。

2. 自激振动的激振机理

在刀具进行切削的过程中,若受到一个瞬时的偶然扰动力的作用,刀具与工件便会产生相对振动(属自由振动),振动的幅值将因系统阻尼的存在而逐渐衰减。但该振动会在已加工表面上留下一段振纹。当工件转过一转后,刀具便会在留有振纹的表面上进行切削,切削厚度时大时小,这就有动态切削力产生。如果机床加工系统满足产生自激振动的条件,振动便会进一步发展到持续的振动状态。将这种由于切削厚度变化效应(简称再生效应)而引起的自激振动称为再生型切削颤振。

3. 减小和消除自激振动的途径

1)合理选择切削参数

正确选择切削用量,因为增加切削深度和减小进给量都会使振幅加大,振动加剧。车削速度在30~50 m/min的范围时容易振动。

适当增大刀具前角和主偏角可以减少推力和切削力,从而减小振动。

改进刀具结构(如采用弯头刨刀),可减小刀具的高频振动;采用弹性刀杆的车刀,不易产生高频振动。

2)增加工艺系统的抗振性。

提高工艺系统的刚度,对减小振动有很大作用。例如:减小车床尾架套筒的悬伸长度;改善顶尖与顶尖孔的配合;主轴轴承适当预紧;减小刀杆的悬伸长度等。对刚性较差的工件增加辅助支撑等也可以提高工艺系统的刚度。

3)采用减振装置

减振器的作用是增加阻尼以消耗振动的能量,从而达到消除或减轻振动的目的。常用的减振装置有动力式减振器、摩擦式减振器和冲击式减速器。

课后思考与训练

一、填空题

1. ________________是构成加工表面几何特征的基本单元。

2. ________________是在外力作用下工件内部产生的残余应力。

3. 主轴回转误差包括______________、______________、______________。

4. 原始误差包括________________、________________、________________。

5. 减小和消除自激振动的途径有________________、________________、________________。

6. 加工表面产生残余应力的原因有________________、________________、________________。

7. 减小工艺系统热变形的途径有________________、________________、________________、____________。

8. 工艺系统的热源包括____________、____________、____________。

二、问答题

1. 零件的加工精度应包括哪些内容?加工精度的获得取决于哪些因素?

2. 什么是加工误差?

3. 表面粗糙度产生的原因是什么?

4. 简述细长轴的特点,并根据其特点在加工时应采取的措施。

5. 什么是误差复映?

6. 表面质量对零件的使用性能有何影响?

7. 简述工艺系统受力变形和热变形对零件加工精度的影响。

8. 机床导轨误差有哪几种形式?为什么对车床床身导轨在水平面的直线度要求高于在垂直面的直线度要求,而对平面磨床的床身导轨的要求则相反?

三、应用题

1. 如图6.19所示,工件刚度极大,床头刚度大于床尾,分析加工后加工表面形状误差。

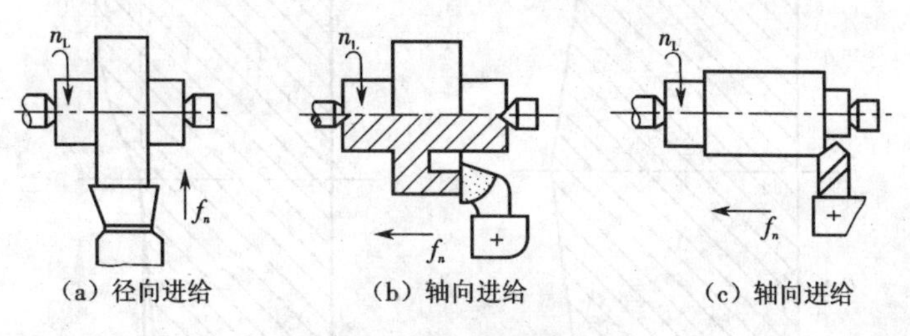

图 6.19　车回转体零件

2. 如图 6.20 所示,在镗床上镗孔时,镗床主轴与工作台面有平行度误差 α。问工作台作进给运动时加工孔产生什么误差?而当主轴进给时会产生什么样的误差?

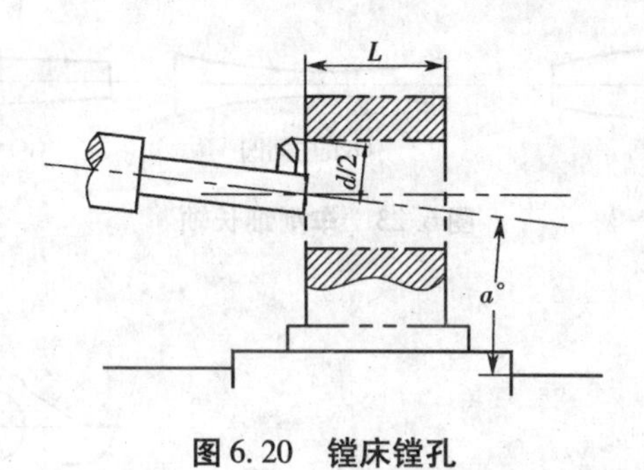

图 6.20　镗床镗孔

3. 磨削加工一个平板(见图 6.21),磨前该平板上下面平整,若只考虑磨削热的影响,磨削上表面后,平板会产生什么样的误差(用图表示)?为什么?

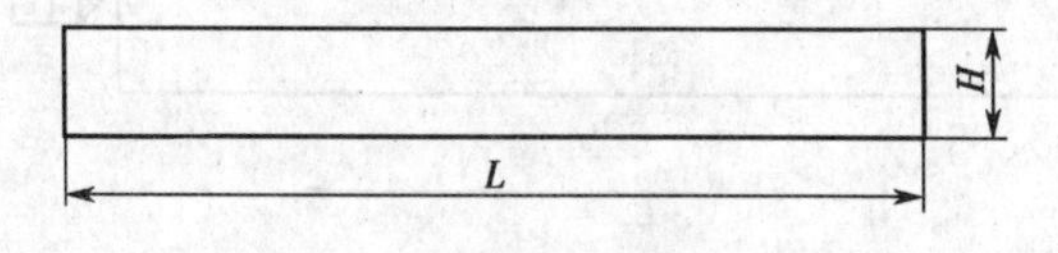

图 6.21　平板的磨削加工

4. 在车床上加工圆盘件的端面时,有时会出现圆锥面(中凸或中凹)或端面凸轮似的形状(如螺旋面),试从机床几何误差的影响分析造成如图 6.22 所示端面几何形状误差的原因是什么?

5. 在车床上用两顶尖安装工件,车削细长轴时出现如图 6.23(a)、(b)、(c)所示的误差是什么原因造成的?并指出应分别采用什么办法加以消除或减小?

6. 用卧式铣床铣削键槽如图 6.24 所示 ,经测量发现靠工件两端深度大于中间,且都比调整的深度尺寸小,试分析产生这一现象的原因。

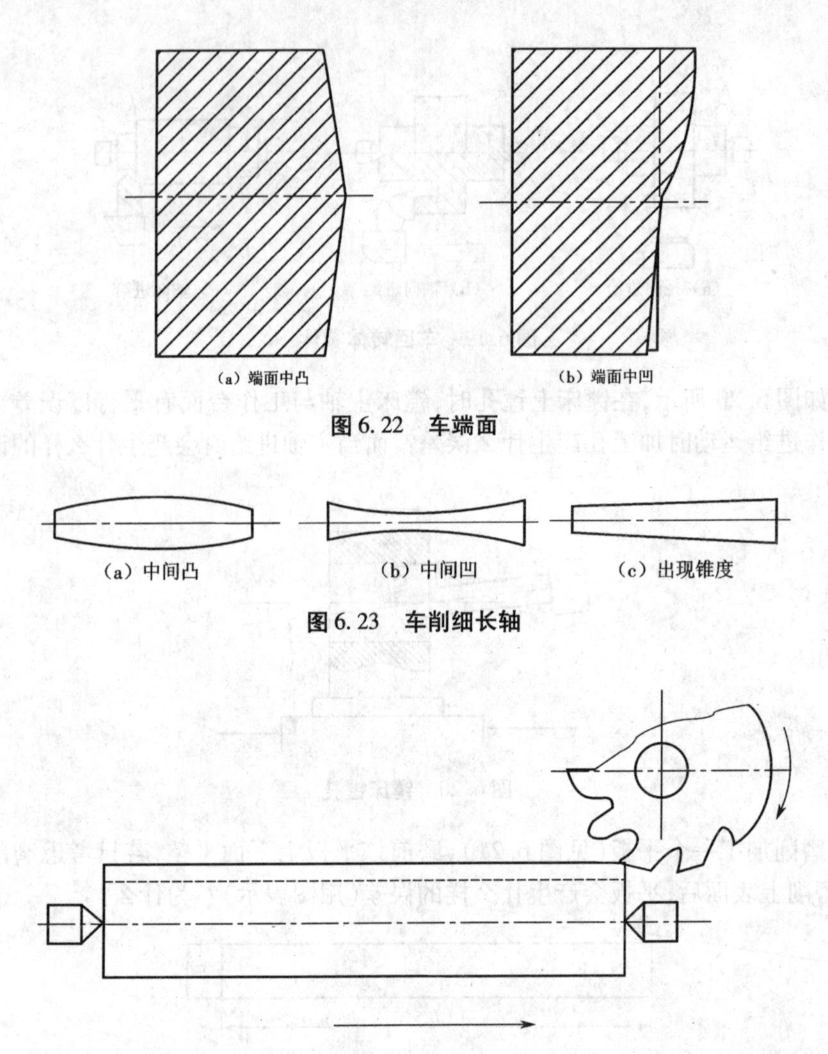

图 6.22 车端面

图 6.23 车削细长轴

图 6.24 铣键槽

单元七　典型零件的加工

教学目标

①掌握典型轴套类、箱体类、圆柱齿轮的结构特点。
②能根据生产类型合理地确定典型零件的工艺过程。

工作任务

制定各典型零件的加工工艺过程。

学习任务一　轴类零件的加工

轴类零件的功用为:支撑齿轮、带轮、离合器等传动件,传递扭矩和承受载荷。结构特点:轴向尺寸 $L>$ 径向尺寸 d。其加工表面主要有内外圆柱面、内外圆锥面、螺纹、花键及沟槽。轴的技术要求有尺寸精度、形位公差及表面粗糙度等。根据轴上不同位置所承载的零件不同,把轴颈分为支撑轴颈(与传动件配合部分)和配合轴颈(与轴承配合部分)。配合轴颈的精度要求高于支撑轴颈。

一、简单轴的加工

图 7.1 所示为减速器输出轴。

首先,分析该轴的结构特点。该轴由 4 段组成,有两个键槽,3 个退刀槽。外圆 $\phi30.5_{-0.064}^{-0.025}$ mm 对外圆轴线的径向跳动为 0.02 mm,为达到该要求,需采用双顶尖定位。

为使加工达到图 7.1 中要求,要采用表 7.1 所示加工方法及步骤。

表 7.1　输出轴加工步骤及方法

序　号	工　种	工　步	加工内容	备　注
1	热处理		调质 215HBS	
2	车	1	三爪卡盘夹住毛坯外圆,伸出长度 <40 mm	毛坯可取 ϕ38 mm×240 mm 棒料,用中心架取长度,车端面、钻中心孔
		2	车端面	
		3	钻 ϕ2.5 mm A 型中心孔	

续表

序号	工种	工步	加工内容	备注
3	车	1	粗车外圆 $\phi35$ mm 至尺寸	一端夹住，一端顶住
		2	粗车外圆 $\phi25.5^{0}_{-0.052}$ mm 至尺寸 $\phi26.5$ mm，长度 88 mm	
		3	粗车外圆 $\phi30.5^{-0.025}_{-0.064}$ mm 至尺寸 $\phi31.5$ mm，长度 97 mm	
		4	切槽 3 mm×0.5 mm 至尺寸，保持 $\phi35$ mm，长度 35 mm	
		5	倒角	
4	车	1	车端面，取总长 220 mm	调头一端夹住，一端搭中心架
		2	粗车外圆 $\phi25.5^{0}_{-0.052}$ mm 至尺寸 $\phi26.5$ mm，长度 21 mm	
		3	切槽 3 mm×0.5 mm 至尺寸	
		4	钻 $\phi2.5$ mm A 型中心孔	
5	车	1	精车外圆 $\phi25.5^{0}_{-0.052}$ mm 至尺寸	工件装夹在两顶尖之间，并用鸡心夹和拨盘
		2	倒角	
6	车	1	精车外圆 $\phi30.5^{-0.025}_{-0.064}$ mm 至尺寸	调头，工件装夹在两顶尖之间，并用鸡心夹和拨盘
		2	精车外圆 $\phi25.5^{0}_{-0.052}$ mm 至尺寸	
		3	倒角	

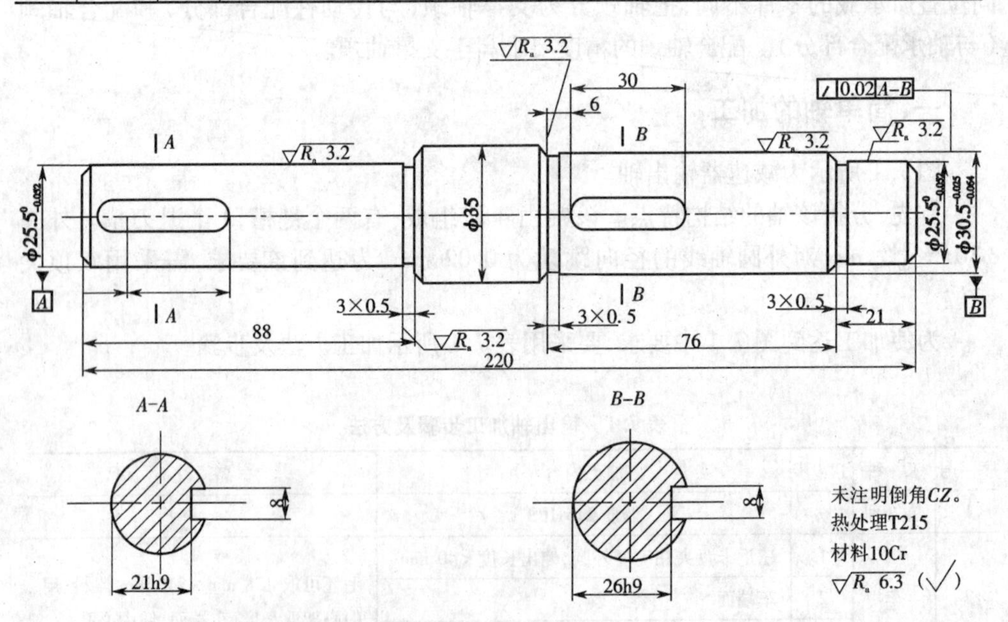

图 7.1 输出轴

二、细长轴的加工

把轴长 L/轴径 $d>25$ 的轴称为细长轴，如车床上的丝杠、光杠等。由于细长轴刚性差，在加工过程中极易受切削力、切削热和振动的影响，产生变形，出现直线度、圆柱度等误差 。L/d 越大则加工越困难。

为了防止加工中的变形，必须从以下几方面采取措施。

1. 改进工装夹方法

车削细长轴时，一般均采用一头夹和一头顶装夹方法，如图 7.2 所示。用卡盘装夹工件时，卡爪与工件之间套入一个开口钢丝圈，以减少工件与卡爪轴向接触长度。尾座上采用弹性顶尖，这样当工件受切削热而膨胀伸长时，顶针能轴向伸缩，以补偿工件的变形，减少工件弯曲。

2. 采用跟刀架

跟刀架为车床通用附件，在刀具切削点附近支撑工件并与刀架溜板一起作纵向移动。跟刀架与工件接触处支撑块（如图 7.2 所示），一般用耐磨球墨铸铁或青铜制成，支撑爪的圆弧形状，应粗车后与外圆研配，以免擦伤工件。采用跟刀架能抵消加工时径向切削分力和工件自重的影响，减少切削振动和工件变形，但必须注意仔细调整，使跟刀架中心与机床顶针中心保持一致。

3. 采用反向进给

车削细长轴时，常使车刀向尾座方向作进给运动如图 7.2 所示，这样车刀施加于工件上的进给力方向朝向尾座，工件已加工部分受到轴向拉伸，而工件的轴向变形由尾座上的弹性顶尖来补偿，这样就可以大大减小工件的弯曲变形。

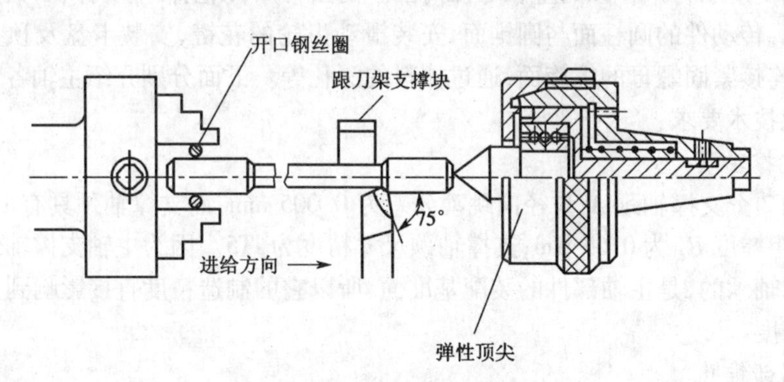

图 7.2　加工细长轴装夹方法

4. 合理选用车刀几何形状

为减少径向切削力，宜选用较大主偏角；前刀面应磨出 $R=1.5\sim3$ mm 的断屑槽，前角一般取 $\gamma_0=15°\sim30°$，刃倾角 λ_s 取正值，使切屑流向待加工表面，车刀表面粗糙度值要小，并经常保持切削刃锋利。

5. 合理选择切削用量

车削细长轴时，切削用量应比普通轴类零件适当减小，用硬质合金车刀粗车，可参考表7.2列出的切削用量。

表7.2 硬质合金车刀粗车细长轴的切削用量

工件直径/mm	20	25	30	35	40
工件长度/mm	1 000~2 000	1 000~2 500	1 000~3 000	1 000~3 500	1 000~4 000
进给量 f/mm·r^{-1}	0.3~0.5	0.35~0.4	0.4~0.45	0.4	0.4
切削深度 a_p/mm	1.5~3	1.5~3	2~3	2~3	2.5~3
切削速度 v_c/mm·s^{-1}	40~80	40~80	50~100	50~100	50~100

精车时，用硬质合金车刀车削 ϕ20~40 mm、长1 000~1 500 mm细长轴时，可选用 f=0.15~0.25 mm/r，a_p=0.2~0.5 mm，v_c=60~100 m/s。

三、空心轴的加工

轴类零件加工工艺过程随结构形状、技术要求、材料种类、生产批量等因素的变化而有所差异。空心类机床主轴是轴类零件中具有代表性的零件，其加工过程涉及轴类零件加工中的许多基本工艺问题。下面以某车床主轴的加工工艺过程为例进行分析。

1. 车床主轴技术要求及功用

图7.3所示为某车床的主轴零件简图。由图可知，该主轴呈阶梯状，其上有安装支撑轴承、传动件的圆柱面与圆锥面，安装滑动齿轮的花键，安装卡盘及顶尖的内外圆锥面，连接紧固螺母的螺旋面，通过棒料的深孔等。下面分别介绍主轴各主要部分的作用及技术要求：

1）支撑轴颈

主轴2个支撑轴颈A、B径向跳动公差为0.005 mm；而支撑轴颈具有1:12的锥度；表面粗糙度 R_a 为0.63 μm；支撑轴颈尺寸精度为IT5。因为主轴支撑轴颈是用来安装支撑轴承的，是主轴部件的装配基准面，所以它的制造精度直接影响到主轴部件的回转精度。

2）端部锥孔

主轴端部内锥孔（莫氏6号）对支撑轴颈A、B的跳动在轴端面处公差为0.005 mm，离轴端面300 mm处公差为0.01 mm；表面粗糙度 R_a 为0.63 μm；硬度要求为HRC45~50。该锥孔是用来安装顶尖或工具锥柄的，其轴心线必须与两个支撑轴颈的轴心线严格同轴，否则会使工件（或工具）产生同轴度误差。

3）端部短锥和端面

头部短锥C和端面D对主轴2个支撑轴颈A、B的径向圆跳动公差为

0.008 mm；表面粗糙度 R_a 为 1.25 μm。它是安装卡盘的定位面。为保证卡盘的定心精度，该圆锥面必须与支撑轴颈同轴，而端面必须与主轴的回转中心垂直。

4）主轴上的螺纹

主轴上的螺纹是用来固定零件或调整轴承间隙的，当螺纹相对支撑轴颈的轴线歪斜时，会造成主轴部件上锁紧螺母的端面与轴线不垂直，导致拧紧螺母时，被压紧的轴承内环倾斜引起主轴的径向跳动。因此，螺纹轴线与支撑轴颈的轴线有同轴度要求。

5）主轴的轴向

主轴的轴向定位面与主轴支撑轴颈轴线应该垂直，否则会引起主轴回转时产生周期性的轴向窜动。当加工端面时，会影响工件端面对其轴线的垂直度；当加工螺纹时，会产生螺距误差。

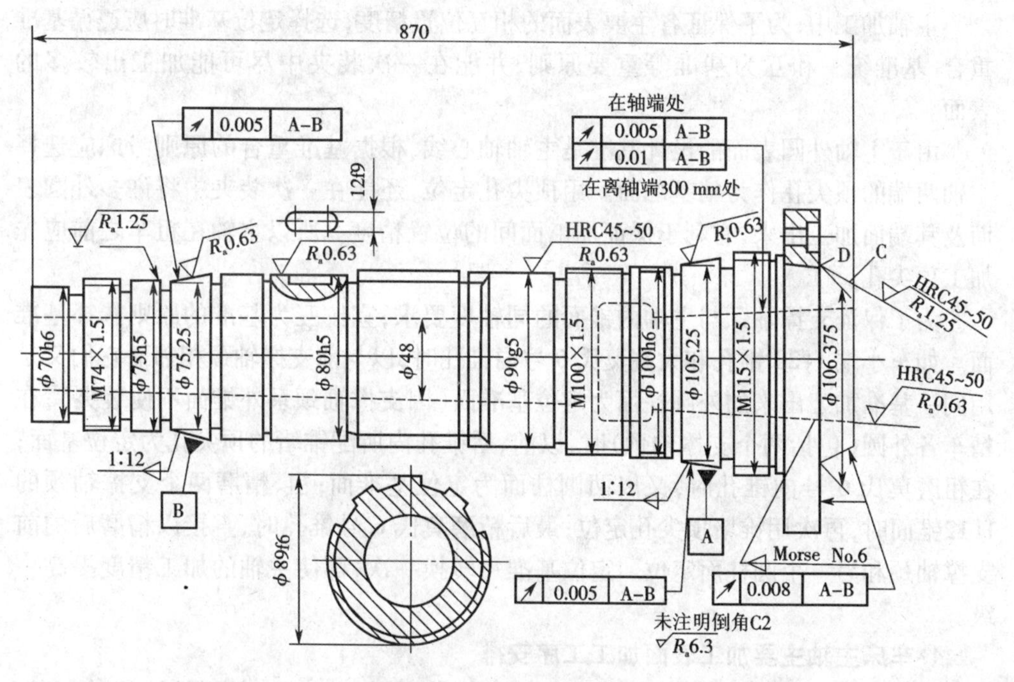

图 7.3　车床主轴零件简图

2. 主轴加工的要点与措施

主轴加工的主要问题是如何保证主轴支撑轴颈的尺寸、形状、位置精度和表面粗糙度，主轴前端内、外锥面的形状精度、表面粗糙度以及它们对支撑轴颈的位置精度。

主轴支撑轴颈的尺寸精度、形状精度以及表面粗糙度要求，可以采用精密磨削方法保证。磨削前应提高精基准的精度。

3. 车床主轴加工定位基准的选择

主轴外圆表面的加工，应该以顶尖孔作为统一的定位基准。但在主轴的加工过程中,随着通孔的加工,作为定位基准面的中心孔消失。工艺上常采用带有中心孔的锥堵或锥套心轴塞到主轴两端孔中(如图7.4所示),让锥堵或锥套心轴的顶尖孔起附加定位基准的作用。

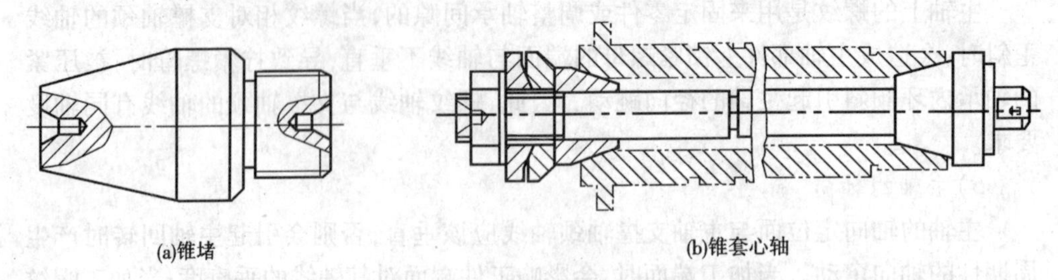

图7.4 锥堵与锥套心轴

主轴加工中,为了保证各主要表面的相互位置精度,选择定位基准时应遵循基准重合、基准统一和互为基准等重要原则,并能在一次装夹中尽可能加工出较多的表面。

由于主轴外圆表面的设计基准是主轴轴心线,根据基准重合的原则考虑应选择主轴两端的顶尖孔作为精基准面。用顶尖孔定位,还能在一次装夹中将许多外圆表面及其端面加工出来,有利于保证加工面间的位置精度。所以主轴在粗车之前应先加工顶尖孔。

为了保证支撑轴颈与主轴内锥面的同轴度要求,宜按互为基准的原则选择基准面。如车小端1:20锥孔和大端莫氏6号内锥孔时,以与前支撑轴颈相邻而它们又是用同一基准加工出来的外圆柱面为定位基准面(因支撑轴颈系外锥面不便装夹);在精车各外圆(包括两个支撑轴颈)时,以前、后锥孔内所配锥堵的顶尖孔为定位基面;在粗磨莫氏6号内锥孔时,又以两圆柱面为定位基准面;粗、精磨两个支撑轴颈的1:12锥面时,再次用锥堵顶尖孔定位;最后精磨莫氏6号锥孔时,直接以精磨后的前支撑轴颈和另一个圆柱面定位。定位基准每转换一次,都使主轴的加工精度提高一级。

4.车床主轴主要加工表面加工工序安排

主轴加工工艺过程可划分为三个加工阶段,即粗加工阶段(包括铣端面、加工顶尖孔、粗车外圆等);半精加工阶段(包括半精车外圆,钻通孔,车锥面、锥孔,钻大头端面各孔,精车外圆等);精加工阶段(包括精铣键槽,粗、精磨外圆、锥面、锥孔等)。

在机械加工工序中间尚需插入必要的热处理工序,这就决定了主轴加工各主要表面总是循着以下顺序进行,即粗车—调质(预备热处理)—半精车—精车—淬火—回火(最终热处理)—粗磨—精磨。

综上所述,主轴主要表面的加工顺序安排如下。

外圆表面粗加工(以顶尖孔定位)—外圆表面半精加工(以顶尖孔定位)—钻通孔(以半精加工过的外圆表面定位)—锥孔粗加工(以半精加工过的外圆表面定位,

加工后配锥堵)—外圆表面精加工(以锥堵顶尖孔定位)—锥孔精加工(以精加工外圆面定位)。

当主要表面加工顺序确定后,就要合理地插入非主要表面加工工序。对主轴来说非主要表面指的是螺孔、键槽、螺纹等。这些表面加工一般不易出现废品,所以尽量安排在后面工序进行,主要表面加工一旦出了废品,非主要表面就无须加工了,从而避免浪费工时。但这些表面也不能放在主要表面精加工后,以防在加工非主要表面过程中损伤已精加工过的主要表面。

5. 车床主轴加工工艺过程

表 7.3 列出了车床主轴的加工工艺过程(生产类型:大批生产;材料牌号:45 号钢;毛坯种类:模锻件)。

表 7.3　大批生产车床主轴工艺过程

工序号	工序名称	工序简图	使用设备
1	备料		
2	精锻		立式精锻机
3	热处理	正火	
4	锯头		
5	铣端面和钻中心孔		专用机床
6	荒车	荒车各外圆	卧式车床
7	热处理	调质 HBS220～240	
8	车大端各部	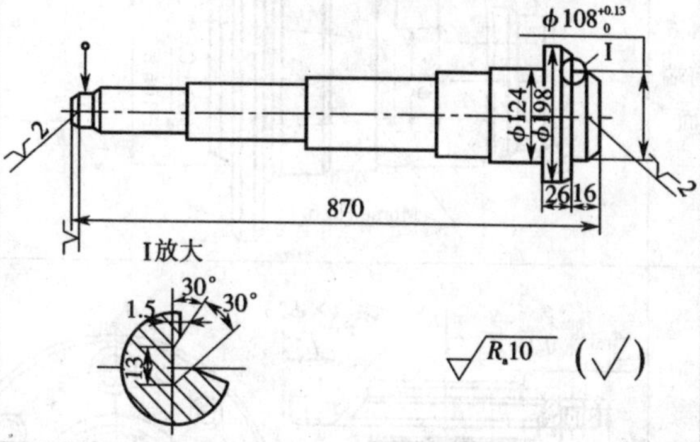	卧式车床 C620 B

续表

工序号	工序名称	工序简图	使用设备
9	仿形车小端各部	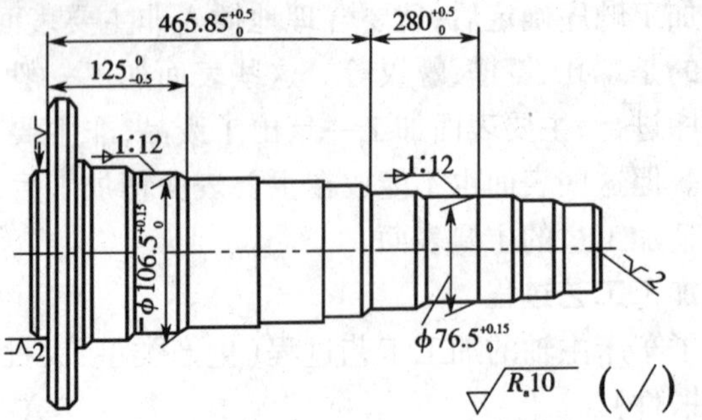 $465.85^{+0.5}_{0}$ $280^{+0.5}_{0}$ $125^{0}_{-0.5}$ 1∶12 1∶12 $\phi 106.5^{+0.15}_{0}$ $\phi 76.5^{+0.15}_{0}$ 2 2 $R_a 10$ (√)	仿形车床 CE7120
10	钻深孔	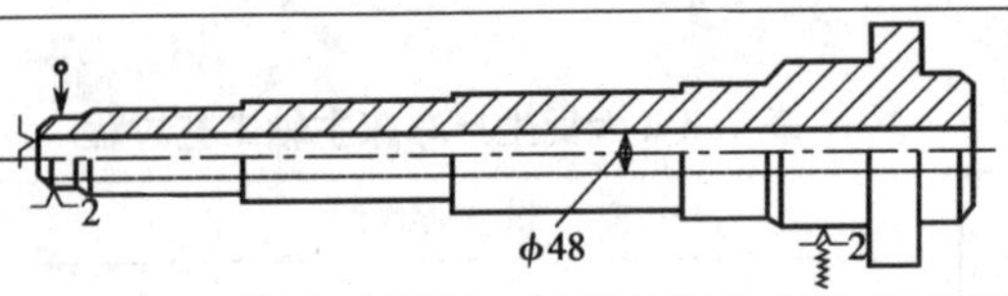 $\phi 48$ 2 2	专用深孔钻床
11	车小端内锥孔（配 1∶20 锥堵）	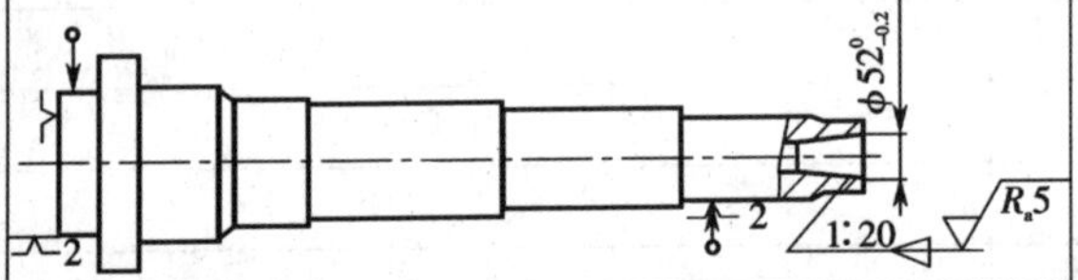 $\phi 52^{0}_{-0.2}$ 2 2 1∶20 $R_a 5$	卧式车床 C620 B
12	车大端锥孔（配 MorseNo6 锥堵）；车前端锥面及端面	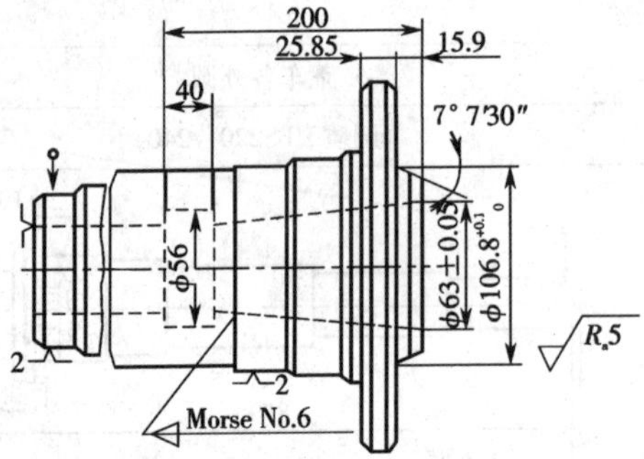 200 25.85 15.9 40 7° 7′30″ $\phi 56$ $\phi 63 \pm 0.05$ $\phi 106.8^{+0.1}_{0}$ $R_a 5$ 2 2 Morse No.6	卧式车床 C620 B
13	钻大端端面各孔	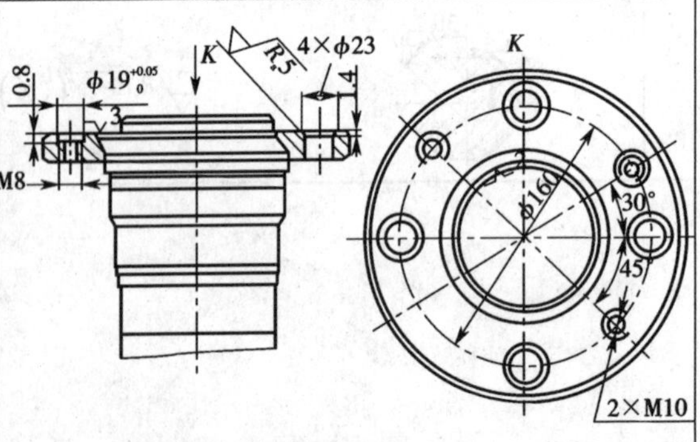 K $R_a 5$ 4×$\phi 23$ 0.8 $\phi 19^{+0.05}_{0}$ 4 3 M8 K $\phi 160$ 30° 45° 2×M10	钻模、钻床

续表

工序号	工序名称	工序简图	使用设备
14	热处理	高频淬火 Φ90g6、短锥及 MorseNo6 锥孔，HRC45～50	
15	精车各外圆并车槽	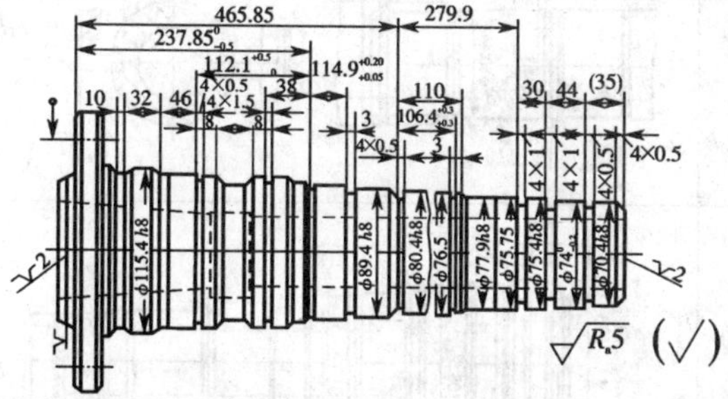 465.85　279.9　$237.85^{0}_{-0.5}$　$112.1^{+0.5}_{0}$　$114.9^{+0.20}_{+0.05}$ 10　32　46　4×0.5　4×1.5　8　8　38　3　4×0.5　110　$106.4^{+0.3}_{+0.1}$　3　30　44　(35)　4×1　4×1　4×0.5　4×0.5 φ115.4h8　φ89.4h8　φ80.4h8　φ76.5　φ77.9h8　φ75.75　φ75.4h8　φ74　φ70.4h8 R_a5 (√)	数控车 CSK6163
16	粗磨两段外圆	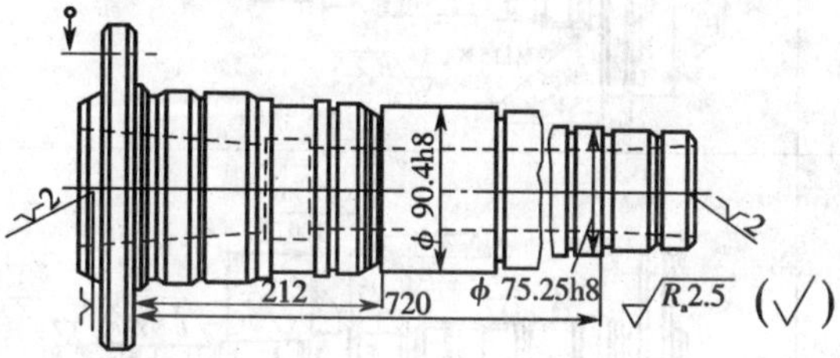 φ 90.4h8　212　720　φ 75.25h8 $R_a2.5$ (√)	万能外圆磨床 M1432
17	粗磨 MorseNo6 锥孔	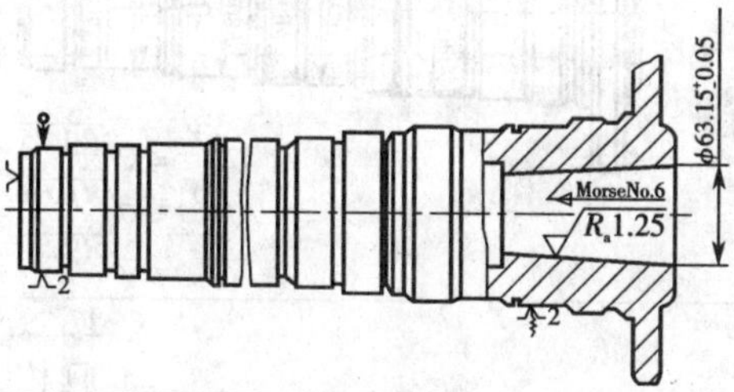 $φ63.15^{+0.05}$　MorseNo.6　$R_a1.25$	内圆磨床 M2120
18	粗、精铣花键	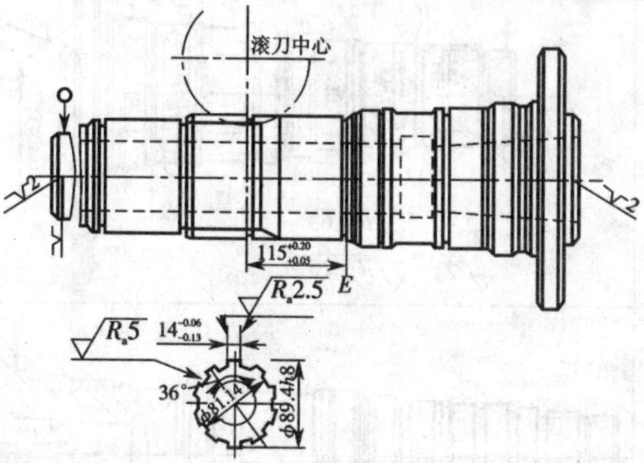 滚刀中心 $115^{+0.20}_{+0.05}$　$R_a2.5$　E R_a5　$14^{-0.06}_{-0.13}$　36°　φ81.14　φ89.4h8	花键铣床 YB6016

续表

工序号	工序名称	工序简图	使用设备
19	铣键槽	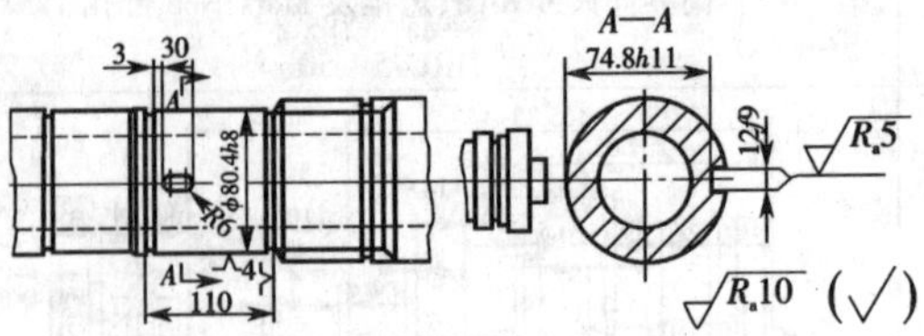3 30 A ϕ80.4h8 A 4 110 A—A 74.8h11 12f9 R_a5 R_a10 (√)	铣床 X52
20	车大端内侧面及三段螺纹（配螺母）	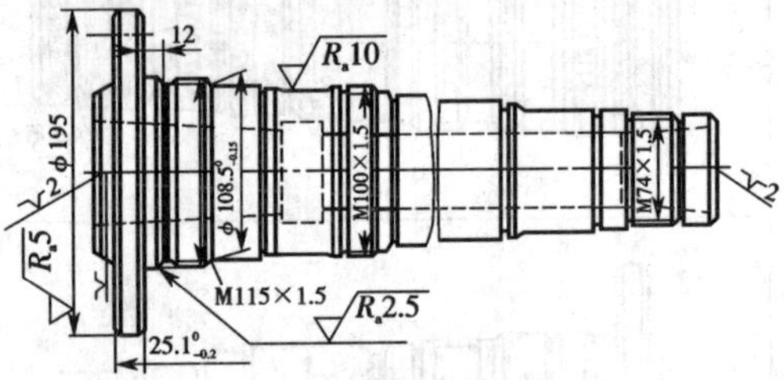12 R_a10 ϕ195 ϕ108.5 M100×1.5 M74×1.5 R_a5 M115×1.5 R_a2.5 25.1$^{0}_{-0.2}$	卧式车床 CA6140
21	粗、精磨各外圆及 E、F 端面	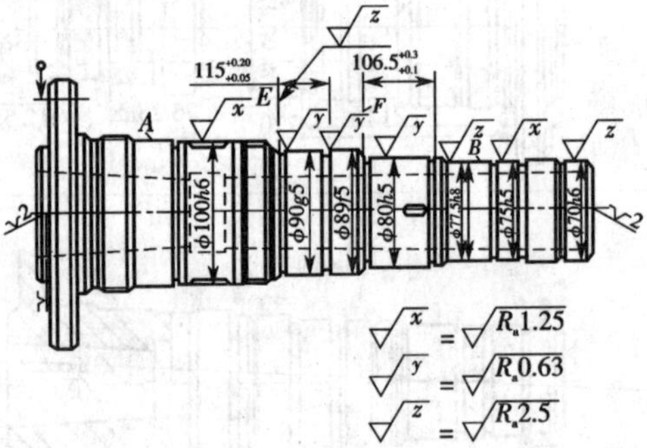z 115$^{+0.20}_{+0.05}$ 106.5$^{+0.3}_{+0.1}$ E F A B x y z ϕ100h6 ϕ90g5 ϕ89f5 ϕ80h5 ϕ77.5h8 ϕ75h5 ϕ70h6 x = R_a1.25 y = R_a0.63 z = R_a2.5	万能外圆磨床 M1432
22	粗、精磨圆锥面	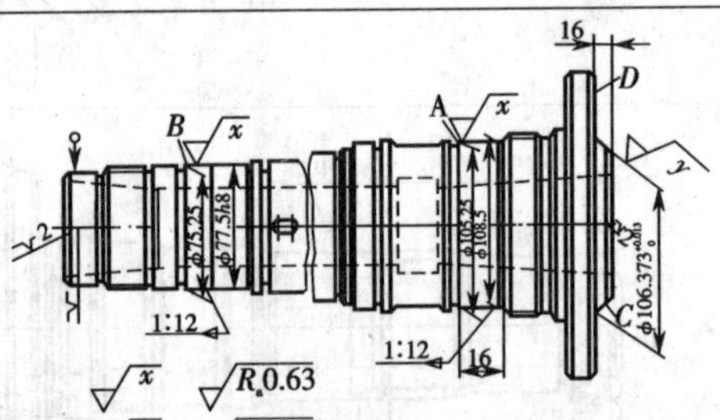16 D A x B x y ϕ75.25 ϕ77.5h8 ϕ105.25 ϕ108.5 ϕ106.373 C 1:12 1:12 16 x R_a0.63 y R_a1.25	专用组合磨床
23	精磨 MorseNo6 锥孔	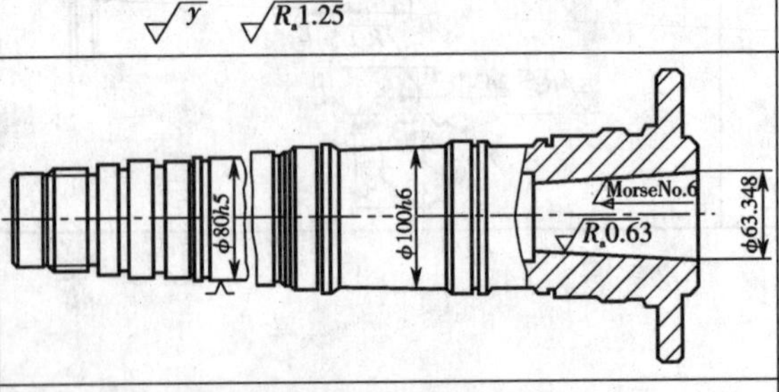ϕ80h5 ϕ100h6 MorseNo.6 R_a0.63 ϕ63.348	主轴锥孔磨床
24	检查	按图样技术要求检查各项目	

学习任务二　套类零件的加工

图7.5所示的套类零件是车削加工中最常见的零件，也是各类机械上常见的零件，在机器上占有较大比例，通常起支撑、导向、连接及轴向定位等作用，如导向套、固定套、轴承套等。套类零件一般由外圆、内孔、端面、台阶和沟槽等组成，这些表面不仅有形状精度、尺寸精度和表面粗糙度的要求，而且位置精度也有要求。套类零件的加工工艺根据其功用、结构形状、材料和热处理以及尺寸大小的不同而异。就其结构形状来划分，大体可以分为短套和长套两大类。它们在加工中，装夹方法和加工方法都有很大的差别，下面主要介绍短套类。

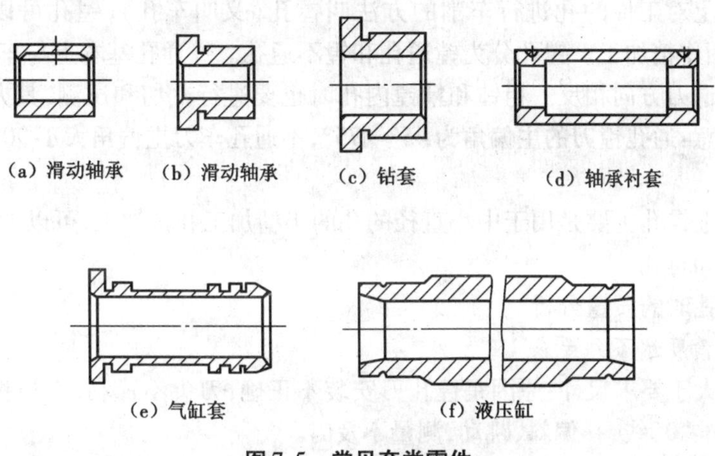

图7.5　常见套类零件

一、套类零件概述

1. 套类零件的特点

①零件的主要表面为同轴度要求较高的内、外回转表面。

②零件壁厚较薄、易变形。

③长度一般大于直径。

④当用作旋转轴轴颈的支撑时在工作中承受径向力和轴向力。

⑤用于油缸或缸套时主要起导向作用。

1) 钻孔

利用钻头将工件钻出孔的方法称为钻孔。钻孔的公差等级为IT10以下，表面粗糙度为 R_a12.5 μm，多用于粗加工孔。工件装夹在卡盘上，钻头安装在尾架套筒锥孔内。钻孔前先车平端面并车出一个中心坑或先用中心钻钻中心孔作为引导。钻孔时，摇动尾架手轮使钻头缓慢进给，注意要经常退出钻头排屑。钻孔进给不能过猛，以免折断钻头。

钻孔注意事项:

①起钻时进给量要小,待钻头头部全部进入工件后,才能正常钻削。

②钻钢件时,应加冷却液,防止因钻头发热而退火。

③钻小孔或钻较深孔时,由于铁屑不易排出,必须经常退出排屑,否则会因铁屑堵塞而使钻头"咬死"或折断。

④钻小孔时,钻头转速应选择快些,钻头的直径越大,钻速应越慢。

⑤当钻头将要钻通工件时,由于钻头横刃首先钻出,因此轴向阻力大减,这时进给速度必须减慢,否则钻头容易被工件卡死,造成锥柄在床尾套筒内打滑而损坏锥柄和锥孔。

2)镗孔

在车床上对工件的孔进行车削的方法叫镗孔(又叫车孔),镗孔可以用作粗加工,也可以用作精加工。镗孔分为镗通孔和镗不通孔。镗通孔基本上与车外圆相同,只是进刀和退刀方向相反。粗镗和精镗内孔时也要进行试切和试测,其方法与车外圆相同。注意:通孔镗刀的主偏角为45°~75°,不通孔车刀主偏角大于90°。

3)铰孔

在车床上铰孔主要是用于中小直径的孔的半精加工和精加工,可以加工圆柱孔、圆锥孔通孔和盲孔。

2. 车内孔时的质量分析

1)尺寸精度达不到要求

①孔径大于要求尺寸:原因是镗孔刀安装不正确,刀尖不锋利,小拖板下面转盘基准线未对准"0"线,孔偏斜、跳动,测量不及时。

②孔径小于要求尺寸:原因是刀杆细造成"让刀"现象,塞规磨损或选择不当,铰刀磨损以及车削温度过高。

2)几何精度达不到要求

①内孔成多边形:原因是车床齿轮咬合过紧、接触不良或车床各部间隙过大,薄壁工件装夹变形也会使内孔呈多边形。

②内孔有锥度:原因是主轴中心线与导轨不平行,使用小拖板时基准线不对,切削量过大或刀杆太细造成"让刀"现象。

③表面粗糙度达不到要求:原因是刀刃不锋利、角度不正确、切削用量选择不当、冷却液不充分。

3. 一般套类零件的技术要求

1)直径精度和几何形状精度

内孔是套类零件起支撑和导向作用的主要表面,它通常与运动着的轴、刀具或活塞配合,其尺寸精度一般为IT7级,形状精度(圆度、圆柱度)控制在直径公差之内,形状精度要求较高时,应在零件图样上另行规定其允许的公差。进行加工方案选择时可根据这些要求选择最合适的加工方法和加工方案。

2)相互位置精度

内外圆之间的同轴度一般为0.01~0.05 mm,孔轴线与端面的垂直度一般取0.02~0.05 mm,轴向定位端面与轴心线的垂直度要求等。这就要求在一次安装中尽量加工出所有表面与端面。

3)表面粗糙度

一般要求内孔的表面粗糙度为R_a3.2~0.8 μm,要求精度高的孔要达到R_a0.05 μm以下;若与油缸配合的活塞上装有密封圈时,其内孔表面粗糙度为R_a0.4~0.2 μm。

5.套类零件工艺制定方法

①保证位置精度的方法:在一次安装中加工有相互位置精度要求的外圆表面与端面。

②加工顺序的确定方法:基面先行,先粗后精,先主后次,先内后外,即先车出基准外圆后粗精车各外圆表面,再加工次要表面。

③刀具的选择:车削套类零件外轮廓时,应选主偏角90°或90°以上的外圆车刀。

切槽刀根据所加工零件槽宽来选择,保证在刀具刚性允许的情况下可以一把刀具加工出所有槽。

中心钻用于孔加工的预制精确定位,引导麻花钻进行孔加工,减少误差。中心钻用于轴类等零件端面上的中心孔加工,钻孔前先打中心孔,用于引导麻花钻进行孔加工,减少误差,切削轻快、排屑好。中心钻有两种型式:A型为不带护锥的中心钻;B型为带护锥的中心钻。加工直径d=1~10 mm的中心孔时,通常采用不带护维的中心钻(A型);工序较长、精度要求较高的工件,为了避免60°定心锥被损坏,一般采用带护锥的中心锥(B型)。

④切削用量的选择:在保证加工质量和刀具耐用度的前提下,充分发挥机床性能和刀具切削性能,使切削效率最高,加工成本最低。

粗、精加工时切削用量的选择原则如下。

a.粗加工时切削用量的选择原则:首先选取尽可能大的背吃刀量;其次要根据机床动力和刚性等限制条件,尽可能选取大的进给量;最后根据刀具耐用度确定最佳的切削速度。

b.精加工时切削用量的选择原则:首先根据粗加工后的余量确定背吃刀量;其次根据已加工表面的表面粗糙度要求,选取较小的进给量;最后在保证刀具耐用度的前提下,选取尽可能较高的切削速度。

⑤量具的选用:车削中常用的量具有游标卡尺、千分尺、百分表。游标卡尺是一种中等精度的量具,可测量外径、内径、长度、宽度和深度等尺寸。可用来检测精度要求较低的外圆及槽。

⑥套类零件的毛坯及材料:一般用钢、铸铁、青铜和黄铜制成。套类毛坯的选择与材料、结构、尺寸及生产批量有关。孔径小的套,一般选择热轧或冷拉棒料,也可以

用实心铸件;孔径较大的套,常选择无缝钢管或带孔铸件、锻件;大批量生产,一般采用冷挤和粉末冶金等先进制造工艺。

二、套筒类零件加工工艺分析

图 7.6 所示为定位套零件简图。下面以定位套为例分析套类零件的一般加工工艺。

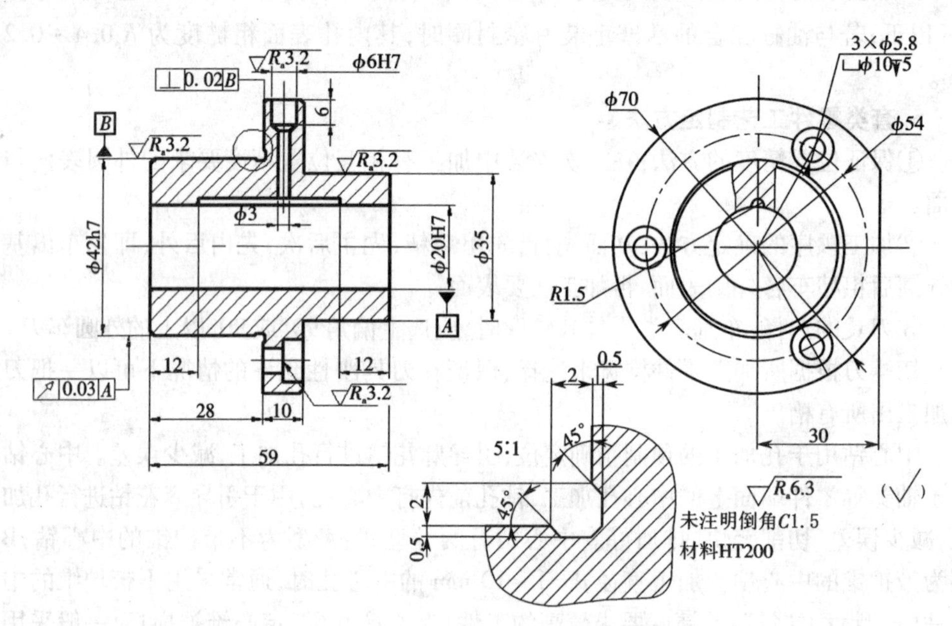

图 7.6 定位套零件简图

1. 定位套的技术要求

该零件属短套,壁厚适中。其主要加工表面为:ϕ42h7、ϕ35 外圆、ϕ20H7 内孔和 ϕ6H7 孔。主要位置要求:ϕ70 外圆左端面对 ϕ42h7 轴线的垂直度为 0.02 mm;ϕ42h7 外圆对 ϕ20H7 孔中心线的圆跳动为 0.03 mm,如图 7.6 所示。

2. 加工工艺分析

图样要求的位置精度采用以下方法保证:单件加工可在一次装夹中完成;多件加工可采用心轴,以工件内孔为定位基准,装夹在心轴上车削外圆、台阶以保证工件的位置精度。

加工直线形油槽的方法:将磨好的 $R1.5$ mm 的锋钢油槽刀头嵌入内孔车刀杆前端的方孔中。使工件处于静止状态(变速手柄拨到低速位置),用床鞍手轮把油槽车刀头摇到孔中油槽位置,向主轴箱方向缓慢均匀移动至所需长度尺寸。重复上述动作直至加工到符合尺寸要求。

3. 加工工艺过程

定位套的加工工艺过程见表 7.4。

表 7.4　定位套的加工工艺过程

序　号	工序名称	工序内容	定位基准
1	车	①用三爪卡盘夹住 $\phi35$ 毛坯外圆 ②车端面 ③车外圆 $\phi70$ 至尺寸 ④粗车 $\phi42h7$ 外圆至 $\phi43$ mm，长 28 mm 至 $\phi27^{+0.8}_{+0.3}$ mm，倒角	$\phi35$ 轴线
2	车	①用三爪卡盘夹住 $\phi43$ mm 外圆 ②车端面，总长尺寸 59 mm ③车外圆 $\phi35$ 至尺寸，$\phi70$ mm 的长度 10 mm 至 $10^{+0.5}_{+0.3}$ mm，倒角 ④钻孔 $\phi18$ mm ⑤车孔至 $\phi19.8$ mm，孔口倒角 ⑥铰孔 $\phi20H7$ 至尺寸 ⑦车内孔油槽至尺寸 $R1.5$ mm ⑧用砂布去毛刺	$\phi43$ 轴线
3	车	①以 $\phi20H7$ 孔定位，装夹在心轴上车削 ②精车 $\phi42h7$ 至尺寸，并车出台阶面，长度 28 mm、10 mm 至尺寸 ③车外圆端面沟槽至尺寸，倒角	孔中心线
4	钳	划线，尺寸 30 mm	
5	铣	铣 $\phi70$ 外圆缺口，尺寸至 30 mm	按线找正
6	钳	钻、扩、铰 $\phi6H7$ 孔至尺寸	组合面定位
7	钳	钻、扩 $3\times\phi5.8$ ⌴ 10 ↧ 5	组合面定位
8	检验	先用量具检查各尺寸精度，再将工件外圆 $\phi42h7$ 放在检验 V 形块上，检查工件位置精度	

学习任务三　箱体类零件的加工

一、概　述

1. 箱体零件的结构

箱体零件的种类有很多，图 7.7 所示为几种常见的箱体零件。由图可知，箱体零件在外形、尺寸、结构等方面存在着很大差异，但结构形状仍然具有很多相同的特征，如形状比较复杂，壁厚较薄且不均匀，在箱壁上既有若干个精度较高的轴承孔和平面需要加工，也有许多精度要求不高的孔需要加工。因此，箱体零件的结构特点决定了它是一种加工部位多、加工难度大的零件。

2. 箱体零件的主要技术要求

图 7.8 所示为车床主轴箱体简图。箱体类零件主要技术要求归纳为如下几点。

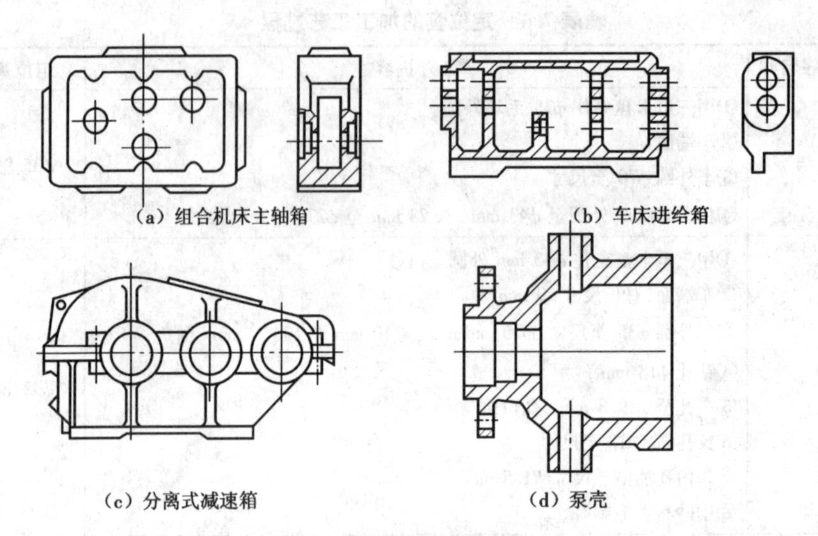

图 7.7 常见箱体零件

1)孔的尺寸精度、几何形状精度

孔径的尺寸误差和几何形状误差会造成轴承与孔配合不良。因此,箱体类零件对孔的精度要求较高,一般主轴孔的尺寸精度为 IT6,其他各支撑孔的尺寸精度为 IT7 ~ IT8 ,几何形状精度控制在尺寸公差的 1/2 范围内。

2)孔与孔的位置精度

孔系之间的平行度误差影响齿轮的啮合质量;同一轴线上孔的同轴度误差和孔端面对轴线的垂直度误差,会使轴和轴承装入箱体后出现歪斜,造成主轴径向圆跳动和轴向窜动,加剧轴承的磨损。孔与孔的位置精度要求,一般为同轴线上支撑孔的同轴度为 0.01 ~ 0.03 mm ,各支撑孔间的平行度为 0.03 ~ 0.06 mm ,孔距允差为 ±0.06 ~ ±0.25 mm 。

3)主要平面的精度

箱体上主要平面的平面度影响装配后的接触刚度。在加工中选用平面作定位基准时,其平面度会影响主要孔的加工精度。因此,箱体主要平面的平面度一般为 0.02 ~ 0.1 mm ,表面粗糙度为 R_a0.8 ~ 3.2 μm;主要平面间的平行度、垂直度为 300: (0.02 ~ 0.1)。

4)孔与主要平面的位置精度

一般支撑孔与安装基面的平行度要求为 0.03 ~ 0.1 mm。

5)表面粗糙度

一般主轴孔的表面粗糙度为 R_a0.4 μm,其他各纵向孔的表面粗糙度为 R_a1.6 μm,孔的内端面的表面粗糙度为 R_a3.2 μm,装配基准面和定位基准面的表面粗糙度为 R_a0.63 ~ 2.5 μm,其他平面的表面粗糙度为 R_a2.5 ~ 10 μm。

3. **箱体零件的材料、毛坯及热处理**

箱体零件材料常选用各种牌号的灰铸铁,这是因为灰铸铁具有较好的耐磨性、铸造性和可切削性,而且吸振性好、成本低。但对于一些负荷较大的箱体应采用铸钢件。

箱体零件常用材料和形状结构的特点,决定了箱体零件毛坯的生产方法一般为铸造。但单件小批生产一些简易箱体时,为了缩短毛坯的制造周期,也常采用焊接结构的箱体。箱体零件的铸造方法应根据其生产批量确定。单件小批生产时,对毛坯精度和加工余量的要求不高,因此一般采用木模手工造型;大批生产时,为减小机械加工余量,应采用金属模机器造型。为了消除铸造时形成的应力,保证零件加工后精度的长期保持性,毛坯铸造后要安排时效处理。普通精度的箱体安排一次时效即可,精度要求高或形状复杂的箱体要在粗加工后再安排一次时效处理,以消除粗加工造成的应力。

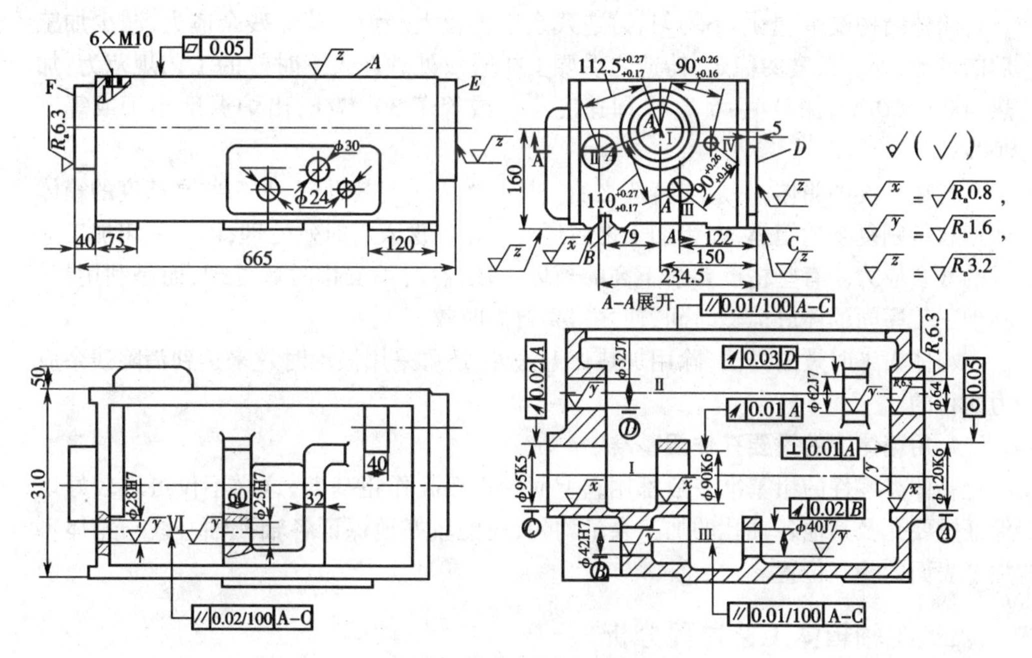

图 7.8　车床主轴箱体简图

二、拟定箱体工艺过程的共同性原则

1. **加工顺序——先面后孔**

箱体类零件的加工顺序均为先加工面,以加工好的平面定位,再加工孔。这是因为箱体孔的精度要求高,加工难度大,先以孔为粗基准加工平面,再以平面为精基准加工孔,不仅可以为孔加工提供稳定可靠的精基准,而且还可以使孔的加工余量较为均匀。另外,由于孔分布在箱体各平面上,先加工好平面,钻孔时钻头不易引偏,扩孔或铰孔时刀具也不易崩刃。

2. 加工阶段——粗、精分开

箱体的结构复杂，壁厚不均，刚性不好，但加工精度要求都比较高。因此箱体重要表面加工时都要划分为粗、精加工阶段，这样可以避免粗加工造成的应力、切削力、夹紧力和切削热对加工精度的影响，有利于保证箱体的加工精度；粗、精分开也可及时发现毛坯缺陷，避免更大的浪费。

单件小批生产的箱体或大型箱体的加工，如果从工序上也安排粗、精分开，则机床、夹具的数量要增加，工件运转也费时费力，所以生产中粗、精加工是在一道工序内完成的。但是在工步安排上粗、精还是分开的。如粗加工后将工件松开一些，然后再用较小的夹紧力夹紧工件，使工件因夹紧力而产生的弹性变形在精加工之前得以恢复；导轨磨床磨大的床头箱导轨时，粗磨后应进行充分冷却，然后再进行精磨。

3. 在工序间合理安排热处理

箱体结构复杂，壁厚不均匀，铸造残余应力较大。为了消除残余应力，减少加工后的变形，保证精度的稳定，铸造之后要安排时效处理。人工时效的工艺规范为：加热 500～550 ℃，保温 4～6 h，冷却速度小于或等于 30 ℃/h，出炉温度小于或等于 200 ℃。

普通精度的箱体，一般在铸造之后安排一次人工时效处理，对一些高精度的箱体或形状特别复杂的箱体，在粗加工之后还要安排一次人工时效处理，以消除粗加工造成的残余应力。有些精度要求不高的箱体毛坯，有时不安排时效处理，而是利用粗、精加工工序间的停放运输时间，使之得到自然时效。

箱体人工时效的方法，除用加热保温法外，还可采用振动时效来达到消除残余应力的目的。

4. 用箱体上的重要孔作粗基准

箱体类零件的粗基准一般都用它上面的重要孔作粗基准，这样不仅可以较好地保证重要孔及其他各轴孔的加工余量均匀，还能较好地保证各轴孔轴心线与箱体不加工表面的相互位置。

三、主轴箱体工艺过程分析

箱体零件的工艺过程虽然随着箱体的结构、精度要求和生产批量的不同有较大的变化，但是它们也有共同特点。下面结合车床主轴箱体来分析一般箱体加工中的共性问题。

1. 主要表面加工方法的选择

箱体的主要加工表面有平面和轴承支撑孔。

箱体平面的粗加工和半精加工主要采用刨削和铣削，有时也可以采用车削。刨削的刀具结构简单，机床调整方便，但在加工较大的平面时，生产效率低，适于单件小批生产；铣削的生产效率一般比刨削高，在成批和大量生产时多采用铣削；当生产批量较大时,还可采用专用的组合铣床对箱体各平面进行多刀、多面同时铣削;尺寸较大的箱体,可在多轴龙门铣床上进行组合铣削,以提高箱体平面加工的生产效率,如图 7.9(a) 所示。

箱体平面的精加工方法选择的原则是:单件小批生产时,除一些高精度的箱体需手工刮研外,一般多以精刨代替手工刮研;当生产批量大而精度要求又较高时,多采用磨削。为了提高生产率和平面间的相互位置精度,可采用专用磨床进行组合磨削,如图 7.9(b) 所示。

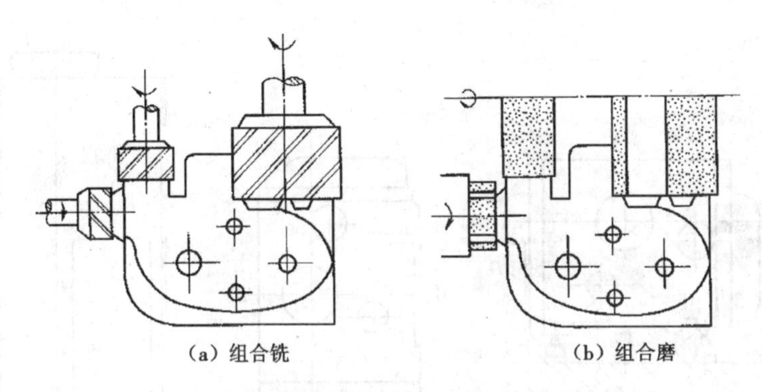

图 7.9　箱体平面的组合铣削和磨削

箱体上精度 IT7 的轴承支撑孔,一般需要经过 3 ~4 次加工。可采用镗(扩)—粗铰—精铰或镗(扩)—半精镗—精镗的工艺方案进行加工(若未铸出预孔应先钻孔)。以上两种工艺方案都能使孔的加工精度达到 IT7,表面粗糙度 R_a 为 0.63 ~2.5 μm ,前者用于加工直径较小的孔,后者用于加工直径较大的孔。当孔的精度超过 IT6,表面粗糙度小于 R_a0.63 μm 时,还应增加一道精加工或精密加工工序,常用的方法有精细镗、滚压、珩磨等。单件小批生产时,也可采用浮动镗孔。

2 定位基准的选择

1) 粗基准的选择

在中小批生产中,由于毛坯精度较低,一般采用划线装夹,其方法如下。

①首先把被加工箱体用千斤顶安放在平台上,如图 7.10(a)所示;调整千斤顶,使主轴孔 I 和 *A* 面与台面基本平行,*D* 面与台面基本垂直。

②根据毛坯的主轴孔划出主轴孔的水平轴线 I—I 线,在 4 个面上均要划出,作为第一校正线。划此线时,应根据图样要求,检查所有的加工部位在水平方向的加工余量,若出现无加工量的部位,则需要重新调整 I—I 线的位置,直至各加工部位均有加工余量,才可将 I—I 线最终确定下来。I—I 线确定之后即划出 *A* 面和 *C* 面的加工线。

③将箱体翻转 90°,*D* 面一端置于 3 个千斤顶上,调整千斤顶,使 I—I 线与台面垂直(用大角尺在两个方向校正),根据毛坯的主轴孔,并考虑各加工部位在垂直方向的加工余量,按上述同样的方法划出主轴孔的垂直轴线 Ⅱ—Ⅱ 作为第二校正线,如

图 7.10(b)所示,该线也要在4个面上划出。依据Ⅱ—Ⅱ线划出 *D* 面加工线。

④再将箱体翻转 90°,如图 7.10(c)所示。将 *E* 面一端置于3个千斤顶上,调整千斤顶,使Ⅰ—Ⅰ与Ⅱ—Ⅱ线与台面垂直。根据凸台的高度尺寸,先划出 *F* 面加工线,然后再划出 *E* 面加工线。加工箱体平面时,按线找正装夹工件,体现了以主轴孔为粗基准的原则。

在大批量生产时,由于毛坯精度较高,故可直接以主轴孔在夹具上定位。图 7.11 所示为常用的夹具形式。

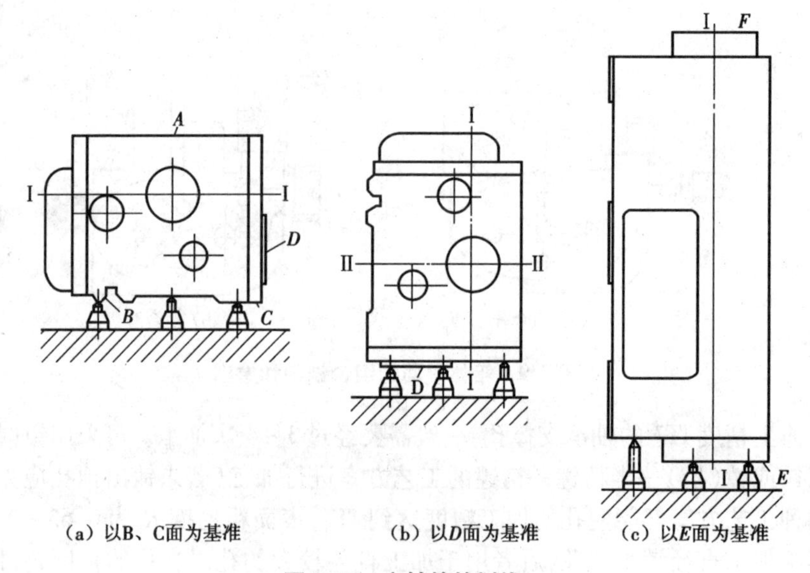

图 7.10 主轴箱的划线

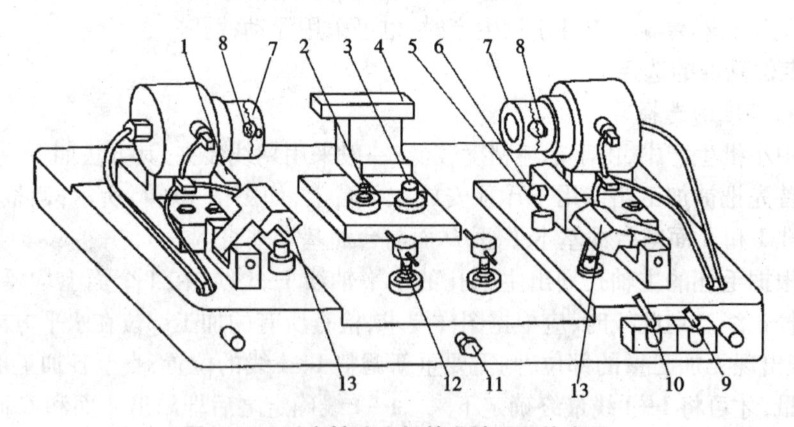

图 7.11 以主轴孔为粗基准铣顶面的夹具

1、3、5—支撑;2—辅助支撑;4—支架;6—挡销;7—短轴;8—活动支柱;
9、10—操纵手柄;11—螺杆;12—可调支撑;13—夹紧块

先将工件放在1、3、5支撑上,并使箱体侧面紧靠支架4,端面紧靠挡销6进行工件预定位。然后操纵手柄9,将液压控制的两个短轴7伸入主轴孔中,每个短轴上有三个活动支柱8分别顶住主轴孔的毛面,将工件抬起离开1、3、5各支撑面。这时,主轴孔中心线与两短轴轴心线重合,实现了以主轴孔为粗基准定位。为了限制工件绕两短轴的回转自由度,在工件抬起后,调节两个可调支撑12进行简单找正,使顶面基本呈水平,再用螺杆11调整辅助支撑2,使其与箱体底面接触。最后操纵手柄10,将液压控制的两个夹紧块13插入箱体两端相应孔内夹紧,即可进行加工。

2)精基准的选择

(1)单件小批生产时,选用装配基面作定位基准

图7.10所示的车床主轴箱单件小批生产加工孔系时,选择箱体底面导轨B、C面作定位基准。B、C面既是床头箱的装配基准,又是主轴孔的设计基准,并与箱体的两端面、侧面及各纵向轴承孔在相互位置上都有直接联系,故选择它们作为定位基准,不仅消除了主轴孔加工时的基准不重合误差,使装夹误差较小,而且定位稳定可靠。另外,加工中由于箱口朝上,所以更换导向套、安装调整刀具、测量孔径尺寸、观察加工情况等都很方便。这种定位方式的不足之处在于:加工箱体中间壁上的孔时,为了提高刀具系统的刚度,需要在箱体内部相应的部位设置刀杆的导向支撑。由于箱体底部是封闭的,中间支撑只能用如图7.12所示的吊架从箱体顶面的开口处伸入箱体内。因吊架刚性差,制造安装精度较低,经常装卸也容易产生误差,且每加工一件需装卸一次,使加工的辅助时间增加,因此这种定位方式的生产率较低,只适用于单件小批生产。

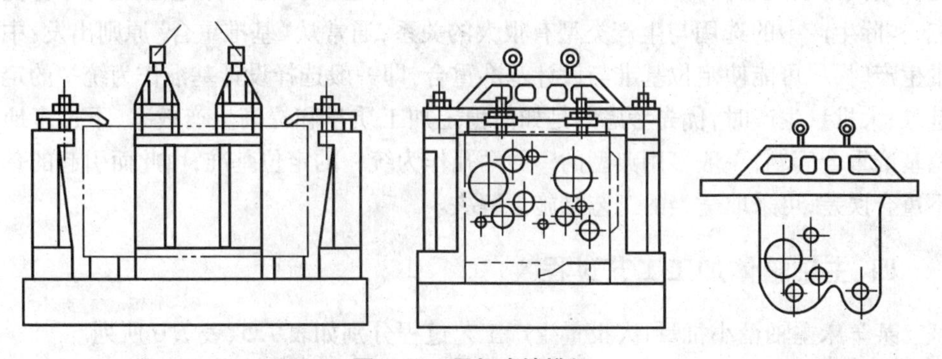

图7.12　吊架式镗模架

(2)生产批量较大时,采用一面两孔作定位基准

大批量生产的主轴箱常选顶面和两定位销孔为精基准,如图7.13所示。采用这种定位方式加工时,箱体口朝下,中间导向支架可固定在夹具体上,简化了夹具结构,提高了夹具刚度。同时由于工件的装卸比较方便,因而提高了孔系的加工质量和劳动生产率。

这种定位方式的不足之处在于定位基准与设计基准不重合,产生了基准不重合

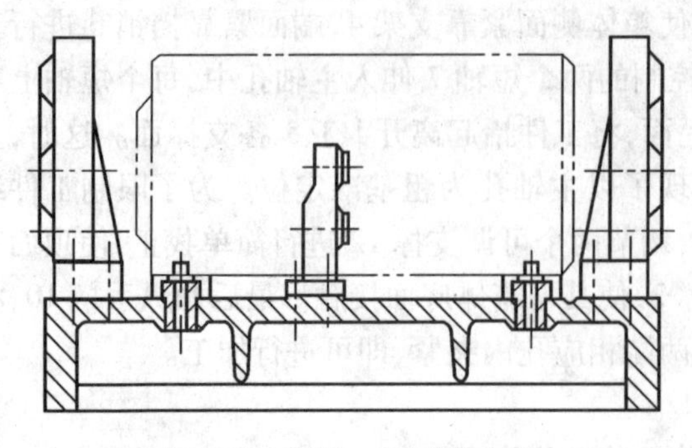

图 7.13 箱体一面两孔定位

误差。因此，为了保证箱体的加工精度，必须提高作为定位基准的箱体顶面和两定位销孔的加工精度。另外，由于箱口朝下，加工时不便于观察各表面的加工情况，因而也就不能及时发现毛坯是否有砂眼、气孔等缺陷，加工中测量和调刀也不方便。所以，用箱体顶面和两定位销孔作精基准加工时，必须采用定尺寸刀具（如扩孔钻和铰刀）。

上述两种方案的对比分析，仅仅是针对与床头箱类似的零件而言的，其他形式的箱体采用一面两孔的定位方式加工时，上面所提及的问题不一定存在。在生产实际中，一面两孔的定位方式在各种箱体零件加工中应用十分广泛。这种定位方式具有以下特点：很简便地限制了工件的 6 个自由度，定位稳定可靠；在一次安装下，可以加工除定位面以外的所有 5 个面上的孔或平面，也可以作为从粗加工到精加工的大部分工序的定位基准，实现“基准统一”。此外，这种定位方式夹紧方便，工件的夹紧变形小，易于实现自动定位和自动夹紧。因此，在组合机床与自动线加工箱体时，多采用这种定位方式。

由以上分析可知，箱体精基准的选择有两种方案：一是以三平面为精基准（主要定位基面为装配基面）；另一种是以一面两孔为精基准。这两种定位方式各有优缺点，实际生产中的选用与生产类型有很大的关系，通常从“基准重合”原则出发：中小批生产时，尽可能使定位基准与设计基准重合，即一般选择设计基准作为统一的定位基准；大批量生产时，优先考虑的是如何稳定加工质量和提高生产效率，不过多地强调基准重合问题，一般多用典型的一面两孔作为统一的定位基准，由此而引起的基准不重合误差，可采取适当的工艺措施去解决。

四、主轴箱体加工工艺过程

某车床主轴箱小批量、大批量生产工艺过程分别如表 7.5、表 7.6 所列。

表 7.5 某车床主轴箱小批量生产工艺过程

序号	工序名称	工序内容	定位基准
1	铸造		
2	热处理	时效	
3	涂漆	漆底漆	
4	划线	为主轴孔留出均匀的加工余量，划 C、A 及 E、D 加工线	按线找正

续表

序 号	工序名称	工序内容	定位基准
5	铣	粗、精铣顶面 *A*	顶面 *A* 校正主轴线
6	铣	粗、精铣 *B* 、*C* 面及侧面 *D*	*B* 、*C* 面
7	铣	粗、精铣两端面 *E* 、*F*	*B* 、*C* 面
8	镗	粗、精镗各纵向孔	*B* 、*C* 面
9	镗	粗、精镗各横向孔	*B* 、*C* 面
10	钻	加工螺纹孔及各次要孔	
11	钳	清洗、去毛刺	
12	检验	按图样尺寸检查	

表 7.6 某车床主轴箱大批量生产工艺过程

序 号	工序名称	工序内容	定位基准
1	铸造		
2	热处理	时效	
3	涂漆	漆底漆	
4	铣	铣顶面 *A*	孔 *I* 与 *II*
5	钻	钻、铰 2 × ϕ8H7 工艺孔(将 6 × M10 先钻至 ϕ7. 8 mm,铰 2 × ϕ8H7)	顶面 *A* 及外形
6	铣	铣两端面 *E* 、*F* 面及面 *D*	顶面 *A* 及两工艺孔
7	铣	铣导轨面 *B* 、*C*	顶面 *A* 及两工艺孔
8	磨	磨顶面 *A*	导轨面 *B* 、*C*
9	镗	粗镗各纵向孔	顶面 *A* 及两工艺孔
10	镗	精镗各纵向孔	顶面 *A* 及两工艺孔
11	钻	加工螺纹孔及各次要孔	
12	钳	清洗、去毛刺	
13	磨	磨导轨面 *B* 、*C* 及 *D* 面	顶面 *A* 及两工艺孔
14	钻	将 2 × ϕ8H7 及 4 × ϕ7. 8 mm 均扩至 ϕ8. 5 mm,攻 6 × M10	
15	钳	清洗、去毛刺	
16	检验	按图样尺寸检查	

学习任务四　圆柱齿轮的加工

一、概　述

1. 圆柱齿轮的功用与结构特点

齿轮是机械传动中应用最广泛的零件之一，它的功用是按规定的速比传递运动和动力。圆柱齿轮因使用要求不同而有不同的形状，但总的来说可以将它们看成是由轮齿和轮体两部分构成的。按照轮齿的形状，齿轮可分为直齿、斜齿和人字齿等；按照轮体的结构，齿轮可大致分为盘形齿轮、套类齿轮、轴类齿轮、内齿轮、扇形齿轮和齿条；按齿圈数可分为单联齿轮、双联齿轮和多联齿轮等。

2. 圆柱齿轮的材料及毛坯

齿轮的材料种类很多。对于低速、轻载或中载的一些不重要的齿轮，常用 45 钢制作，经正火或调质处理后，可改善金相组织和可加工性，一般对齿面进行表面淬火处理；对于速度较高、受力较大或精度较高的齿轮，常采用 20Cr、40Cr、20CrMnTi 等合金钢。其中 40Cr 晶粒细，淬火变形小。20CrMnTi 采用渗碳淬火后，可使齿面硬度较高，心部韧性较好和抗弯性较强。38CrMoAl 经渗氮后，具有高耐磨性和高耐腐蚀性，用于制造高速齿轮。铸铁和非金属材料可用于制造轻载齿轮。

齿轮毛坯的形式主要有棒料、锻件和铸件。棒料用于加工小尺寸、结构简单且强度要求较低的齿轮。锻造毛坯用于加工强度要求较高、耐磨、耐冲击的齿轮。直径大于 400 ~ 600 mm 的齿轮常用铸造毛坯。

3. 圆柱齿轮的技术要求

1）齿轮传动精度

渐开线圆柱齿轮精度标准（GB10098. 1—2001）对齿轮及齿轮副规定了 12 个精度等级，第 1 级的精度最高，第 12 级的精度最低。按照误差的特性及对传动性能的主要影响，将齿轮的各项公差和极限偏差分成Ⅰ、Ⅱ、Ⅲ三个公差组，分别评定运动精度、工作平稳性精度和接触精度。运动精度要求能准确传递运动，传动比恒定；工作平稳性要求齿轮传递运动平稳，无冲击、振动和噪声；接触精度要求齿轮传递动力时，载荷沿齿面分布均匀。有关齿轮精度的具体规定读者可参看相关国家标准。

2）齿侧间隙

齿侧间隙是指齿轮啮合时，轮齿非工作表面之间的法向间隙。为使齿轮副正常工作，齿轮啮合时必须有一定的齿侧间隙，以便储存润滑油，补偿因温度、弹性变形所引起的尺寸变化和加工装配时的一些误差。

3）齿坯基准面的精度

齿轮齿坯基准面的尺寸精度和形位精度直接影响齿轮的加工精度和传动精度，齿轮在加工、检验和安装时的基准面（包括径向基准面和轴向辅助基准面）应尽量一致。对于不同精度的齿轮齿坯公差可查阅有关标准。

4)表面粗糙度

常用精度等级的齿轮表面粗糙度与基准表面粗糙度 R_a 的推荐值见表 7.7。

表 7.7　齿轮各表面粗糙度 R_a 的推荐值　(μm)

齿轮精度等级	5	6	7	8	9
轮齿齿面	0.4	0.8	0.8 ~ 1.6	1.6 ~ 3.2	3.2 ~ 6.3
齿轮基准孔	0.32 ~ 0.63	0.8	0.8 ~ 1.6		
齿轮轴基准轴颈	0.2 ~ 0.4	0.4	0.8	1.6	
基准端面齿	0.8 ~ 1.6	1.6 ~ 3.2		3.2	
顶圆	1.6 ~ 3.2	3.2			

注:当 3 个公差组的精度等级不同时,按最高的精度等级确定。

二、圆柱齿轮工艺过程的共同性原则

1. 定位基准选择

为保证齿轮的加工精度,应根据“基准重合”原则选择齿轮的设计基准、装配基准为定位基准,且尽可能在整个加工过程中保持“基准统一”。

轴类齿轮的齿形加工一般选择中心孔定位,某些大模数的轴类齿轮多选择轴颈和一端面定位。

盘类齿轮的齿形加工可采用两种定位基准。

①内孔和端面定位,符合“基准重合”原则。采用专用心轴,定位精度较高,生产率高,故广泛用于成批生产中。为保证内孔的尺寸精度和基准端面对内孔中心线的圆跳动要求,进行齿坯加工时应尽量在一次安装中同时加工内孔和基准端面。

②外圆和端面定位,不符合“基准重合”原则。用端面作轴向定位,并找正外圆,不需要专用心轴,生产率较低,故适用于单件小批量生产。为保证齿轮的加工质量,必须严格控制齿坯外圆对内孔的径向圆跳动。

2. 齿形加工方案选择

①齿形加工方案选择,主要取决于齿轮的精度等级、生产批量和齿轮热处理方法等。8 级或 8 级精度以下的齿轮加工方案:对于不淬硬的齿轮用滚齿或插齿即可满足加工要求;对于淬硬齿轮可采用滚(或插)齿—齿端加工—齿面热处理—修正内孔的加工方案。热处理前的齿形加工精度应比图样要求提高一级。

②6 ~ 7 级精度的齿轮一般有两种加工方案。剃、珩齿方案:滚(或插)齿—齿端加工—剃齿—表面淬火—修正基准—珩齿。磨齿方案:滚(或插)齿—齿端加工—渗碳淬火—修正基准—磨齿。

剃、珩齿方案生产率高,广泛用于 7 级精度齿轮的成批生产中。磨齿方案生产率低，一般用于6级精度以上或虽低于6级但淬火后变形较大的齿轮。

随着刀具材料的不断发展，用硬滚、硬插、硬剃齿代替磨齿，用珩齿代替剃齿，可取得很好的经济效益。例如可采用滚齿—齿端加工—齿面热处理—修正基准—硬滚齿的方案。

③5级精度以上的齿轮加工一般应采取磨齿方案。

3. 齿轮热处理

齿轮加工中根据不同要求，常安排两种热处理工序。

1）齿坯热处理

在齿坯粗加工前后常安排预先热处理—正火或调质。正火安排在齿坯加工前，其目的是为了消除锻造内应力，改善材料的加工性能。调质一般安排在齿坯粗加工之后，可消除锻造内应力和粗加工引起的残余应力，提高材料的综合力学性能，但齿坯的硬度稍高，不易切削，故在生产中应用较少。

2）齿面热处理

齿形加工后为提高齿面的硬度及耐磨性，根据材料与技术要求，常安排渗碳淬火、高频感应加热淬火及液体碳氮共渗等处理工序。经渗碳淬火的齿轮变形较大，对高精度齿轮尚需进行磨齿加工。经高频感应加热淬火处理的齿轮变形较小，但内孔直径一般会缩小0.01～0.05 mm，淬火后应予以修正。有键槽的齿轮，淬火后内孔经常出现椭圆形，为此键槽加工宜安排在齿面淬火之后。

4. 齿端加工

齿轮的齿端加工方式有倒圆、倒尖、倒棱和去毛刺，如图7.14所示。经倒圆、倒尖、倒棱后的齿轮，沿轴向移动时容易进入啮合。齿端倒圆应用最多，图7.15表示用指形铣刀倒圆的原理图。齿端加工必须安排在齿形淬火之前、滚（插）齿之后进行。

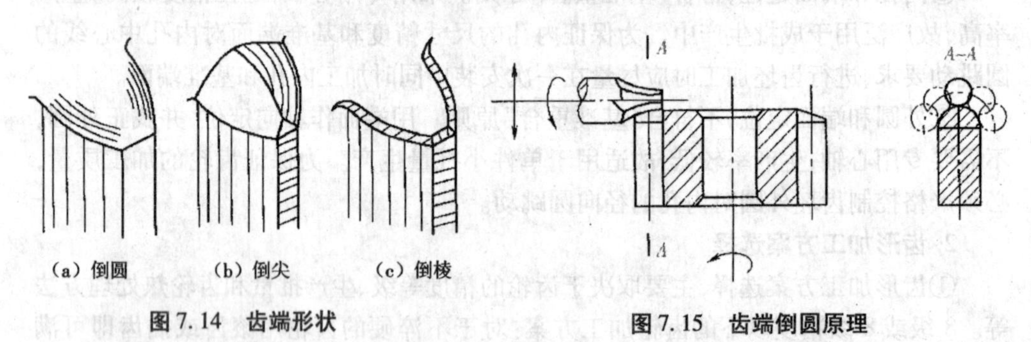

图7.14　齿端形状　　　　图7.15　齿端倒圆原理

三、圆柱齿轮加工工艺分析

圆柱齿轮加工工艺，常因齿轮的结构形状、精度等级、生产批量及生产条件不同而采用不同的工艺方法。图7.16所示为一双联齿轮，材料为40Cr，精度为7级，中批量生产。齿轮加工工艺过程大致可划分为如下几个加工阶段：毛坯加工及热处理—

齿坯加工—齿形粗加工—齿面热处理—修正精基准—齿形精加工。

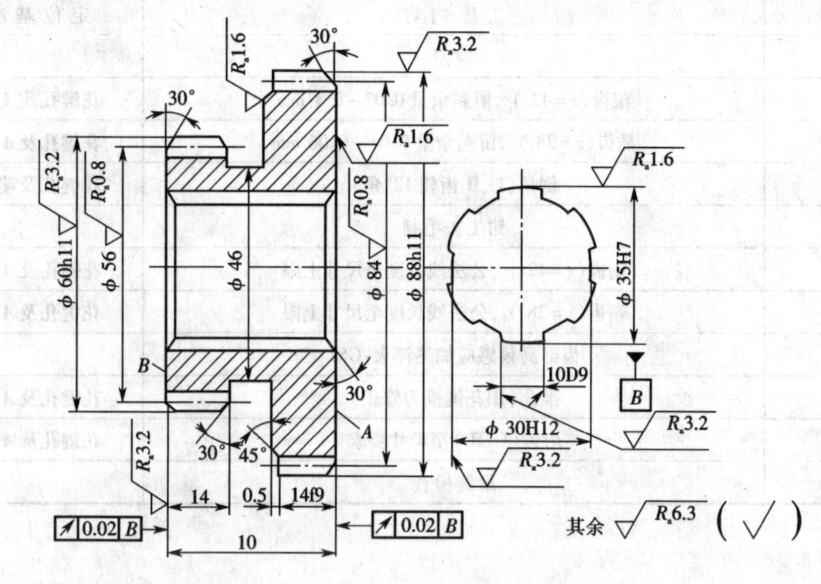

齿轮号		Ⅰ	Ⅱ	齿轮号		Ⅰ	Ⅱ
模数	m	2	2	齿廓总公差	F_α	0.012	0.012
齿数	z	28	42	螺旋线总公差	F_β	0.015	0.015
精度等级	7GB/T10098.1—2001			跨齿数	k	4	5
齿距累积总公差	F_p	0.037	0.037	公法线长度及极限偏差	W_{Ewi}^{Ews}	$21.45_{-0.108}^{0.067}$	$27.746_{-0.116}^{-0.067}$
单个齿距极限偏差	$\pm f_{pt}$	±0.011	±0.011				

图 7.16　双联齿轮零件图

四、圆柱齿轮加工工艺过程

双联齿轮加工工艺过程见表 7.8。

表 7.8　双联齿轮加工工艺过程

序号	工序内容	定位基准
1	毛坯锻造	
2	正火	
3	粗车外圆及端面，留余量 1.5 ~ 2 mm，钻镗花键底孔至尺寸 ϕ30h12	外圆及端面
4	拉花键孔	ϕ30h12 孔及 A 面
5	钳工去毛刺	
6	上心轴，精车外圆、端面及槽至尺寸要求	花键孔及 A 面

续表

序号	工序内容	定位基准
7	检验	
8	滚齿($z=42$),留剃余量0.07~0.1 mm	花键孔及A面
9	插齿($z=28$),留剃余量0.04~0.06 mm	花键孔及A面
10	倒角(Ⅰ、Ⅱ齿轮12°角)	花键孔及端面
11	钳工去毛刺	
12	剃齿($z=42$),公法线长度至尺寸上限	花键孔及A面
13	剃齿($z=28$),公法线长度至尺寸上限	花键孔及A面
14	齿部高频感应加热淬火:G52	
15	推孔(用花键推刀修正)	花键孔及A面
16	珩齿(Ⅰ、Ⅱ)至尺寸要求	花键孔及A面
17	最终检查	

课后思考与训练

一、试编写图7.17所示复位杆的加工工艺过程。材料采用T8A,小批量生产。

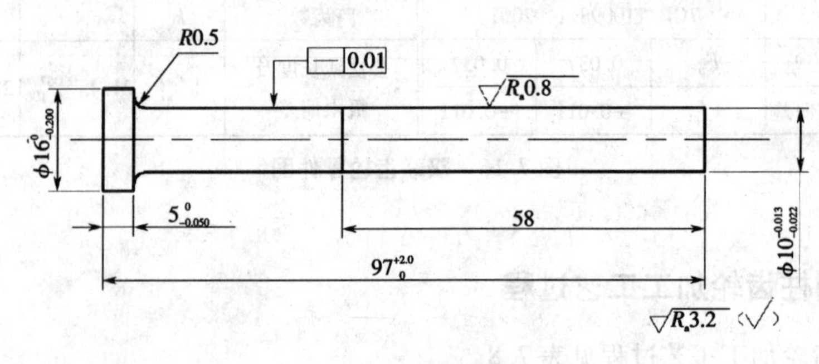

图7.17 模具复位杆

二、试编写图 7.18 所示法兰盘的加工工艺过程。材料采用 45 钢，大批量生产。

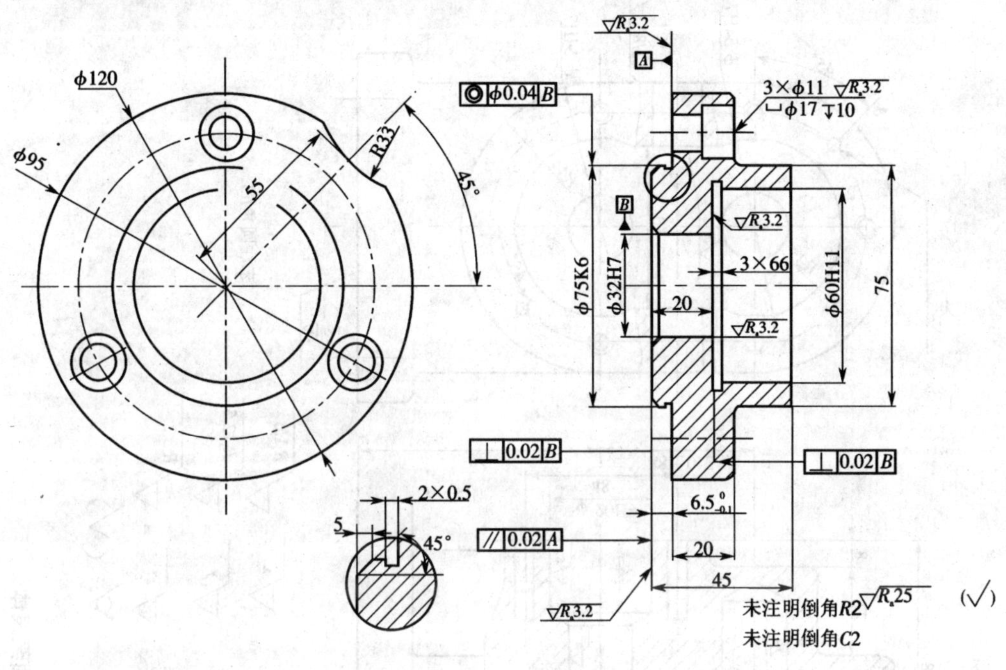

图 7.18　法兰盘

三、试编写图 7.19 所示齿轮油泵泵体的加工工艺过程。材料采用 HT150 铸铁，大批量生产。

四、试编写图 7.20 所示圆柱齿轮的加工工艺过程。材料采用 45 钢，大批量生产。

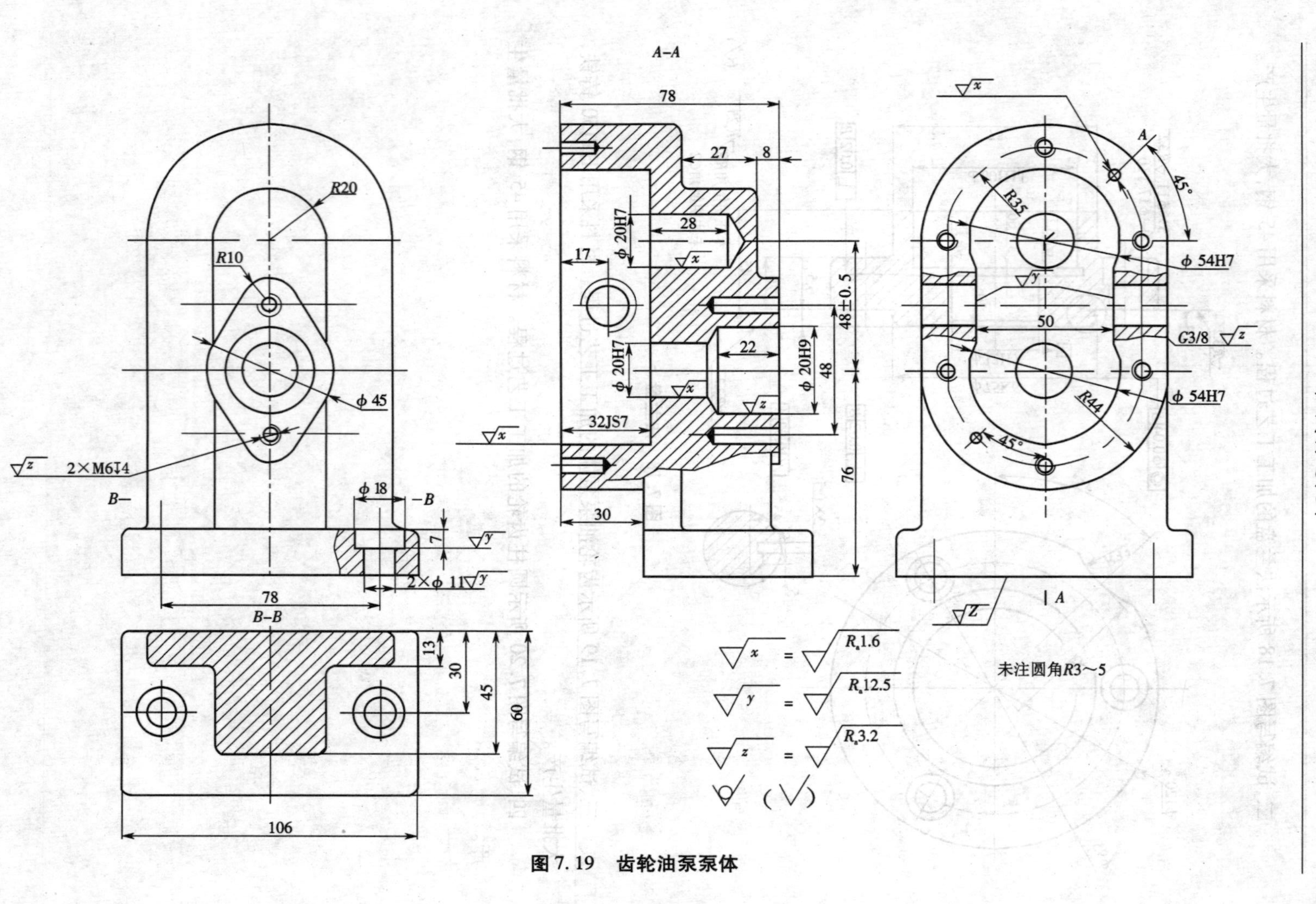

A-A
B-B
R20
R10
φ 45
2×M6↧4
B—
φ 18
—B
7
2×φ 11
78
13
30
45
60
106
78
27
8
28
φ 20H7
17
φ 20H7
22
φ 20H9
48
48±0.5
32JS7
76
30
A
45°
R35
φ 54H7
50
G3/8
R44
φ 54H7
45°
A
R_a1.6
R_a12.5
R_a3.2
未注圆角R3～5

图 7.19 齿轮油泵泵体

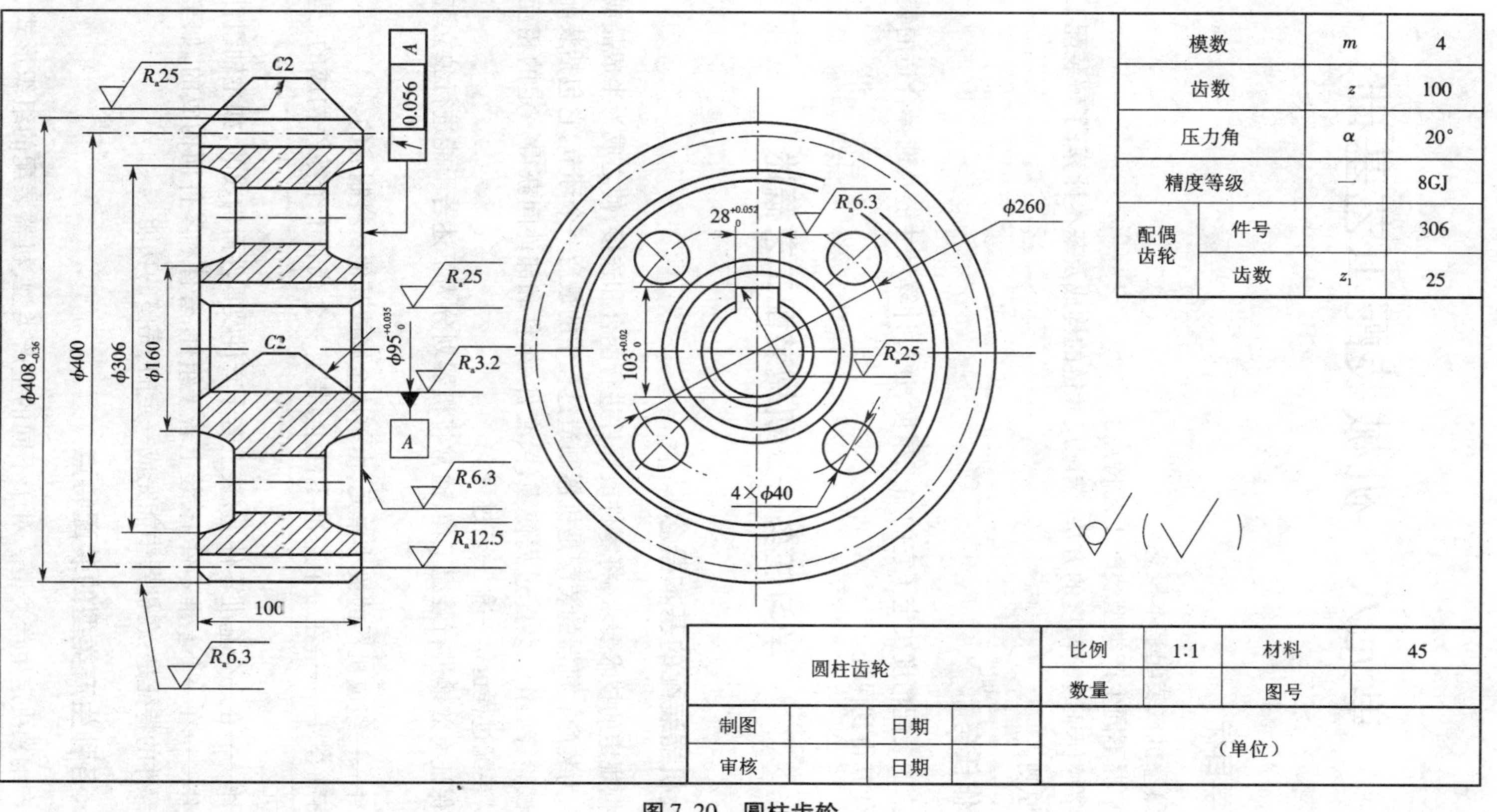

模数 m 4
齿数 z 100
压力角 α 20°
精度等级 — 8GJ
配偶齿轮 件号 306
齿数 z1 25
圆柱齿轮
比例 1:1
材料 45
数量
图号
制图 日期
审核 日期
（单位）
φ260
4×φ40
Ra6.3
Ra25
Ra3.2
Ra12.5
0.056 A
A
C2
100
φ160
φ306
φ400

图 7.20　圆柱齿轮

单元八　机械装配工艺基础

教学目标

①熟悉机械装配基本概念。

②掌握不同生产类型装配工艺特点。

③掌握保证装配精度的方法、装配尺寸链的构成及基本计算，了解装配工艺规程的制定原则。

工作任务

车床的装配精度决定了它的加工精度，通过计算尺寸链及选择合适的装配方法就能够使其得到保证。

学习任务一　机械装配工艺概述

一、机器装配的基本概念

根据规定的技术要求，将零件或部件进行配合和连接，使之成为半成品或成品的过程，称为装配。机器的装配是机器制造过程中的最后一个环节，它包括装配、调整、检验和试验等工作。装配过程使零件、套件、组件和部件间获得一定的相互位置关系，所以装配过程也是一种工艺过程。

为保证有效地进行装配工作，通常将机器划分为下述若干能进行独立装配的装配单元。

零件——组成机器的最小单元，由整块金属或其他材料制成的。

套件（合件）——在一个基准零件上，装上一个或若干个零件构成的，是最小的装配单元。

组件——在一个基准零件上，装上若干套件及零件而构成的，如主轴组件。

部件——在一个基准零件上，装上若干组件、套件和零件而构成的，如车床的主轴箱。部件的特征是：在机器中能完成一定的、完整的功能。

二、各种生产类型的装配特点

生产纲领决定生产类型。对于不同的生产类型，机器装配的组织形式、装配方法、工艺装备等方面均有较大区别，如表 8.1 所列。

表 8.1 各种生产类型装配工艺特点

生产类型及其基本特征 / 装配工作特点	大批量生产	成批生产	单件小批生产
	产品固定,生产活动长期重复	产品在系列化范围内变动,分批交替投产或多品种同时投产,生产活动在一定时期内重复	产品经常变换,不定期重复生产,生产周期一般较长
组织形式	多采用流水装配线:有连续移动、间歇移动及可变节奏移动等方式,还可采用自动装配机或自动装配线	笨重的批量不大的产品多采用固定流水装配,批量较大时采用流水装配,多品种同时投产用多品种可变节奏流水装配	多采用固定装配或固定流水装配进行总装,对批量较大部件可采用流水装配
装配工艺方法	按互换法装配,允许有少量简单的调整,精密偶件成对供应或分组供应装配,无任何修配工作	主要采用互换法,但灵活运用其他保证装配精度的装配工艺方法,以节约加工费用	以修配法及调整法为主,互换件比例较少
工艺过程	工艺过程划分很细,力求达到高度的均衡性	工艺过程划分须适合于批量的大小,尽量使生产均衡	一般不制定详细工艺文件,工序可适当调整,工艺也可灵活掌握
工艺装备	专业化程度高,宜采用专用高效工艺装备,易于实现机械化、自动化	通用设备较多,但也采用一定数量的专用工、夹、量具,以保证装配质量和提高工效	一般为通用设备及工、夹、量具
手工操作要求	手工操作比重小,熟练程度容易提高,便于培养新工人	手工操作比重不小,技术水平要求较高	手工操作比重大,要求工人有很高的技术水平和多方面工艺知识
应用实例	汽车、拖拉机、内燃机、滚动轴承、手表、电气开关	机床、机车车辆、中小型锅炉、矿山采掘机械	重型机床、重型机器、汽轮机、大型内燃机、大型锅炉

三、装配工作的内容

1. 清洗

机械装配过程中,零、部件的清洗对保证产品的装配质量和延长产品的使用寿命均有重要的意义。清洗的目的是去除零件表面或部件中的油污及机械杂质。清洗方法有擦洗、浸洗、喷洗和超声波清洗等。常用的清洗液有煤油、汽油、碱液及各种化学清洗液等。

2. 连接

在装配过程中有大量的连接工作,连接的方式一般有两种:可拆卸连接和不可拆卸连接。可拆卸连接在装配后可以很容易拆卸而不致损坏任何零件,且拆卸后仍可重新装配在一起。常见的可拆卸连接有螺纹连接、键连接和销连接等。不可拆卸连接在装配后一般不再拆卸,如要拆卸会损坏其中的某些零件。常见的不可拆卸连接有焊接、铆接和过盈连接等。

3. 校正与配作

在产品装配过程中,特别在单件小批生产条件下,为了保证装配精度,常需进行一些校正和配作。这是因为完全靠零件精度来保证装配精度往往是不经济的,有时甚至是不可能的。校正是指产品中相关零、部件间相互位置的找正、找平并通过各种调整方法以保证达到装配精度要求;配作是指两个相配合的零件配着加工,如配钻、配铰、配刮及配磨等,配作是和校正调整工作结合进行的。

4. 平衡

对于转速较高、运转平稳性要求高的机械,为防止使用中出现振动,装配时应对旋转零、部件进行平衡。

平衡有静平衡和动平衡两种方法。对于直径较大、长度较小的零件(如带轮和飞轮等),一般只需进行静平衡;对于长度较大的零件(如电机转子和机床主轴等),则需进行动平衡。对旋转体的不平衡量可采用下述方法校正:

①用钻、铣、磨、锉、刮等方法去除质量;

②用补焊、铆接、胶接、喷涂、螺纹连接等方式加配质量;

③在预设的平衡槽内改变平衡块的位置和数量(如砂轮的静平衡)。

5. 验收试验

机械产品装配完后,应根据有关技术标准和规定,对产品进行较全面的检验和试验工作,合格后才可出厂。金属切削机床的验收试验工作通常包括:机床几何精度的检验、空运转试验、负荷试验和工作精度试验等。除上述装配工作外,油漆、包装等也属于装配工作。

四、机械产品的装配精度

1. 装配精度

为了使机器具有正常的工作性能,必须保证其装配精度。机器的装配精度通常包含以下几个方面。

尺寸精度——配合后零部件间应该保证的距离和间隙。如轴孔配合间隙或过盈、车床床头与尾座两顶尖的等高度等。

位置精度——产品中相关零部件之间的距离精度和相互位置精度。如平行度、垂直度和同轴度等。

运动精度——产品中有相对运动的零部件之间在运动方向和相对运动速度上的精度。如传动精度、回转精度等。

接触精度——配合表面、接触表面和连接表面间的配合质量和接触质量。

2. 装配精度与零件精度之间的关系

机器和部件都是由零件组装而成的,所以零件精度特别是关键零件的加工精度,对装配精度有很大的影响。零件精度是保证装配精度的基础,而装配精度并不完全取决于零件的精度。保证装配精度,应从机器结构、机械加工及工艺和装配方法等方面进行综合考虑,而装配尺寸链是进行综合分析的有效手段。

学习任务二　装配尺寸链

一、装配尺寸链

1. 装配尺寸链的定义

在机器的装配关系中,由相关零件的尺寸或相互位置关系所组成的一个封闭的尺寸系统,称为装配尺寸链。它与零件尺寸链一样,有封闭环和组成环,组成环又分增环和减环。

装配尺寸链的封闭环就是装配后的精度或技术要求。这是通过零、部件装配好后才最后形成的,是一个结果尺寸或位置关系。对装配精度或技术要求发生直接影响的那些零件尺寸和位置关系,是装配尺寸链的组成环。各组成环不仅是一个零件的尺寸,而是在几个零件或部件之间与装配精度有关的尺寸。

2. 装配尺寸链的分类

①直线尺寸链:由长度尺寸组成,且各环尺寸相互平行的装配尺寸链。

②角度尺寸链:由角度、平行度、垂直度等组成的装配尺寸链。

③平面尺寸链:由成角度关系布置的长度尺寸构成的装配尺寸链。

二、装配尺寸链的建立

首先确定装配结构中的封闭环,并根据封闭环的要求查找组成环。即从封闭环的一端出发,按顺序逐步追踪有关零件的有关尺寸,直至封闭环的另一端为止,从而形成一个封闭的尺寸系统,即构成一个装配尺寸链。

图 8.1 所示为车床主轴与尾座套筒中心线不等高要求在垂直方向上为 0 ~ 0.06 mm,只允许尾座高,这就是封闭环。分别由封闭环两端的两个零件,即主轴中心线和尾座套筒孔的中心线起,由近及远,沿着垂直方向可找到三个尺寸,即 A_1、A_2 和 A_3 直接影响装配精度的组成环。其中 A_1 是主轴中心线至主轴箱的安装基准之间的距离,A_2 是尾座体的安装基准至尾座垫板之间的安装基准的距离,A_3 是尾座套筒孔中心至尾座体的装配基准之间的距离。

三、装配尺寸链的计算方法

装配尺寸链主要有两种计算方法:极值法和统计法。前面介绍的极值法工艺尺

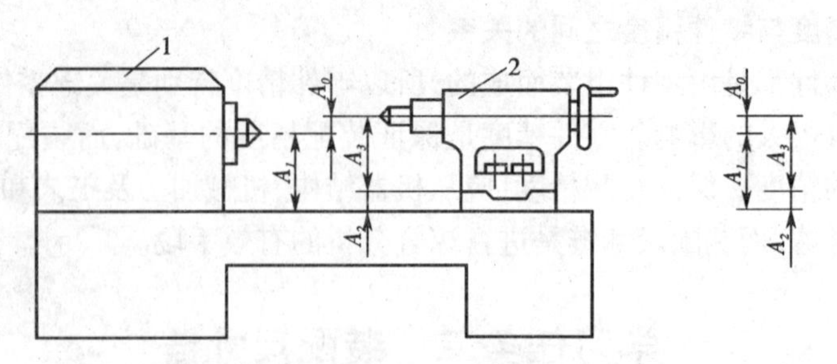

图 8.1 车床主轴箱主轴中心与尾座套筒中心等高示意图

1—主轴箱;2—尾座

寸链基本计算公式,完全适用装配尺寸链的计算。下面就这两种方法在装配尺寸链上的应用时作些补充说明。

(1)极值法

基本公式是 $T_0 \geqslant \sum T_i$。

式中:T_0——封闭环公差;

T_i——各环公差。

常有下列几种情况。

①"正计算"用于验算设计图样中某项精度指标是否能达到,即装配尺寸链中的各组成环的基本尺寸和公差定得正确与否。

②"反计算"就是已知封闭环,求解组成环。

③"中间计算"常用在结构设计时,将一些难加工的和不宜改变其公差的组成环的公差先确定下来,其公差值应符合国家标准,并按"入体原则"标注。然后将一个比较容易加工或容易装拆的组成环作为试凑对象,这个环称为"协调环"。

(2)概率法

基本公式是 $T_0 \geqslant (\sum T_i^2)^{1/2}$。

极值法的优点是简单可靠,但其封闭环和组成环的关系是在极端情况下推演出来的,即各项尺寸要么是最大极限尺寸,要么是最小极限尺寸。这种出发点与批量生产中工件尺寸的分布情况显然不符,因此造成组成环公差很小,制造困难。

概率法的好处是放大了组成环的公差,而且能达到装配精度要求。应用概率法时需要考虑各环的分布中心,算起来比较麻烦,因此在实际计算时常将各环改写成平均尺寸,公差按双向等偏差标注,计算完毕后再按"入体原则"标注。

学习任务三 保证装配精度的方法

由于机器的精度要求最终是由装配来实现的,根据机器的结构特点、性能要求、生产纲领和生产条件可采用不同的装配方法来保证其精度要求。常用的保证装配精度的方法可归纳为:互换装配法、选择装配法和修配装配法三种。

一、互换装配法

采用互换装配法时,被装配的每一个零件不需做任何挑选、修配和调整就能达到规定的装配精度要求。用互换法装配,其装配精度主要取决于零件的制造精度。根据零件的互换程度,互换装配法可分为完全互换装配法和不完全互换装配法,现分述如下。

1. 完全互换装配法

1)定义

在全部产品中,装配时各组成环不需挑选或不需改变其大小或位置,装配后即能达到装配精度要求的装配方法,称为完全互换法。

2)特点

优点:装配质量稳定可靠(装配质量是靠零件的加工精度来保证);装配过程简单,装配效率高(零件不需挑选,不需修磨);易于实现自动装配,便于组织流水作业;产品维修方便。

不足之处:当装配精度要求较高,尤其是在组成环数较多时,组成环的制造公差规定严格,零件制造困难,加工成本高。

3)应用

完全互换装配法适用于在成批生产、大量生产中装配那些组成环数较少或组成环数虽多但装配精度要求不高的机器结构。

4)完全互换装配法解算

(1)确定封闭环

封闭环是产品装配后的精度,它要满足产品的技术要求。封闭环的公差 T_0 由产品的精度确定。

(2)查明全部组成环,画装配尺寸链图

根据装配尺寸链的建立方法,由封闭环的一端开始查找全部组成环,然后画出装配尺寸链图。

(3)校核各环的基本尺寸

各环的基本尺寸必须满足下式要求:$A_0 = \sum \vec{A}_i - \sum \overleftarrow{A}_j$。即封闭环的基本尺寸等于所有增环的基本尺寸之和减去所有减环的基本尺寸之和。

(4)决定各组成环的公差

各组成环的公差必须满足下式的要求:$T_0 \geqslant \Sigma T_i$ 即各组成环的公差之和不允许大于封闭环的公差。

各组成环的平均公差 T_p 可按下式确定:

$$T_p = T_0/m$$

式中：m——组成环数。

各组成环公差的分配应考虑以下因素。

①孔比轴难加工，孔的公差应比轴的公差选择大一些；例如：孔、轴配合 H7/f6。

②尺寸相近，加工方法相同，则取公差值相等；难加工或难测量的，公差值可取大些。

③组成环是标准件尺寸时，其公差值是确定值，可在相关标准中查找。

④当组成环是几个尺寸链的公共环时，公差值和分布位置应由对其要求最严的那个尺寸链先行确定，而对于其余尺寸链来说该环尺寸为已确定值。

⑤包容尺寸（如孔）按基孔制确定其极限偏差，即下偏差为 0。

⑥被包容尺寸（如轴）按基轴制确定其极限偏差，即上偏差为 0。

⑦对于孔的中心距尺寸，按对称偏差处理，即 $\pm(T_1/2)$。

但必须注意：应尽可能使组成环尺寸公差和分布位置符合国家标准《极限与配合》中的规定。

(5)协调环的确定

当各组成环都按照上述原则确定公差值和分布位置时，往往不能满足封闭环的要求。因此，需要选取一个组成环，其公差值和分布位置要经过计算确定，以便与其他组成环相协调，最后满足封闭环的公差分布要求。这个组成环称为协调环。一般选择便于加工和可用通用量具测量的零件的尺寸。

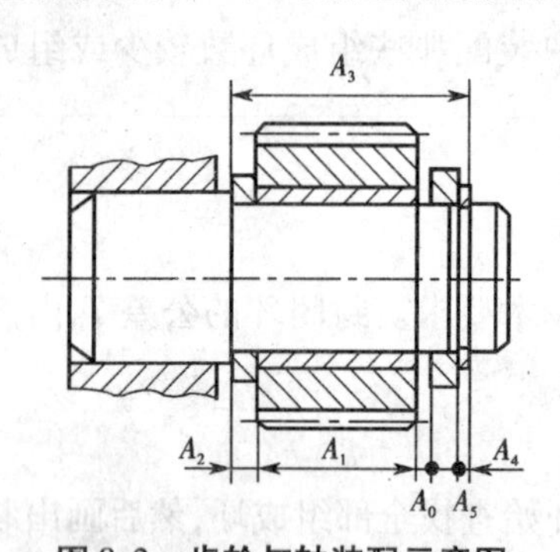

图 8.2　齿轮与轴装配示意图

【例 1】　如图 8.2 所示齿轮部件的装配，轴是固定不动的，齿轮在上面旋转，要求齿轮与挡圈的轴向间隙为 0.1 ~ 0.35 mm。已知：$A_1 = 30$ mm，$A_2 = 5$ mm，$A_3 = 43$ mm，$A_4 = 3^{0}_{-0.05}$ mm（标准件），$A_5 = 5$ mm。现采用完全互换法装配，试确定各组成环的公差和极限偏差。

解：

①确定封闭环：图中尺寸 A_0 是装配以后间接保证的尺寸，也是装配精度要求，所以 A_0 是封闭环。

②画装配尺寸链图如下：

$\overrightarrow{A_3}$

$\overleftarrow{A_2}$　$\overleftarrow{A_1}$　$\overleftarrow{A_0}$　$\overleftarrow{A_5}$　$\overleftarrow{A_4}$

③判断增、减环，校核各环的基本尺寸：

A_3 是增环；A_1、A_2、A_4、A_5 是减环。

$$A_0 = A_3 - (A_1 + A_2 + A_4 + A_5) = 43 - (30 + 5 + 3 + 5) = 0$$

可知各组成环的尺寸准确无误。

④确定各组成环的公差。因齿轮与挡圈的轴向间隙为0.1～0.35 mm，所以$A_0 = 0^{+0.35}_{+0.10}$ mm，$T_0 = 0.25$ mm。$m = 5$，即组成环数。

先计算各组成环的平均公差T_p：$T_p = T_0/m = 0.25\ \text{mm}/5 = 0.05$ mm，而A_4是标准件，其公差值为确定值，$T_4 = 0.05$ mm。根据加工的难易程度选择公差$T_1 = 0.06$ mm，$T_2 = 0.02$ mm，$T_3 = 0.1$ mm。由$T_0 \geqslant \sum T_i$，可得

$$T_0 = T_1 + T_2 + T_3 + T_4 + T_5$$

故
$$T_5 = T_0 - (T_1 + T_2 + T_3 + T_4) = 0.02\ \text{mm}$$

⑤确定各组成环的极限偏差。因A_5是垫片，易于加工和测量，故选A_5为协调环。A_1、A_2为外尺寸，按基轴制确定极限偏差：$A_1 = 30^{0}_{-0.06}$ mm，$A_2 = 5^{0}_{-0.02}$ mm，A_3为内尺寸，按基孔制确定极限偏差，$A_3 = 43^{+0.1}_{0}$ mm。

⑥协调环A_5极限偏差的确定：

$$ES_0 = ES_3 - (EI_1 + EI_2 + EI_4 + EI_5)$$

故
$$EI_5 = -0.12\ \text{mm}$$

由于$T_5 = ES_5 + EI_5$，$ES_5 = -0.10$ mm，所以有$A_5 = 5^{-0.10}_{-0.12}$ mm。

2. 大数互换装配法（不完全互换装配法）

用完全互换法装配，装配过程虽然简单，但它是根据增环、减环同时出现极值的情况来建立封闭环与组成环之间的尺寸关系的，由于组成环分得的制造公差过小，常使零件加工产生困难。完全互换法以提高零件加工精度为代价来换取完全互换装配有时是不经济的。

大数互换装配法又称不完全互换装配法，其实质是将组成环的制造公差适当放大，使零件容易加工，这会使极少数产品的装配精度超出规定要求，但这种事件是小概率事件，很少发生。尤其是组成环数目较少，产品批量大，从总的经济效果分析，仍然是经济可行的。

大数互换装配方法的优点是：扩大了组成环的制造公差，零件制造成本低；装配过程简单，生产效率高。不足之处是，装配后有极少数产品达不到规定的装配精度要求，须采取另外的返修措施。大数互换装配方法适用于在大批量生产中装配那些装配精度要求较高且组成环数又多的机器结构。

【例2】　仍以图8.2所示的装配关系为例，要求保证齿轮与挡圈之间的轴向间隙为0.01～0.35 mm。已知$A_1 = 30$ mm，$A_2 = 5$ mm，$A_3 = 43$ mm，$A_4 = 3^{0}_{-0.05}$ mm（标准件），$A_5 = 5$ mm。现采用大数互换法装配，试确定各组成环的公差和极限偏差。

解：

①画装配尺寸链，判断增、减环，校验各环基本尺寸。这一过程与例1相同。

②确定协调环：考虑到尺寸A_3较难加工，希望其公差尽可能地大，故选用A_3作为协调环，最后确定其公差。

③确定除协调环以外各组成环的公差和极限偏差。

按等公差法分配各组成环公差：$\bar{T}=\frac{T_0}{\sqrt{n}}=\frac{0.25}{\sqrt{5}}$ mm≈0.11 mm。

式中：T_0——封闭环公差；

n——总环数。

根据加工的难易程度故调整公差 $T_1=0.14$ mm，$T_2=0.05$ mm，$T_4=0.05$ mm，$T_5=0.05$ mm，则有：$A_1=30^{0}_{-0.14}$ mm，$A_2=5^{0}_{-0.05}$ mm，$A_4=3^{0}_{-0.05}$ mm，$A_5=5^{0}_{-0.05}$ mm。

④计算协调环的公差和极限偏差。

a. 计算协调环公差。

因 $T_0-(\sum T_i^2)^{1/2}$

故 $T_3=\sqrt{T_0^2-(T_1^2+T_2^2+T_4^2+T_5^2)}=0.18$ mm

b. 计算各环平均尺寸，并求出协调环的平均尺寸。

$A_{1m}=29.93$ mm，$A_{2m}=A_{5m}=4.975$ mm，$A_{4m}=2.975$ mm，$A_{om}=0.225$ mm

$A_{om}=A_{3m}-(A_{1m}+A_{2m}+A_{4m}+A_{5m})$；

故 $A_{3m}=A_{om}+(A_{1m}+A_{2m}+A_{4m}+A_{5m})$

即 $A_{3m}=43.08$ mm

故 $A_3=(43.08\pm0.18/2)\text{mm}=43^{+0.17}_{-0.01}$ mm

最后确定的各组成环尺寸和极限偏差，为 $A_1=30^{0}_{-0.14}$ mm，$A_2=5^{0}_{-0.05}$ mm，$A_3=43^{+0.17}_{-0.01}$ mm，$A_4=3^{0}_{-0.05}$ mm，$A_5=5^{0}_{-0.05}$ mm。

通过上面两个例子可以看出，当封闭环公差一定时，用大数互换法可以扩大各组成环公差，从而降低加工费用。

二、选择装配法

1. 选择装配法定义

将装配尺寸链中组成环的公差放大到经济可行的程度，然后选择合适的零件进行装配，以保证装配精度要求的装配方法，称为选择装配法。

适用场合：装配精度要求高，而组成环较少的成批或大批量生产。

2. 选择装配法种类

1）直接选配法

（1）定义

在装配时，工人从许多待装配的零件中，直接选择合适的零件进行装配，以保证装配精度要求的选择装配法，称为直接选配法。

（2）特点

①装配精度较高。

②装配时凭经验和判断性测量来选择零件，装配时间不易准确控制。

③装配精度在很大程度上取决于工人的技术水平。

2)分组选配法

(1)定义

将各组成环的公差相对完全互换法所求数值放大数倍,使其能按经济精度加工,再按实际测量尺寸将零件分组,按对应的组分别进行装配,以达到装配精度要求的选择装配法,称为分组选配法。

(2)应用

在大批量生产中,装配那些精度要求特别高同时又不便于采用调整装置的部件,若用互换装配法装配,组成环的制造公差过小,加工很困难或很不经济,此时可以采用分组选配法装配。

(3)分组选配法的一般要求

①采用分组法装配最好能使两相配件的尺寸分布曲线具有完全相同的对称分布曲线,如果尺寸分布曲线不相同或不对称,则将造成各组相配零件数不等而不能完全配套,从而造成浪费。

②采用分组法装配时,零件的分组数不宜太多,否则会因零件测量、分类、保管、运输工作量的增大而使生产组织工作变得相当复杂。

(4)分组法装配的特点

主要优点是零件的制造精度不高,却可获得很高的装配精度;组内零件可以互换,装配效率高。

不足之处是增加了零件测量、分组、存储、运输的工作量。

【例3】 汽车发动机的活塞销与连杆孔的配合,要求配合间隙为0.000 5 ~ 0.005 5 mm。连杆孔的尺寸为$\phi25_{-0.009\,5}^{-0.007\,0}$ mm,活塞销直径为$\phi25_{-0.012\,5}^{+0.010\,0}$ mm。

解:这样高的精度加工太困难,可采用分组选择装配法。

①将连杆孔$\phi25_{-0.009\,5}^{-0.007\,0}$ mm和活塞销直径$\phi25_{-0.012\,5}^{+0.010\,0}$ mm的公差扩大4倍(由零件向同一方向扩大),即孔为$\phi25_{-0.009\,5}^{+0.000\,5}$ mm,活塞销直径为$\phi25_{-0.012\,5}^{-0.002\,5}$ mm。这样活塞销外圆可用无心磨,连杆孔可用金刚镗来达到精度要求。

②将加工零件用精密量具测量后,按尺寸大小,以原公差0.002 5为间距分为4组,并用不同颜色区别,见表8.2。

表8.2　活塞销与连杆孔的分组尺寸　mm

组别	颜色	连杆孔 $\phi25_{-0.009\,5}^{-0.007\,0}$ mm	活塞销直径 $\phi25_{-0.012\,5}^{-0.002\,5}$ mm	配合情况	
				最大间隙	最小间隙
Ⅰ	白	$\phi25_{-0.002\,0}^{+0.000\,5}$	$\phi25_{-0.005\,0}^{-0.002\,5}$	0.005 5	0.000 5
Ⅱ	绿	$\phi25_{-0.004\,5}^{-0.002\,0}$	$\phi25_{-0.007\,5}^{-0.005\,0}$	0.005 5	0.000 5
Ⅲ	黄	$\phi25_{-0.007\,0}^{-0.007\,5}$	$\phi25_{-0.010\,0}^{-0.007\,5}$	0.005 5	0.000 5
Ⅳ	红	$\phi25_{-0.009\,5}^{-0.007\,0}$	$\phi25_{-0.012\,5}^{-0.010\,0}$	0.005 5	0.000 5

三、修配装配法

1. 定义

将装配尺寸链中各组成环按经济加工精度制造，装配时通过改变尺寸链中某一预先确定的组成环尺寸的方法来保证装配精度的装配法，称为修配装配法。

采用修配法装配时，各组成环均按该生产条件下经济可行的精度等级加工，装配时封闭环所积累的误差势必会超出规定的装配精度要求。为了达到规定的装配精度，装配时须修配装配尺寸链中某一组成环的尺寸（此组成环称为修配环）。为减少修配工作量，应选择那些便于进行修配的组成环作修配环。在采用修配法装配时，要求修配环必须留有足够但又不是太大的修配量。

2. 修配装配法的特点

主要优点是组成环均可以加工经济精度制造，但却可获得很高的装配精度。不足之处是增加了修配工作量，生产效率低，且对装配工人的技术水平要求高。

3. 应用

修配装配法适用于单件小批生产中装配那些组成环数较多而装配精度又要求较高的机器结构。

【例 4】 图 8.1 所示的车床主轴孔轴线与尾座套筒锥孔轴线等高度误差要求为 $A_0 = 0_0^{+0.06}$ mm 。为简化计算，略去图 8.1 所示尺寸链中各轴线同轴度误差，得到只有 A_1、A_2、A_3 三个组成环的简化尺寸链，如图 8.1 所示。若已知 A_1、A_2、A_3 的基本尺寸分别为 202 mm、46 mm 和 156 mm ，现用修配法进行装配，试确定 A_1、A_2、A_3 的极限偏差。

解：

①选择修配环。修刮尾座底板最为方便，故选 A_2 作修配环。

②确定各组成环公差。首先取经济公差为组成环的公差。A_1 和 A_3 两尺寸均采用镗模加工，经济公差为 0.1 mm ，按对称原则标注有 $T_1 = T_3 = 0.1$ mm；底板采用半精刨削加工，经济公差 $T_2 = 0.15$ mm。

③确定修配环 A_2 的最大修配量 Z_{max}。

$$Z_{max} = T_1 + T_3 + T_2 - T_0 = 0.1 \text{ mm} + 0.1 \text{ mm} + 0.15 \text{ mm} - 0.06 \text{ mm} = 0.29 \text{ mm}$$

$Z_{min} = 0$ mm（不符合要求）

④确定各组成环的极限偏差。

$$A_1 = 202 \pm 0.05 \text{ mm} , \ A_3 = 156 \pm 0.05 \text{ mm}$$

⑤计算修配环 A_2。

判断修配环 A_2 对封闭环 A_0 的影响：越修越小。

根据直线尺寸链极值算法公式：$A'_{0min} = A_{0min} = \sum_{i=1}^{m} \vec{A}_{imin} - \sum_{j=1}^{n} \overleftarrow{A}_{jmax}$ 。

将已知数值代入，有 0 mm = ($A_{2\,min}$ + 155.95 mm) − 202.05 mm。

$A_{2\min}=46.1$ mm

则　$A_{2\max}=46.1\text{ mm}+T_2=46.1\text{ mm}+0.15\text{ mm}=46.25\text{ mm}$

$A_2=46^{+0.25}_{+0.10}$ mm。

因为 $Z_{\min}=0$ mm 不符合要求，所以必须将 A_2 加大。最小可留 0.1 mm。故 $A_2=46^{+0.35}_{+0.25}$ mm。

学习任务四　机械装配工艺规程设计

一、制定装配工艺过程的基本原则

①保证产品的装配质量，以延长产品的使用寿命。

②合理安排装配顺序和工序，尽量减少钳工劳动量，缩短装配周期，提高装配效率。

③尽量减少装配占地面积。

④尽量降低装配工作的成本。

二、制定装配工艺规程的步骤

1. 研究产品的装配图及验收技术条件

①审核产品图样的完整性、正确性。

②分析产品的结构工艺性。

③审核产品装配的技术要求和验收标准。

④分析和计算产品装配尺寸链。

2. 确定装配方法与组织形式

1）装配方法的确定

主要取决于产品结构的尺寸大小和质量，以及产品的生产纲领。

2）装配组织形式

①固定式装配：全部装配工作在一个固定的地点完成。这种组织形式适用于单件小批生产和体积大、质量大的设备的装配。

②移动式装配：将零部件按装配顺序从一个装配地点移动到下一个装配地点，分别完成一部分装配工作，各装配点工作的总和就是整个产品的全部装配工作。这种组织形式适用于大批量生产。

3. 划分装配单元，确定装配顺序

①将产品划分为套件、组件和部件等装配单元，进行分级装配。

②确定装配单元的基准零件。

③根据基准零件确定装配单元的装配顺序。

4. 划分装配工序

①划分装配工序,确定工序内容(如清洗、刮削、平衡、过盈连接、螺纹连接、校正、检验、试运转、油漆、包装等)。

②确定各工序所需的设备和工具。

③制定各工序装配操作规范,如过盈配合的压入力等。

④制定各工序装配质量要求与检验方法。

⑤确定各工序的时间定额,平衡各工序的工作节拍。

5. 编制装配工艺文件

装配工艺规程中的装配工艺过程卡片和装配工序卡片的编写方法,与机械加工的工艺过程卡片和工序卡片基本相同。在单件小批生产中一般只编写工艺过程卡,对于关键工序才编写工序卡。在大批量生产时,除编写工艺过程卡之外还需要编写详细的工序卡及工艺守则。

课后思考与训练

一、问答题

1. 保证机器或部件的装配精度的方法有几种?各用于什么装配场合?

2. 装配的基本内容是什么?

3. 组成机器的最基本单元是什么?零件与机器之间的关系如何?零件的精度对装配精度的影响如何?

4. 装配精度取决于哪些因素?

5. 简述装配尺寸链的概念及如何建立装配尺寸链。

6. 什么是完全互换装配法?

二、计算题

1. 如图 8.3 所示,尾座套筒装配时,要求后盖 3 装入后,螺母 2 在尾座套筒内的轴向窜动不大于某一数值。由于后盖尺寸标注有两种形式即 B_1 或 B_2,因此可以建立两个尺寸链,试判断封闭环并画出两种尺寸链图。

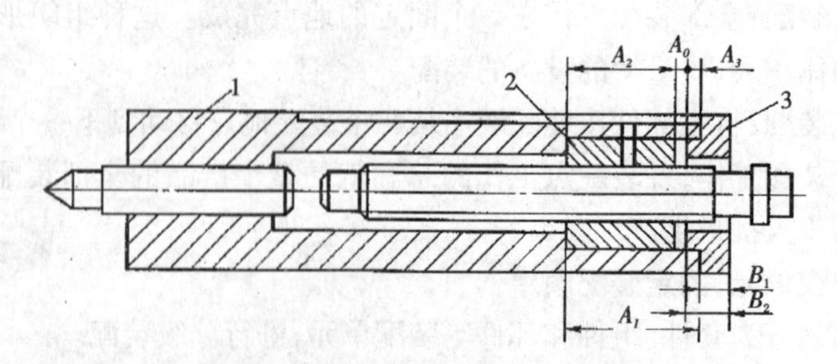

图 8.3　车床尾座顶尖套筒装配图

2. 图 8.4 所示减速器某轴结构的各基本尺寸分别为：$A_1=40$ mm、$A_2=36$ mm、$A_3=4$ mm；要求装配后齿轮端部间隙 A_0 保持在 0.10～0.25 mm 的范围内，如选用完全互换法装配，试确定 A_1、A_2、A_3 的极限偏差。

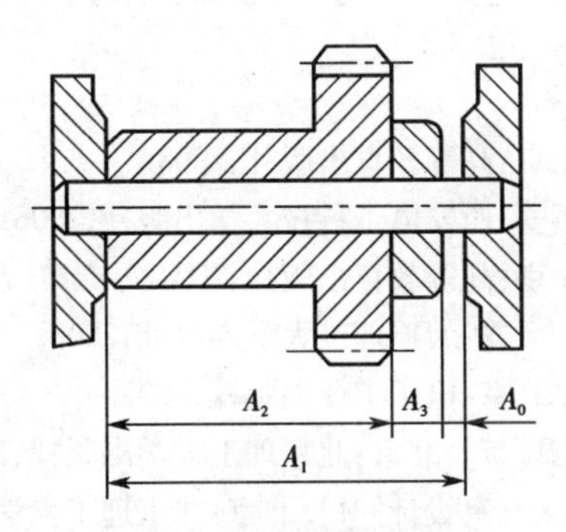

图 8.4　减速器某轴结构

三、拓展题

目前装配技术飞速发展，试查阅资料说明自动装配的意义和提高装配自动化水平的途径。

参 考 文 献

[1]龚雯.机械制造技术[M].北京:高等教育出版社,2008.
[2]邵堃.机械制造技术[M].西安:西安电子科技大学出版社,2006.
[3]李华.机械制造技术[M].北京:高等教育出版社,2004.
[4]鲁昌国.机械制造技术[M].大连:大连理工大学出版社,2008.
[5]王小彬.机械制造技术[M].北京:电子工业出版社,2003.
[6]周世学.机械制造工艺与夹具[M].北京:北京理工大学出版社,2006.
[7]刘登平.机械制造工艺及机床夹具设计[M].北京:北京理工大学出版社,2008.
[8]曹奇兴.普通车削加工操作实训[M].北京:机械工业出版社,2008.
[9]朱丽军.车工实训与技能考核训练教程[M].北京:机械工业出版社,2008.
[10]曹奇兴.普通铣削加工操作实训[M].北京:机械工业出版社,2008.
[11]吴拓.机床夹具设计[M].北京:机械工业出版社,2008.
[12]黄如林.金属加工工艺及工装设计[M].北京:化学工业出版社,2008.
[13]梁炳文.机械加工工艺与窍门精选[M].第4集.北京:机械工业出版社,2005.
[14]王槐德.机械制图新旧标准代换教程[M].北京:中国标准出版社,2008.
[15]邹青.机械制造技术基础课程设计指导教程[M].北京:机械工业出版社,2004.